Zeitreisen und Zeitmaschinen

Andreas Müller ist Astrophysiker und Wissenschaftsautor. Er promovierte 2004 im Fach Astronomie an der Universität Heidelberg und forschte anschließend am Max-Planck-Institut für extraterrestrische Physik in München in der Röntgenastronomie über Schwarze Löcher. Seit 2007 ist er als Wissenschaftsmanager im Exzellenzcluster „Universe" der Technischen Universität München beschäftigt. Als gefragter Referent für öffentliche Vorträge kooperiert er auch mit Schulen und veranstaltet Lehrerfortbildungen für Astronomie, Relativitätstheorie und Kosmologie, wofür er 2012 mit dem Johannes-Kepler-Preis zur Förderung des Astronomieunterrichts von MNU ausgezeichnet wurde. „Zeitreisen" ist sein drittes Springer-Sachbuch nach „Schwarze Löcher" (2009) und „Raum und Zeit" (2012).

Andreas Müller

Zeitreisen und Zeitmaschinen

Heute Morgen war ich noch gestern

Dr. Andreas Müller
Exzellenzcluster Universe, Technische
Universität München
Boltzmannstraße 2
85748 Garching
Deutschland

ISBN 978-3-662-47109-8   ISBN 978-3-662-47110-4 (eBook)
DOI 10.1007/978-3-662-47110-4

Die Deutsche Nationalbibliothek verzeichnet diese Publikation in der Deutschen Nationalbibliografie; detaillierte bibliografische Daten sind im Internet über http://dnb.d-nb.de abrufbar.

Springer Spektrum

Planung: Dr. Vera Spillner, Dr. Lisa Edelhäuser

Einbandabbildung: © United Archives/IFTN/picture alliance

Gedruckt auf säurefreiem und chlorfrei gebleichtem Papier

Springer Berlin Heidelberg ist Teil der Fachverlagsgruppe Springer Science+Business Media (www.springer.com)

Augenblick, verweile doch. Du bist so schön!
(frei nach Faust, Johann Wolfgang von Goethe)

Vorwort

Ist es nicht extrem faszinierend, dass wir Zeit bewusst erleben können? Im Alltag ist das für uns selbstverständlich geworden. Aber das Verrinnen der Zeit und wie wir sie wahrnehmen, ist alles andere als gewöhnlich. Wir sind dem Diktat der Zeit unterworfen und scheinen keine Möglichkeit zu haben, ihr zu entfliehen. Wir erinnern uns an Vergangenes, erleben die Gegenwart und planen unsere Zukunft. Die Zeit ist allgegenwärtig – ein Fundament unserer Welt, ohne das die Welt nicht so wäre, wie wir sie kennen.

Mich persönlich fasziniert das Wesen der Zeit schon seit Langem. In meiner Jugend hatte ich ein sehr inspirierendes Erlebnis: Mit etwa zehn Jahren sah ich den Film *Die Zeitmaschine* von 1960. In der Verfilmung des Science-Fiction-Romans von H. G. Wells (1895) *The Time Machine* spielten Rod Taylor und Yvette Mimieux die Hauptrollen. In der Geschichte geht es um einen Wissenschaftler, der eine **Zeitmaschine** erfindet und baut und damit in die ferne Zukunft reist. Er kann den Fluss der Zeit lenken. Ein faszinierender Gedanke! Ich war als Zuschauer natürlich neugierig, was uns da erwarten könnte. *Die Zeitmaschine* zeichnet ein Bild einer scheinbar paradiesischen Zukunft, die sich als düster und grausam entpuppt.

Mir persönlich hat dieser Gedanke sehr gefallen, wie sich der Protagonist vom Diktat der Zeit befreien konnte und welche Konsequenzen das hatte. Seine Zeitmaschine war zunächst eher ein Guckfenster in die Zukunft. Denn am Anfang war der Wissenschaftler mehr Beobachter und nahm keinen Einfluss auf die Ereignisse, die ihm mit der Zeitmaschine zugänglich wurden. Erst die Konfrontation mit der düsteren Zukunft zwingt ihn zum Eingreifen.

Es ist natürlich spannend zu untersuchen, ob diese Fiktion irgendwann einmal Wirklichkeit werden könnte. Genauso interessant ist es, naturwissenschaftlich zu erforschen, ob zum einen Zeitreisen prinzipiell möglich sind und ob es zum anderen vielleicht sogar möglich sein könnte, Zeitmaschinen zu bauen. Spinnt man den Gedanken weiter, so kann man sich fragen, welche gesellschaftlichen Folgen die Existenz von Zeitmaschinen hätte. Würde man sie verbieten, weil das Ändern des Ablaufs der Geschichte unabsehbare Konsequenzen hätte? Wäre es nicht gefährlich, einen Blick in die Zukunft zu riskieren, weil es das gegenwärtige Handeln beeinflusste? Diese Thematik wurde natürlich längst in weiteren Büchern und Filmen aufgegriffen, u. a. in *Zurück in die Zukunft*. Auch darum soll es hier gehen.

Mich hat das Wesen der Zeit schon vor Jahren so sehr begeistert, dass ich einen kleinen Essay verfasste, den ich auf meiner Website zugänglich machte. Als ausgebildeter Physiker schrieb ich vor allem über die naturwissenschaftlichen Aspekte von Zeit, doch das Thema bietet noch viel mehr. Bis heute lässt mich das Thema „Zeit" nicht los. In meinem letzten Buch *Raum und Zeit: Vom Weltall zu den Extradimensionen – von der Sanduhr zum Spinschaum* (Müller 2012) ging es ebenfalls mehr um die physikalischen

Grundlagen zum Wesen der Zeit. Im März 2011 verfasste ich für meinen Blog bei SciLogs, dem Blogportal für Wissenschaften, einen längeren Beitrag mit dem Titel *Vision 2100– Blick in die Zukunft* (Müller 2011). Darin beschrieb ich eine mögliche Welt im Jahr 2100 und malte mir aus, welche verschiedenen Entwicklungen die Menschheit bis dahin durchmachen könnte. Ich beschrieb die Gesellschaft, stellte Prognosen zum Klima und zu politischen und wirtschaftlichen Fragen, insbesondere der Energiepolitik, dar und spekulierte über Technologien, die uns bis dahin zur Verfügung stehen könnten. Ich muss sagen, dass die Recherche, die einige Tage beanspruchte, viel Spaß gemacht hatte und für mich sehr erhellend war. Der endgültige Blogbeitrag war recht umfangreich ausgefallen und fand eine recht ordentliche Resonanz, die zum Teil auch kritisch war. Mir wurde vorgeworfen, dass die Vision viel zu positiv ausgefallen sei. Gut, ich bin ein optimistischer Mensch und neige eher zu einer Entwicklung mit gutem Ausgang. Aber war das wirklich zu einseitig?

Um das besser einordnen zu können, stellte ich mir die Frage, ob ein Zeitgenosse, der um das Jahr 1910– also vor rund hundert Jahren – lebte, eine Vision von unserer aktuellen Gegenwart (seinerzeit 2011) hätte haben können. Dieser Blog-Artikel heißt *Zeitreise nach 1911 – Die Welt vor 100 Jahren* (Müller 2011). Wieder war der Rechercheaufwand gewaltig und drohte sogar auszuufern. Ich beschränkte mich zur besseren Vergleichbarkeit auf die gleichen Aspekte wie in „Vision 2100", was auch den Umfang des Textes begrenzte. Als Fazit zog ich, dass man einiges bei genauerem Hinschauen recht gut, auch über Jahrzehnte, prognostizieren könne, weil es Gesetzmäßigkeiten folgt;

anderes verhält sich komplett „chaotisch" und scheint sich jeder Vorhersagbarkeit zu entziehen. Für mich war das ein recht erstaunliches Resultat, neigt man doch vielmehr dazu, alles als bloße Spekulation abzutun. In der Folge trug ich über diese Gegenüberstellung von Vision und Rückschau auch an Volkshochschulen vor, was jedes Mal zu sehr anregenden Diskussionen führte.

Das Beschäftigen mit dem Thema „Zeit" hat allerdings auch eine ganz persönliche Note, und zwar das persönliche Erleben der eigenen Zeit auf diesem Planeten und die Erkenntnis, dass die Lebenszeit begrenzt ist. Über diese eigene Endlichkeit macht man sich in der Jugend keine Gedanken; das trifft ja scheinbar nur andere. Mittlerweile sind schon einige Freunde, Bekannte und Verwandte aus meinem persönlichen Umfeld von uns gegangen. Sicherlich kein schönes, aber ein sehr wichtiges Thema. Ich ertappe mich dabei, wie ich mich frage, wie das nur geschehen konnte, dass ein Schulkamerad um die 20 oder nahestehende Verwandte viel zu jung aus dem Leben schieden. Es war weder sinnvoll noch fair, aber es geschah – und ließ mich mit noch mehr Fragen und einer gewissen Verständnislosigkeit zurück. Was lehrt uns die eigene Endlichkeit, diese Beschränktheit in der scheinbaren Unendlichkeit des Zeitflusses?

Ich bin jetzt ein Mann um die 40, in einem Alter, in dem ich nicht mehr fleißig die Geburtstage mitzähle. Gelegentlich bemerke ich, dass ich mein Alter vergessen habe und erst nachrechnen muss. Erschrocken bin ich dann, wenn ich eine Geburtstagstorte bekomme, auf der eine ganze Menge Kerzen stehen. Zu viel Information und auch noch schwarz auf weiß.

Ist das schon eine Midlife-Crisis? Immer öfter wundere ich mich über die Tatsache, wie schnell das Jahr schon wieder vergangen ist, und staune bei Begebenheiten, an die ich mich noch gut erinnere: „Was? Das ist auch schon wieder 20 Jahre her?" Was ist aus meinem Leben geworden, das ich im Alter von 20 Jahren so hübsch geplant und eingerichtet hatte? Es ist alles ganz anders gekommen – anders, aber besser und schöner. Eigentlich konnte ich mir als 20-Jähriger nicht wirklich vorstellen, was mich da erwartet. Ich wundere mich über Gegenwart gewordene Zukunft, wundere mich aber auch über meinen Ursprung. Was wäre gewesen, wenn meine Mutter damals nicht meinen Vater kennen gelernt hätte? Wo wäre ich heute ohne meine Frau, die ich eigentlich eher zufällig traf und in die ich mich, dann nicht mehr zufällig, verliebte. War das so etwas wie Schicksal? Gibt es das überhaupt? Oder ist das doch nur eine ganz merkwürdige Anhäufung erstaunlich vieler Zufälle?

Wie Sie sehen, liebe Leserin, lieber Leser, bietet das Thema „Zeit" viel Diskussionsstoff und regt sehr zum Nachdenken an. Was erwartet den Leser in diesem Buch? In Kap. 1 fasse ich kurz die wesentlichen Fakten über das Wesen der Zeit zusammen. Dabei nehme ich insbesondere die naturwissenschaftliche Perspektive ein. Danach möchte ich ein paar bekannte Beispiele für Zeitreisen in Literatur und Film vorstellen. In Kap. 2 werden verschiedene Bauweisen von Zeitmaschinen erörtert, die naturwissenschaftlich im Prinzip denkbar wären. Ich erläutere auch, ob sie praktisch umsetzbar sind und welche Probleme und Gefahren beim Zeitreisen zu erwarten sind. In Kap. 3 stelle ich Überlegungen an, welche gesellschaftlichen Folgen Zeitreisen haben könnten. Wie wäre unsere Welt in 100 Jahren? Eine mögliche Prognose wage ich in Kap. 4 in der „Vision 2100". Ihr stelle ich in Kap. 5 eine Reise in die Vergangenheit gegenüber: die „Rückschau ins Jahr 1910". Nach dieser reizvollen Gegenüberstellung von Epochen komme ich schließlich zum Menschen als Zeitreisenden zurück. Ich unternehme in Kap. 6 eine ganz persönliche Zeitreise, um daraus einen Schluss zu ziehen, wie wir mit unserer Gegenwart und unserem Zeiterleben umgehen sollten. Am Ende des Buchs befinden sich ein Glossar mit Erklärungen zu den fett gesetzten Begriffen sowie ein Index zum schnellen Auffinden von Textstellen.

Diese Aspekte von Zeit, Zeitreisen und Zeitmaschinen möchte ich nun vorstellen und für die Nachwelt konservieren. Wer weiß, vielleicht liest dieses Buch jemand im Jahr 2100? Wird er sich über die naive Vorhersage amüsieren oder über die scharfe Prognose wundern?

München im November 2014   Andreas Müller

Inhalt

1

Einführung: Vom Wesen der Zeit

1.1 Der Zeitpfeil

Ich bin ja ein Kind der 1980er-Jahre. Dieses Jahrzehnt hat eine ganz besondere Bedeutung für mich. Es war für mich persönlich eine Zeit der großen Veränderungen: Ich wurde eingeschult; wir zogen in ein eigenes Haus um; der erste Kuss; ich wechselte auf zwei neue Schulen und lernte neue Freunde kennen, die ich heute noch treffe; ich kam in die Pubertät und wurde erwachsen. Allein die Musik der 80er ist der absolute Knaller, und ich höre sie heute noch gerne: Nena, A-ha, Kim Wilde, Depeche Mode, Tears for Fears, Eurythmics, Starship, Billy Idol, Sting, Toto, um nur einige meiner Lieblinge zu nennen. Vermutlich lieben alle zwischen 40 und 50 diese Musik, weil sie sie an ihre Jugend und eine schöne, turbulente Zeit erinnert.

Gut, es gab in den 1980er-Jahren auch Dinge, die die Welt nicht braucht und über die man heute lieber den weiten Mantel des Schweigens ausbreitet: Schulterpolster, weiße Tennissocken, Igelfrisuren und **Vokuhila** beispielsweise.

Politisch war es eine bedeutungsvolle Dekade: Ich wuchs mit Bundeskanzler Helmut Kohl und US-Präsident Ronald Reagan auf – ja, der Schauspieler. Der Song *Russians* von Sting war zwar 1985 ein Hit, aber wir hatten als Teenies gar nicht mitbekommen, dass die Welt ziemlich nah am Abgrund stand. Der Ost-West-Konflikt und der Kalte Krieg zwischen der Sowjetunion und den USA hatten in den 1980er-Jahren sicher einen Höhepunkt. Als die 80er fast vorbei waren, kam noch der fulminante Paukenschlag für Deutschland: die Wiedervereinigung der Bundesrepublik Deutschland mit der ehemaligen DDR im November 1989.

Diese Zeit liegt jetzt sehr lange hinter mir – mehr als 30 Jahre –, und manchmal kann ich es gar nicht fassen. Es fühlt sich fast an wie ein anderes Leben, weil sich seither so viel getan hat.

Diese vielen Erlebnisse, die ein Menschenleben zu bieten hat, erleben wir alle als ein Nacheinander. Nichts kann die 80er-Jahre zurückbringen, wir können nur in Erinnerungen schwelgen, die uns ein Lächeln ins Gesicht zaubern oder uns erschaudern lassen. Denn in unserer alltäglichen Erfahrung erleben wir die **Zeit** als etwas, das wir nicht beeinflussen können. Sie scheint zu verstreichen, ohne dass wir etwas dagegen tun können. Scheinbar vergeht die Zeit auch immer gleich schnell. In den Naturwissenschaften war das lange Zeit die vorherrschende Lehrmeinung. Diese unbeeinflussbare, gleichförmig verrinnende Zeit heißt auch die *absolute Zeit*.

Aber was ist Zeit überhaupt? Sie ist substanzlos und kann doch an der Art von Substanzen abgelesen werden. Die Zeit ist etwas, das untrennbar mit der Welt verbunden ist. Zusammen mit dem **Raum** bildet sie die Bühne für alles, was geschieht. Doch Raum und Zeit sind wesensverschieden, denn zwischen Raum und Zeit gibt es entscheidende Unterschiede: Der Raum ist dreidimensional, d. h., er wird durch Länge, Breite und Höhe aufgespannt. In diesen drei Raumdimensionen können wir uns im Prinzip frei bewegen: vor und zurück, nach links und nach rechts, nach oben und nach unten – nichts hält uns auf. Bei der Zeit ist das anders. Denn Zeit kennt nur eine Richtung, nämlich in die Zukunft. Wenn wir einfach abwarten, bis Zeit verstrichen ist, haben wir uns automatisch von der Gegenwart in die Zukunft bewegt. Man könnte auch sagen, dass wir gealtert sind. In die andere „Zeitrichtung", hin zur Vergangenheit, können wir uns nicht bewegen. Ein Trip zurück in die 80er-Jahre? No way! Unsere alltägliche Erfahrung legt uns nahe, dass wir nicht in die Vergangenheit reisen können, um z. B. unsere Fehler von gestern zu korrigieren. Die Eigenschaft, dass Zeit nur eine Richtung hat, nennt man auch den **Zeitpfeil**. Er weist in die Zukunft.

Warum das so ist, ist eine recht knifflige Frage. Eigentlich lässt sie sich nur mit der Physik beantworten. Die Wärmelehre (**Thermodynamik**) ist ein Teilgebiet der klassischen Physik und enthält ein Naturgesetz, das hierbei eine besondere Rolle spielt. Es handelt sich um den zweiten Hauptsatz der Thermodynamik, der besagt, dass in einem abgeschlossenen System eine Größe namens **Entropie** nur zunehmen oder gleich bleiben kann. Anders ausgedrückt nimmt die Entropie niemals ab. Genauso wie beim Verstreichen von Zeit die vergangene Zeit immer mehr zunimmt, wächst in einem abgeschlossenen System auch die Entropie in der Regel stetig an.

So weit, so gut, aber was verbirgt sich hinter dem rätselhaften Begriff „Entropie"? Anschaulich wird diese thermodynamische Größe, wenn wir sie als Maß für Unordnung interpretieren. Eine unversehrte Tasse, die auf einem Tisch steht, ist ein Zustand hoher Ordnung – physikalisch könnte man auch sagen: geringer Entropie. Fällt die Tasse vom Tisch und zerbricht, dann hat sie sich in einen Zustand geringer Ordnung oder hoher Unordnung verwandelt: Physikalisch ausgedrückt hat ihre Entropie zugenommen. Das passiert ganz von selbst, ohne dass wir uns groß anstrengen müssen, weil es eben ein Naturgesetz ist. Einfach die Tasse fallen lassen.

Umgekehrt ist das schon viel schwieriger: Aus den Scherben eine Tasse zu machen, ist zwar möglich, aber dann müssen wir Energie aufbringen und z. B. einen Kleber benutzen und viel Geduld haben. Die Entropiebilanz fällt nach all den Mühen übrigens wieder so aus, dass sie insgesamt zugenommen hat, weil wir Energie aufbringen mussten, die irgendwoher kommen musste. Dabei wurde die Entropie an anderer Stelle erhöht: beim Herstellen des Klebers oder des Essens, das uns für die mühevolle Klebearbeit gestärkt hat. Offenbar ist der Trend der Entropiezunahme kaum aufzuhalten – oder wissen Sie einen Weg, wie man ein Naturgesetz umgehen kann? Auf der Erde bekämpfen wir gewissermaßen den Trend der zunehmenden Unordnung. Damit meine ich jetzt nicht, dass Sie jede Woche Ihre Wohnung aufräumen und insbesondere beim Besuch der Schwiegermutter hübsch herrichten. Es ist wieder eher physikalisch zu verstehen: Wir können beispielsweise einen hohen Zustand der Ordnung herstellen, indem wir Energie in ein System stecken. Der Mensch selbst ist ein Beispiel dafür, denn wir leben. Wir führen uns chemisch gespeicherte Energie in Form von Essen und Trinken zu. So verhindern wir den eigenen Kollaps des Systems Mensch. Wir halten unter diesen Mühen den Zustand der Ordnung in uns aufrecht. Erst wenn ein Mensch stirbt und weder essen, trinken noch atmen kann, entfaltet das Entropie-Gesetz seine volle Wirkung. Denn von da an zerfällt der Mensch, und die Unordnung im System Mensch nimmt zu. Eine physikalische Analyse im Rahmen der Wärmelehre zeigt, dass in allen abgeschlossenen Systemen die Entropie allenfalls gleich bleiben, in der Regel jedoch zunehmen wird. Weil dieses Verhalten mit den Methoden der Wärmelehre berechnet werden kann, heißt diese so begründete Zeitrichtung auch der *thermodynamische Zeitpfeil.*

Da das ein Naturgesetz für geschlossene Systeme ist, kann dieser Trend im Universum nicht aufgehalten werden. Die Entropie des ganzen Kosmos nimmt zu. Auf diese Weise verwandelt sich der thermodynamische Zeitpfeil in einen *kosmologischen Zeitpfeil.* In früheren Epochen der kosmischen Entwicklung hatte das Universum als Ganzes im Mittel eine niedrigere Entropie oder, anders gesagt, eine größere Ordnung. Mit der kosmischen Entwicklung nimmt die Entropie des Universums zu. Man könnte übrigens auch sagen, dass der Kosmos mehr Struktur und Vielfalt bekommen hat. Den Begriff der Entropie kann man nämlich auch mit dem der Information in Verbindung bringen. Ob unser Universum tatsächlich ein abgeschlossenes System ist, ist noch Gegenstand der aktuellen Forschung. Alle Universen, die wiedergeboren werden – Kosmologen sprechen hier von zyklischen Universen –, geraten früher oder später in Konflikt mit dem Gesetz der Entropiezunahme.

Fakt ist jedenfalls, ich komme nicht mehr in die 1980er-Jahre zurück, weil diese seltsame Entropie kosmisch betrachtet seither beständig zunahm. Oder gibt es einen Weg, dass ich nochmal einen Abstecher in meine Kindheit wagen kann? Falls ja, würden Sie da mitkommen wollen, oder gewinnt Ihre Abneigung gegen Schulterpolster?

1.2 Die relative Zeit

Tatsächlich scheint sich da eine Möglichkeit aufzutun.
Denn vor gut 100 Jahren gelang ein Durchbruch in unserem Verständnis vom Wesen der Zeit. Die Zeit ist nicht
absolut, sondern relativ. Wie schnell eine **Uhr** tickt, ist im
Allgemeinen individuell ganz verschieden. Das liegt aber
nicht etwa an der Uhr, sondern an der Natur der Zeit selbst.
Das Verrinnen von Zeit hängt von äußeren Umständen ab.
Welche das sind, werden wir im Folgenden aufklären. Mit
dem Konzept der relativen Zeit ist der berühmteste Physiker aller Zeiten verbunden: Albert Einstein.

Natürlich gab es eine Vorgeschichte, und die Arbeiten vieler anderer Pioniere führten schließlich zu diesem radikalen
Umbruch. Ende des 19. Jahrhunderts wurden Experimente
mit Licht durchgeführt, bei denen die Forscher sich frag-
ten, ob sich Licht – genauso wie Schall – in einem Medium,
dem „Lichtäther", ausbreite. Die beiden Physiker Joseph
Larmor (1897) und Hendrik Antoon Lorentz (1899) sowie
der Mathematiker Henri Poincaré (1900) entdeckten dabei
auch einen rätselhaften Effekt der **Zeitdilatation**. Sie waren
aber nicht so kühn, diesen Effekt auf unsere wirkliche Zeit
im Alltag zu übertragen. Erst Albert Einstein ging den revo-
lutionären Schritt, von einer Konstanz der **Lichtgeschwindigkeit** in allen Systemen auszugehen, d. h., dass die Lichtgeschwindigkeit unabhängig von der Geschwindigkeit der
Lichtquelle ist. Sie ist immer gleich. Einstein erkannte,
dass ein Lichtäther gar nicht nötig ist. Sein neues Konzept
von Raum und Zeit war damit vollkommen im Einklang
mit der Maxwell'schen **Elektrodynamik**. Diese klassische
Theorie der elektromagnetischen Felder war es, die Einstein
schon als Jugendlichen auf die Spur der **Relativitätstheorie**

brachte. Das fundamental neue Verständnis von Raum und Zeit ist die Grundlage von Einsteins 1905 veröffentlichter **speziellen Relativitätstheorie (SRT)**. Was heißt das nun, dass die Zeit relativ ist? Einsteins Theorie sagt voraus, dass das Verrinnen der Zeit davon abhängt, wie schnell sich eine Uhr relativ zu einem Beobachter bewegt. Je schneller sich die Uhr bewegt, umso langsamer tickt sie aus der Sicht des Beobachters. Eine Uhr, die sich relativ zum Beobachter nicht bewegt, tickt am schnellsten. Sie befindet sich im **Ruhesystem**. Wir werden den Effekt detailliert betrachten, nämlich wenn wir ihn in Kap. 2 zum Bau einer Zeitmaschine nutzen möchten.

Der speziell relativistische Zeitdehnungseffekt durch Bewegung ist allerdings nicht die einzige Form von Zeitdehnung in der Relativitätstheorie. Im November 1915 veröffentlichte Albert Einstein in Vorträgen vor der Preußischen Akademie der Wissenschaften eine Weiterentwicklung seiner SRT, die als **allgemeine Relativitätstheorie (ART)** bekannt wurde (Einstein 1915). Während die SRT nur Bezugssysteme betrachtet, die sich gegeneinander gleichförmig geradlinig – also ständig mit konstanter Geschwindigkeit in gleicher Richtung – bewegen, lässt die ART auch gegeneinander beschleunigte Systeme zu. Auch in diesem Fall gibt es eine Dehnung der Zeit, die *allgemein relativistische Zeitdilatation*. Gleichmäßige Beschleunigungen treten auf, wenn sich Objekte im freien Fall auf eine anziehende Masse befinden. Die ART-Zeitdehnung hat also etwas mit Gravitation zu tun. In der Nähe einer Masse verrinnt die Zeit langsamer als weit entfernt von ihr. Mit diesem Effekt lässt sich eine komplett andere Art von Zeitmaschine bauen, die wir uns genau in Kap. 3 anschauen werden.

Jede Uhr tickt also mit ihrer ganz individuellen Zeit. Die Schnelligkeit des Tickens hängt von der Geschwindigkeit der Uhr relativ zum Beobachter der Uhr (sagt die SRT) und dem Abstand zu großen Massen (sagt die ART) ab. Damit ist klar, dass auch das Erleben von Gleichzeitigkeit relativ wird. Zwei Ereignisse, die für den einen Beobachter vollkommen gleichzeitig geschehen, können für einen anderen Beobachter, der sich relativ zum ersten bewegt oder sich in einem anderen Abstand zur gleichen Masse befindet, nicht mehr gleichzeitig wahrgenommen werden.

1.3 Zeit und Raum: Untrennbar vereint

Auf der Grundlage unserer Alltagserfahrung würden wir niemals auf die Idee kommen, Raum und Zeit in einen Topf zu werfen. Zwar sind beides Fundamente unserer Welt, aber sie scheinen doch sehr wesensverschieden. Der Raum wird aufgespannt von den drei Raumdimensionen Länge, Breite und Höhe, durch die wir uns scheinbar mühelos vor und zurück bewegen können. Die Zeit hingegen ist eindimensional und kennt nur eine Richtung: vorwärts.

Es war Einsteins ehemaliger Lehrer Hermann Minkowski, der 1908 bei seinem Vortrag „Raum und Zeit" vor der 80. Versammlung Deutscher Naturforscher und Ärzte in Köln die Verbindung von Raum und Zeit folgendermaßen formulierte: „Von Stund' an sollen Raum für sich und Zeit für sich völlig zu Schatten herabsinken und nur noch eine Art Union der beiden soll Selbständigkeit bewahren." Im Rahmen der SRT entdeckte Minkowski, dass Raum und

Zeit vereint in einem **Raum-Zeit-Kontinuum** verstanden werden können. Das drückt sich auch mathematisch aus. Auf Minkowski und Henri Poincaré geht eine sehr kompakte Schreibweise in der mathematischen Physik zurück (**Vierervektoren**), die Raum und Zeit zusammenfassen. Jeder Physikstudent lernt heutzutage diese moderne Formulierung der Relativitätstheorie. Raum und Zeit sind also nicht unabhängig voneinander, sondern in einem Raum-Zeit-Kontinuum miteinander verwoben. Kurz sagt man daher auch **Raumzeit**. Die Hauptaussage der ART besteht darin, dass wir in einer vierdimensionalen, dynamischen und gekrümmten Raumzeit leben. Es sind Energieformen wie die Masse, die die Krümmungen in der Raumzeit hervorrufen. Gegenstände fallen nicht auf die Erde, weil sie von der Schwerkraft angezogen werden – das wäre die Newton'sche Sprechweise –, sondern weil die Erdmasse die Raumzeit so verbiegt, dass die Gegenstände der gekrümmten und sogar rotierenden Raumzeit der Erde folgen müssen.

Allerdings hat nicht nur die Erde ihre Raumzeit. Albert Einsteins ART zeigte auch, dass wir uns unsere Umgebung zerlegen können in verschiedene Formen von Raumzeiten. So gibt es eine Raumzeit der Erde, die relativistisch die irdische Schwerkraft beschreibt. Es gibt auch eine Raumzeit der Sonne, der die Erde und die anderen Körper des Sonnensystems folgen müssen. Individuelle Himmelskörper, so z. B. auch **Neutronensterne** und **Schwarze Löcher**, kann man ihrerseits wieder durch andere, ihnen eigene Raumzeiten beschreiben. Schließlich stellte sich sogar heraus, dass das ganze Universum durch eine einzige Raumzeit beschrieben werden kann, die man in der Kosmologie als **Friedmann-Universum** bezeichnet.

Wie kommt man auf diese verschiedenartigen Raumzeiten, und wie unterscheiden sie sich? Es ist, wie Sie es vielleicht schon befürchten: Man muss sie berechnen. Dazu reicht leider die Schulmathematik nicht aus, sondern man muss ein echtes Ungetüm von Gleichung lösen: einen Satz von zehn gekoppelten, nichtlinearen, partiellen Differenzialgleichungen. Mithilfe von mathematischen Objekten, den **Tensoren**, kann dieser Gleichungssatz kompakt als eine einzige Gleichung notiert werden. Das ist die fundamentale **Einstein'sche Feldgleichung** von Albert Einsteins ART. Sie besagt, dass Energie und Masse die Raumzeit krümmen und die gekrümmte Raumzeit Testteilchen eine Bewegung durch die Raumzeit diktiert. Die Lösungen der Einstein'schen Feldgleichung sind Raumzeiten.

Einstein veröffentlichte die Feldgleichung der ART im November 1915. Sie zu finden, war Einsteins Meisterwerk und größte wissenschaftliche Leistung. Dabei half ihm der befreundete Mathematiker Marcel Grossmann, der mit der Differenzialgeometrie vertraut war. Den beiden gelang mit dieser Beschreibung eine Geometrisierung der Gravitation.

Eine Lösung der **Feldgleichung** beschreibt Punktmassen. Man kann sie verwenden, um relativistisch die Gravitation der Erde, der Sonne oder von (nicht rotierenden, elektrisch neutralen) Schwarzen Löchern zu beschreiben. Das ist die (äußere) **Schwarzschild-Lösung**, die nach Karl Schwarzschild benannt wurde, der 1916 die erste Lösung der Feldgleichung fand. Diese Lösung war nicht nur die erste, sondern ist bis heute die wichtigste Lösung in der ART. Im gleichen Jahr 1916 fand Schwarzschild eine Lösung, die relativistisch die Raumzeit einer statischen Flüssigkeitskugel beschreibt. Sie wird zur Unterscheidung von der ersten Lösung auch die innere Schwarzschild-Lösung genannt. Gewissermaßen ist das ein einfaches, relativistisches Modell für die Gravitation eines Sterns, das auch das Innere des Sterns beschreibt.

Vor 100 Jahren war das Interesse der Relativisten der ersten Stunde vor allem der Kosmos als Ganzes. Es war die Geburtsstunde der relativistischen Kosmologie. Schon im Jahr 1917 wurden Lösungen der Feldgleichung gefunden, die das ganze Universum zu beschreiben vermögen. Dazu gehören Einsteins statischer Kosmos und die *De-Sitter-Lösung*. Die bis heute bewährte Raumzeit, die sogar die kosmische Ausdehnung berücksichtigt, wurde in den frühen 1920er-Jahren von dem Russen Alexander Friedmann gefunden. Diese Friedmann-Lösungen beschreiben dynamische Universen. Mitte der 1920er-Jahre fanden die Astronomen Hinweise anhand der Beobachtungen weit entfernter Galaxien, dass sich unser Universum tatsächlich ausdehnt und deshalb mit einer dynamischen Friedmann-Lösung erklärt werden kann.

Eine andere Art von Raumzeit wurde 1963 von dem Neuseeländer Roy P. Kerr entdeckt. Diese *Kerr-Lösung* beschreibt die Gravitation rotierender Massen relativistisch. Da in rotierenden Raumzeiten der Raum selbst rotiert, wird alles, was sich einer rotierenden Masse nähert – ob Materie oder Licht –, in Rotation versetzt. Allerdings klingt dieser Effekt der Raumzeitdrehung sehr schnell ab, wenn man sich von der Masse entfernt.

So weit mag das mathematisch befriedigend sein, aber wie sollte man sich eine Raumzeit anschaulich vorstellen? Können Sie in vier Dimensionen denken? Eine Raumzeit der ART ist nämlich vierdimensional und wird von den drei Raumdimensionen Länge, Breite und Höhe sowie der Zeit als vierte Dimension aufgespannt. In allen vier Dimensionen kann man sich die Raumzeit nicht wirklich vorstellen, lässt man jedoch ein, zwei Dimensionen unter den Tisch fallen, gibt es Darstellungen, wie die gummihautartige Raumzeit, die einem ein Gespür für Raumzeiten geben können.

In der SRT ist die Raumzeit flach wie ein Schachbrett, wenn man sich die Raumzeit als ein nur zweidimensionales Analog mit Länge und Breite veranschaulicht. In der ART gibt es dann etwas Neues: Die Raumzeit wird gekrümmt. Der Grund dafür ist die Masse oder eine andere Energieform, wie die Feldgleichung verrät. Damit erklärt Einsteins neue Gravitationstheorie die Schwerkraft nicht als Kraft, sondern vielmehr als geometrische Eigenschaft des uns umgebenden Raum-Zeit-Kontinuums. Die äußere Schwarzschild-Lösung kann als trichterförmige Raumzeit veranschaulicht werden, die in der Mitte ein Loch hat. Dieser „Gravitationstrichter" verschluckt einfallende, kleine Materieteilchen und selbst das Licht. Damit sagt Einsteins Theorie die Existenz von Schwarzen Löchern voraus. In der Tat finden Astronomen eine Vielzahl von Objekten im Kosmos, die am besten mit den Schwarzen Löchern erklärt werden können. Massereiche Sterne enden in Sternexplosionen, und ihr Inneres kollabiert zu einem stellaren Schwarzen Loch mit drei bis 100 **Sonnenmassen**. In den Zentren von Galaxien wird die XXL-Variante von Schwarzen Löchern vermutet, die Millionen bis zehn Milliarden Sonnenmassen erreichen.

Das Konzept der gekrümmten Raumzeit ist zwar sehr gewöhnungsbedürftig und stellt unsere Vorstellungskraft auf die Probe, jedoch beschreibt sie offenbar unsere Natur sehr gut. Viele Beobachtungen und Experimente bestätigen Einsteins ART in grandioser Weise. Derzeit beschreibt sie am besten die Phänomene, die mit Gravitation zu tun haben.

Warum gibt es eigentlich Zeit? Der US-amerikanische Science-Fiction-Autor Ray Cummings hatte darauf in seinem Roman eine verblüffend einfache Antwort: „Time […] is what keeps everything from happening at once." (Cummings 1922) oder übersetzt ins Deutsche: „Zeit ist, was verhindert, dass alles gleichzeitig geschieht." (Das Zitat wird fälschlicherweise häufig John A. Wheeler zugeschrieben.).

Dieses Kapitel mag einen kleinen Überblick über das Wesen der Zeit geben. Die Thematik habe ich an anderer Stelle vertieft, nämlich in dem Sachbuch *Raum und Zeit: Vom Weltall zu den Extradimensionen – von der Sanduhr zum Spinschaum* (Müller 2012).

2

Sind Zeitreisen überhaupt möglich?

2.1 Zeitreisen in der Science-Fiction

Der Gedanke, das Vergehen von Zeit gezielt beeinflussen zu können, ist verführerisch. Würde es Sie nicht auch interessieren zu wissen, wo Sie in 30 Jahren stehen werden, und zu schauen, ob Sie in der Vergangenheit alles richtig gemacht haben? Oder wie wäre es, in einem nostalgischen Moment 20 oder 30 Jahre in die Vergangenheit zu reisen und nochmal die erste Liebe zu erleben?

Das klingt nach Science-Fiction, und genau das ist es bis heute. Die Faszination am Thema „Zeitreisen" wurde in vielen literarischen Werken und Spielfilmen verarbeitet. Die Autoren setzten das teils mit viel wissenschaftlicher Plausibilität und teils in Form von hanebüchenen Geschichten um. Die beliebtesten Science-Fiction-Geschichten haben häufig mit Zeitreisen zu tun. Also irgendetwas muss das Thema haben, das uns fesselt. Im Folgenden soll eine Auswahl von Science-Fiction-Geschichten vorgestellt werden, die mit Zeitreisen zu tun haben. Sie machen uns sowohl grundsätzliche Probleme von Zeitreisen als auch die Herausforderungen an den Bau einer Zeitmaschine klar. Achtung, Spoiler! Wer vorhat, das Buch zu lesen bzw. den

Film zu anzuschauen, sollte den Absatz zum betreffenden Beitrag überspringen.

Eine der spannendsten Geschichten dieses Genres erzählt der Science-Fiction-Roman *Die Zeitmaschine* von Herbert G. Wells (Originaltitel: *The Time Machine*) aus dem Jahr 1895. In der US-amerikanischen Verfilmung von 1960 kamen Oscar-prämierte Spezialeffekte zum Einsatz, die sich auch 50 Jahre später sehen lassen können. In den Hauptrollen sind Rod Taylor und Yvette Mimieux zu sehen. Taylor spielt den Erfinder George, der im ausgehenden 19. Jahrhundert die Idee zu einer Zeitmaschine hat. In der Buchvorlage war der Protagonist übrigens noch namenlos, aber die Filmemacher nannten ihn passenderweise *H. George Wells.* Tatsächlich baut der Erfinder ein kleines Modell, das den Test mit Bravour besteht. Schließlich wagt er den Selbstversuch und reist mit der an einen alten Sessel erinnernden Zeitmaschine (Abb. 2.1) durch die Zeit. Wie die Zeitmaschine genau funktioniert, lässt der Film komplett offen. Es wird keinerlei wissenschaftliche Theorie bemüht, um ihr Geheimnis zu erklären. Vielmehr geht es in der Geschichte darum zu erzählen, wie diese Möglichkeit des Zeitreisens genutzt werden könnte.

Zunächst macht der Erfinder nur ein paar vorsichtige Experimente mit Zeitreisen. Durch Drücken bzw. Ziehen eines Hebels kann er beeinflussen, in welche Zeitrichtung er sich bewegt: nach vorn in die Zukunft oder nach hinten in die Vergangenheit. Je weiter er den Hebel drückt oder zieht, umso schneller bewegt er sich durch die Zeit. Anfangs macht er faszinierende Beobachtungen, z. B. wie eine Kerze in Zeitraffer abbrennt oder wie sich die Sonne am Himmel rasend schnell bewegt. Auch die Jahreszeiten erlebt der Zeitreisende in atemberaubendem Tempo. Wie

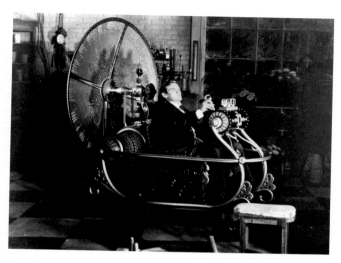

Abb. 2.1   Die Zeitmaschine aus dem Film *Die Zeitmaschine* von 1960. © United Archives/IFTN/picture alliance

betrunken vom Ritt durch die Zeit, wagt der Wissenschaftler bald mehr und beschließt, in die Zukunft zu reisen, um die Geschicke seiner direkten Umgebung zu studieren.

Er bereist die recht nahe Zukunft und wird Zeuge des Ersten und Zweiten Weltkriegs, die in Wells' Romanvorlage von 1895 freilich nicht, aber in der späteren Verfilmung bekannt waren. In der weiteren Zukunft, die auch jenseits der Zeit der Verfilmung, also nach 1960, spielt, erlebt der Protagonist einen fiktiven Dritten Weltkrieg, einen Atomkrieg, der zu einer katastrophalen Vernichtung seines Standorts – der ganzen Welt, wie der Zuschauer spekulieren könnte – führt. In dieser Hinsicht war der Film übrigens erschreckend wenig von der Realität entfernt, ereignete sich doch im Jahr 1962 die Kuba-Krise, eine gefährliche Konfrontation der

Sowjetunion mit den USA, die im Kalten Krieg fast Auslöser eines Dritten Weltkriegs geworden wäre.

In *Die Zeitmaschine* wird sehr gut dargestellt, dass ein Zeitreisender sich ja räumlich überhaupt nicht bewegt: Er bleibt immer am selben Ort. Nur die Zeit verstreicht und führt so zu einer Veränderung seiner direkten Umgebung. Leser bzw. Zuschauer werden von der Neugier genauso gepackt wie der zeitreisende Erfinder. Man will einfach wissen, was die Zukunft bringt. Von zunehmendem Interesse getrieben, beschließt der Wissenschaftler, in die ganz ferne Zukunft zu reisen. Später befindet er sich mit seiner Zeitmaschine viele Jahrtausende sogar in einem Berg, ohne zu erfahren, was in dieser Zeit alles mit der Welt geschieht. Schließlich macht der Erfinder erst im Jahr 802701 Halt. Neugierig erkundet er die ferne Zukunft und findet sich scheinbar in einem Paradies wieder. Das wettergebeutelte, viktorianische England seiner Zeit ist einer tropischen Regenwaldlandschaft gewichen, in der es leckere Früchte im Überfluss gibt. Der Wissenschaftler entdeckt schließlich Menschen – alle jung, schön und sorglos –, die in einer paradiesischen, arbeitsfreien Welt leben. Bald stellt sich jedoch heraus, dass Glück und Sorglosigkeit trügerisch sind. Die Menschheit ist gespalten in zwei Klassen. Da sind zum einen die *Eloi*, junge Menschen, die gut versorgt auf der Erdoberfläche leben. Zum anderen sind da die *Morlocks*, Menschen, die sich durch das lange Leben unter der Erde verändert haben und wie wilde Tiere aussehen. Sie halten sich die Eloi wie Vieh, um sie sich ganz nach Bedarf zu holen und zu essen! Angewidert von dieser kannibalischen Gesellschaft, kehrt der zeitreisende Wissenschaftler resigniert in seine Zeit zurück. Dort möchten ihm Kollegen und Freunde kaum Glauben schenken, sodass er erneut in die Zukunft reist. Schließlich gelingt es ihm mithilfe der Eloi, die Herrschaft der Morlocks zu zerschlagen, und rettet damit die Menschen der fernen Zukunft.

Die Geschichte *Die Zeitmaschine* bietet eine Fülle interessanter Aspekte. Dabei steht weniger die Technik im Vordergrund als die Gesellschaft. Ausgehend von der Möglichkeit des Zeitreisens, entspinnt sich eine ganze Reihe von Fragen: Soll man Zeitreisen durchführen, falls es wirklich funktioniert? Sollten Zeitreisende nur Beobachter sein, oder dürfen sie aktiv in den Ablauf der Geschichte eingreifen? Wer darf zeitreisen und wer nicht? Auf diese Fragen werden wir in Kap. 3 zurückkommen.

Ein letzter Kommentar zum Autor H. G. Wells, der noch vor der Entdeckung der Relativitätstheorie in seinem Werk *Die Zeitmaschine* schrieb: „There is no difference between time and any of the three dimensions of space except that our consciousness moves along it." Er ergänzte: „Scientific people know very well that time is only a kind of space", was übersetzt etwa heißt: „Es gibt keinen Unterschied zwischen Zeit und irgendeiner der drei Raumdimensionen, außer dass sich unser Bewusstsein entlang der Zeit bewegt. Wissenschaftler wissen sehr genau, dass Zeit nur eine Art von Raum ist."

Ein Aspekt wird in *Die Zeitmaschine* nicht aufgegriffen, der in anderen Zeitreisegeschichten geradezu inflationär ausgeschöpft wird, und zwar **Paradoxe**. Wenn ein Zeitreisender in die Vergangenheit reist und dort aktiv in das Geschehen eingreift, könnte er damit den Ablauf der Ereignisse in der Gegenwart oder Zukunft verändern. Einfaches Beispiel: Sie haben den Bus verpasst. Wenn Sie jetzt eine

Zeitreise in die Vergangenheit machen und sich dann entscheiden, etwas früher zur Haltestelle zu gehen, werden Sie den Bus nicht mehr verpassen. Das hat noch nichts Paradoxes. Das drastischste Beispiel dazu ist der Zeitreisende, der in die Vergangenheit reist, um seinen Vater zu erschlagen, noch bevor dieser Vater wurde. Verhindert er damit nicht seine eigene Geburt? Was geschieht dann mit dem Zeitreisenden in der Gegenwart? Verschwindet er, damit das Raum-Zeit-Gefüge nicht aus den Fugen gerät?

Von derlei Widersprüchlichkeiten und Verstrickungen lebt die Geschichte von *Zurück in die Zukunft* (Originaltitel: *Back to the Future*). Die US-amerikanische Science-Fiction-Film-Trilogie mit Michael J. Fox in der Hauptrolle erschien in drei Teilen 1985, 1989 und 1990 und war damals ein großer Erfolg. Im ersten Teil geht es um den Jugendlichen Marty McFly, der eng mit dem Wissenschaftler und Erfinder Dr. Emmett Brown befreundet ist. Brown hat einen Sportwagen, den berühmten DeLorean (Abb. 2.2), zu einer Zeitmaschine umgebaut. Wie sie genau funktioniert, bleibt auch hier unklar. Herzstück der Zeitmaschine ist jedenfalls der nicht näher erläuterte **Fluxkompensator**, der mit einem Atomreaktor und dem hochgefährlichen und radioaktiven Element Plutonium betrieben wird. Bringt man den Sportwagen auf eine erforderliche Mindestgeschwindigkeit von 140 km/h, vollzieht sich der Zeitsprung zu der vorher eingestellten Ankunftszeit in Vergangenheit oder Zukunft. Beim Test der Zeitmaschine ereignet sich ein Missgeschick, das Marty 30 Jahre in die Vergangenheit in das Jahr 1955 katapultiert. Dort begegnet er seinen Eltern und verändert den Lauf der historischen Ereignisse: Marty verhindert, dass sich seine Eltern kennen

Abb. 2.2 Der berühmte DeLorean, die Zeitmaschine aus dem Film *Zurück in die Zukunft*. © United Archives/IFTN/picture alliance

lernen und verlieben. Das gefährdet seine eigene Existenz und die seiner Geschwister, sodass er den ganzen ersten Teil der Trilogie damit beschäftigt ist, die Vergangenheit wieder geradezurücken. Und dann muss es Marty auch irgendwie wieder gelingen, nach Hause in seine ursprüngliche Zeit 1985 zu kommen – daher der Titel *Zurück in die Zukunft*.

Im Unterschied zu *Die Zeitmaschine* geht es bei *Zurück in die Zukunft* im ersten Teil um Zeitreisen in die Vergangenheit und um die Konsequenzen, wenn man in den Ablauf historischer Ereignisse eingreift. Im zweiten Teil der Trilogie reist Marty auch in die Zukunft. Aus heutiger Sicht ist sehr interessant, in welches Jahr sie reisen: Dr. Brown, Marty und seine Freundin kommen am 21. Oktober 2015 in der Zukunft an. Dieser Tag löst eine Kette von Ereignissen aus, die Martys Familie ruinieren würden, wie der

Erfinder bei seiner Zeitreiseforschung herausfand. Marty soll nun verhindern, dass sein Sohn an diesem Tag eine falsche Entscheidung trifft. Im Film können die Autos des Jahres 2015 fliegen. Der Highway wurde zum Skyway. Das ist heute so nicht eingetreten, aber ansonsten wurden viele Alltagsphänomene vorweggenommen, die uns heute sehr vertraut sind: der Großbildschirm im Wohnzimmer, auf dem mehrere Programme gleichzeitig laufen; die multivernetzte Wohnung; das drahtlose Kommunikationsgerät, das mit einer Datenbrille verknüpft wurde.

In Martys Zukunft könnte er seinem zukünftigen Alter Ego leibhaftig begegnen, was natürlich brandgefährlich wäre, weil sie nichts voneinander wissen dürfen. Die ganze Science-Fiction-Trilogie spielt geschickt mit den verschiedenen Zeitebenen und verstrickt Handlungen auf raffiniert-komplexe Art und Weise, die alle drei Teile sehr sehenswert und unterhaltsam macht.

2014 kam *Interstellar* in die Kinos, ein neuer Science-Fiction-Film zu den Themen Zeitreisen, **Schwarze Löcher** und **Wurmlöcher**. Besonders vielversprechend aus wissenschaftlicher Sicht war, dass der Relativitätstheoretiker und Experte für Gravitation Kip Thorne beratend und sogar als ausführender Produzent beteiligt war. Er war bis 2009 Professor am renommierten California Institute of Technology (Caltech) und Schüler des Relativitätstheoretikers John Archibald Wheeler, der den Begriff *black holes* für die Schwarzen Löcher prägte. Im Zentrum der Geschichte von *Interstellar* steht – ähnlich wie beim Science-Fiction-Film *Contact* – eine Vater-Tochter-Beziehung, die die Grenzen von Zeit und Raum sprengt. Der Film spielt in nicht allzu ferner Zukunft, nämlich in der zweiten Hälfte des 21.

Jahrhunderts. Der Lebensraum der Erde ist stark geschädigt worden. Es gibt Trockenperioden, Pflanzenkrankheiten, und es toben Sandstürme, sodass Nahrungsmittel knapp geworden sind. Die Menschheit ist bedroht, und es wird klar, dass sie auf der Erde nicht überleben wird.

Die Weltraumorganisation NASA plant deshalb im Geheimen eine Rettungsmission – das *Lazarus-Programm* –, um wenige Überlebende evakuieren zu können. Sie sollen auf einem anderen bewohnbaren Planeten einen Neubeginn wagen. In der Nähe des Planeten Saturn wurde ein Wurmloch entdeckt, das eine Abkürzung zu einem anderen Sonnensystem und einer potenziellen, neuen Heimat der Menschheit erlaubt. Um herauszufinden, ob es dort bewohnbare Planeten gibt, wurden Erkundungsteams entsendet. Ihre Mission bestand darin, einen geeigneten Planeten zu suchen und im Erfolgsfall ein Signal durch das Wurmloch zurück zur Erde schicken. Tatsächlich wurden drei Kandidaten entdeckt.

Der Protagonist der Geschichte ist Cooper, ein Pilot, ehemaliger NASA-Astronaut und Familienvater. Nach dem offiziellen Ende des Raumfahrtprogramms der NASA lebt er als Farmer. Nachdem seine Frau an einem Hirntumor starb, erzieht er allein mit dem Vater seiner Frau seine Tochter Murphy und seinen Sohn Tom. Cooper entdeckt, dass die NASA im Geheimen am Lazarus-Programm arbeitet. Da kein erfahrener Pilot mehr zur Verfügung steht, stellt die NASA Cooper vor eine schwierige Entscheidung: Sie will ihn in das Wurmloch schicken, damit er mit einem Team den geeigneten Planeten für einen Neuanfang der Menschheit identifiziert. Die Überlebenden auf der Erde sollten dann dorthin gemäß Plan A evakuiert werden. An Bord von

Coopers Raumschiff befinden sich aber auch tiefgefrorene, menschliche Eizellen, um vor Ort eine kleine Population von Menschen aufzuziehen – das ist der Plan B, falls die Evakuierung scheitert. Tatsächlich trennt sich Cooper von seiner Familie, weil er überzeugt ist, die Menschheit retten zu können.

Ich möchte jetzt gar nicht den Ausgang dieser spannenden Geschichte vorwegnehmen, weil es hierbei ja um den Aspekt von Zeitreisen geht. *Interstellar* hebt sich sehr positiv von der anderen „Science-Fiction-Ware" ab, weil die Effekte der Relativitätstheorie zum größten Teil korrekt dargestellt werden. Natürlich musste ein Tribut an Hollywood gezollt werden, damit Raumschiff und Besatzung den Höllenritt durch das Wurmloch überleben. Weder die heftigen **Gezeitenkräfte** der Raum-Zeit-Fallen noch die lebensgefährliche Strahlung in der Nähe der Schwarzen Löcher werden thematisiert. Sehr gelungen ist die Berücksichtigung der Zeitdehnungseffekte, die zum einen bei hohen Geschwindigkeiten und durch starke Gravitation auftreten. So wird das im **Zwillingsparadoxon** berühmt gewordene Phänomen, nämlich dass die Raumfahrer im Vergleich zu den Erdbewohnern weniger altern, richtig umgesetzt. Zutreffend ist auch die Behauptung, dass für einen Astronauten, der sich auf der Oberfläche eines Objekts mit sehr starker Gravitation befindet – z. B. einem Neutronenstern –, die Zeit viel langsamer verstreicht als für Personen in großer Entfernung. Allerdings wird dann kein Wort darüber verloren, dass man von der gigantischen **Schwerebeschleunigung** auf der Oberfläche förmlich platt gedrückt und so etwas wie Blutzirkulation im Körper undenkbar würde. Im Film vergeht die Zeit auf Millers Wasserplanet durch das nahe

Schwarze Loch Gargantua viel langsamer: Dort entspricht eine Stunde sieben Erdjahren.

Die visuellen Effekte in der Nähe von Schwarzen Löchern und Wurmlöchern werden wissenschaftlich fast immer korrekt dargestellt. So kommt es durch den Einfluss der **Gravitationslinse** zu Mehrfachbildern des in ein Schwarzes Loch einfallenden Materiestroms (**Akkretionsscheibe**), was mit modernen Simulationen aus der relativistischen Astrophysik übereinstimmt. Hier wurde der Einfluss von Kip Thorne sehr sichtbar.

Die Reise durch den Raum-Zeit-Tunnel im Wurmloch selbst ist natürlich hochspekulativ. Wenn es überhaupt so etwas wie ein Wurmloch gibt, sind andere Szenarien viel wahrscheinlicher: Entweder wird man schon bei der Annäherung von Gezeitenkräften zerrissen oder von hochenergetischen Strahlungsblitzen gegrillt. Oder der Raum-Zeit-Kanal im Wurmloch kollabiert durch die einfallende Masse, die ja eine gravitative Störung darstellt. Da es niemand genau weiß, kann Hollywood der künstlerischen Freiheit ungezügelt nachgeben. Fakt ist, dass der Flug fesselnd und visuell sehr ansprechend umgesetzt wurde. Im Bereich der Science-Fiction-Filme findet man sicherlich wenig vergleichbar Gutes.

Wenn wir diese Auswahl an Science-Fiction-Geschichten noch einmal Revue passieren lassen, lässt sich zusammenfassend sagen, dass, obwohl Zeitreisen derzeit nicht möglich sind, bereits viele Spielarten von Zeitreisen in Literatur und Film sehr fantasievoll vorgestellt und eine Menge spannender Geschichten dazu erzählt wurden. Es wird klar, dass Zeitreisen nicht nur viele Chancen bieten, sondern ebenso viele Gefahren bergen. Ist es daher vielleicht beruhigend und besser, dass Zeitreisen unmöglich sind und wir von all diesen Problemen unbehelligt bleiben?

2.2 Zeitmaschine 1: Die speziell-relativistische Turbokapsel

Bieten uns die in Kap. 1 angedeuteten Zeitdehnungseffekte der Relativitätstheorie eine Möglichkeit, Zeit gezielt zu manipulieren und so tatsächlich funktionstüchtige Zeitmaschinen zu konzipieren? Ja! Und in diesem Abschnitt soll es um eine erste Bauart einer Zeitmaschine gehen. Sie basiert darauf, sich schnell zu bewegen – verdammt schnell! Damit ist klar, dass diese Form des Zeitreisens für Beamte ausscheidet.

Das Funktionsprinzip beruht darauf, dass eine Zeitkapsel sich vergleichbar schnell bewegen muss wie das Licht. Erst dann verändert sich der Zeitfluss in der Kapsel merklich im Vergleich zur Umgebung. Wie kann das sein? Dazu betrachten wir den Zeitdehnungseffekt der SRT etwas genauer. Wenn Sie auf der nächsten Party ein bisschen angeben wollen, können Sie Ihrem Gegenüber diesen Effekt der *speziell relativistischen Zeitdilatation* wie folgt erklären.

Betrachten wir dazu ein simples Beispiel. Sie sind Trainer und möchten die Zeit eines 100-m-Läufers stoppen. Die schnellsten Läufer der Welt legen die 100 m in rund 10 s zurück. Sofort können wir dazu eine Geschwindigkeit (gemäß zurückgelegter Weg geteilt durch die dafür benötigte Zeit) ausrechnen: 36 km/h. Mit dieser Geschwindigkeit bewegt sich der Läufer relativ zu Ihnen, der **Relativgeschwin-**

digkeit. Sie befinden sich in einem Bezugssystem, in dem sich das Beobachtungsobjekt, der Läufer, bewegt. Einsteins Theorie sagt voraus, dass die Laufzeit für die 100 m, die Sie als Trainer messen, größer ist als diejenige Zeit, die der Läufer mit einer mitgeführten Stoppuhr messen würde. Anders gesagt, Ihre Uhr tickt schneller als diejenige des Läufers. Nehmen wir an, dass sowohl Sie als auch der Läufer über eine extrem genaue Uhr verfügen und diese Uhren zuvor synchronisiert wurden, d. h. beide exakt gleich gehen. Nach dem 100-m-Lauf würden Sie dann feststellen, dass Ihre Uhr eine größere Zeit anzeigt als die Uhr des Läufers! Es ist eine durch die Relativgeschwindigkeit zweier betrachteter Systeme (hier: Läufer vs. Trainer) bedingte Zeitdehnung. In der SRT gilt die Grundregel: Uhren im Ruhesystem ticken am schnellsten. Die im Ruhesystem gemessene Zeit ist die **Eigenzeit**. Ihre Uhr, mit der Sie den Läufer messen, tickt demnach aus Ihrer Sicht schneller als die Uhr des Läufers, der sich relativ zu Ihnen bewegt. Nun könnte aber der Läufer behaupten, dass er sich auch in einem Ruhesystem befindet und Sie sich als Trainer aus seiner Perspektive bewegen. Aus seiner Sicht sieht das ja wirklich so aus. Dann würde aber seine Uhr schneller ticken, und die Verhältnisse wären genau umgekehrt. Die Verwirrung ist komplett. Wie löst sich dieses Dilemma?

Fragen wir uns, ob die Situation wirklich vollkommen symmetrisch ist und wir Läufer und Trainer austauschen können. Nein, das geht nicht! Denn während Sie als Trainer die ganze Zeit an der Ziellinie in Ruhe verharren können, muss der Läufer beim Antritt beschleunigen und beim Zieleinlauf abbremsen. Dabei spürt er Trägheitskräfte – das sind Kräfte, die wir beim Busfahren spüren, wenn der Bus beschleunigt oder eine Kurve fährt. Sie als Trainer spüren diese Trägheitskräfte nicht. Die Rollen sind demnach nicht austauschbar. In der Lehrbuchliteratur findet man dieses Szenario unter dem Stichwort **Zwillingsparadoxon**, das ich hier auf eine Alltagssituation übertragen habe.

In der Relativitätstheorie nennt man Bezugssysteme, in denen die Trägheitskräfte nicht auftreten, **Inertialsysteme**. In einem solchen System bewegen sich Körper kräftefrei, also gleichförmig geradlinig. Alle Inertialsysteme sind gleichberechtigt und würden dieselben Verhältnisse beobachten, nämlich dass Uhren, die sich relativ zu ihnen bewegen, langsamer ticken. Ihr Bezugssystem als Trainer ist ein solches Inertialsystem; dasjenige des Läufers nicht. Deshalb verhält es sich so, dass aus Ihrer Sicht die bewegte Uhr des Läufers langsamer geht. Ihre Stoppuhr tickt schneller als die des Läufers, und Sie messen eine längere Laufzeit. Man könnte es auch so formulieren: Sie altern schneller als der bewegte Läufer! Dieser merkwürdige Effekt ist die speziell relativistische Zeitdehnung, eine Veränderung des Zeitverrinnens durch Bewegung.

Im Alltag spüren wir nichts von diesem subtilen Effekt, weil man sich sehr, sehr schnell bewegen muss. Auch ein Läufer ist bei Weitem zu langsam, als dass dieser Effekt in einem Experiment messbar wäre. Das Maß aller Geschwindigkeiten ist dabei die **Lichtgeschwindigkeit** im Vakuum. Sie beträgt knapp 300.000 km/s oder rund 1 Mrd. km/h. Erst bei Relativgeschwindigkeiten, die vergleichbar sind mit der Lichtgeschwindigkeit, würden Sie etwas von der Zeitdehnung bemerken. So schnell kann keiner rennen! Weil sich in unserem Alltag kaum etwas so schnell bewegt, bekommen wir von der Einstein'schen Zeitdehnung nichts mit. Mit modernen, sehr präzisen Experimenten ist sie allerdings mehrfach bestätigt worden, u. a. mit Atomuhren und Flugzeugen im **Hafele-Keating-Experiment** oder mit kurzlebigen Teilchen aus der Höhenstrahlung, beispielsweise den **Myonen**.

Es kommt immer auf die Relativgeschwindigkeit zwischen zwei betrachteten Systemen an. In unserem Beispiel des Läufers verhält es sich so, dass er sich gegenüber seiner Umgebung mit ungefähr 30 km/h bewegt. Nehmen wir an, wir haben einen zweiten Läufer, der exakt so schnell ist wie der erste Läufer und in genau dieselbe Richtung läuft. Dann ist die Relativgeschwindigkeit zwischen diesen beiden Läufern null. Das heißt aber auch, dass es zwischen den beiden keinen Zeitdehnungseffekt gibt! Das Vergehen von Zeit ist für beide identisch. Haben die beiden anfangs ihre Uhren synchronisiert, dann gehen die Uhren auch nach dem Lauf noch exakt gleich.

Spielt die speziell relativistische Zeitdilatation irgendwo eine Rolle? Ja, im Prinzip machen uns winzige Teilchen in der Hochatmosphäre der Erde vor, nach welchem Vorbild wir Zeitreisen durchführen könnten, die auf extrem hohen Geschwindigkeiten beruhen. Das sind die Myonen. Es handelt sich dabei um Elementarteilchen, die zur Teilchengattung der **Leptonen** gehören und so etwas wie die schweren Brüder der Elektronen sind. Die Elektronen kennen wir als Bestandteil des Atommodells. Sie umkreisen als elektrisch negativ geladene Teilchen den positiv geladenen Atomkern. Elektronen kann man nicht weiter teilen, weil es Elementarteilchen sind. Aber der Atomkern besteht seinerseits aus elektrisch positiv geladenen Protonen und elektrisch neutralen Neutronen. Nach dem **Standardmodell der**

Teilchenphysik gibt es drei Teilchenfamilien (**Flavours**; man könnte also fast auch „Geschmacksrichtungen" sagen). Die Elektronen gehören dabei der leichtesten Sorte an. Das ist die erste Familie. Die Myonen zählen zur zweiten Familie und sind rund 200-fach schwerer als die Elektronen – ansonsten haben sie sehr ähnliche Eigenschaften. Zu der dritten Familie zählen die Tau-Teilchen, die etwa 3500-mal schwerer sind als die Elektronen und 17-fach schwerer als die Myonen. Durch die höhere Masse der Myonen und Tau-Teilchen neigen diese dazu, in die leichteren Elektronen zu zerfallen. Sie könnten aber auch in Teilchen zerfallen, die aus **Quarks** aufgebaut sind. Die stabile Welt, die uns umgibt, besteht daher vor allem aus Elektronen.

In der kosmischen Höhenstrahlung tummeln sich aber eine Reihe ganz anderer Teilchen, unter anderem die Myonen. Sie sind Sekundärprodukte von hochenergetischer, elektromagnetischer Strahlung sowie Teilchen, die uns aus den Tiefen des Weltalls erreichen. Sie bombardieren die Hochatmosphäre der Erde und erzeugen dabei unter anderem die Myonen – genauer gesagt Paare aus Myonen und deren Antiteilchen, den Antimyonen. Die Myonen haben dort oben unglaublich viel Bewegungsenergie in sich und bewegen sich mit enorm hohen Geschwindigkeiten. Ausgedrückt in Einheiten der Vakuumlichtgeschwindigkeit erreichen sie ungefähr 99,5 % der Lichtgeschwindigkeit relativ zu einem Beobachter auf der Erde. Damit sind es *relativistische Teilchen*, d. h., bei ihrer Bewegung müssen die Gesetze der SRT berücksichtigt werden. Dazu gehört die Relativität der Zeit. Eine Uhr, die mit dem Myon mitfliegt, tickt langsamer als eine Uhr im Ruhesystem Erde, in dem man das Myon an sich vorbeifliegen sehen würde. Der Gangunterschied der Uhren wird gemäß der Relativitätstheorie durch den dimensionslosen Lorentz-Faktor bestimmt (Kasten 2.1). Dieser wiederum folgt rechnerisch direkt aus der Relativgeschwindigkeit der Myonen und beträgt für 99,5 %ige Lichtgeschwindigkeit ziemlich genau zehn.

Kasten 2.1: Zeitdehnung und Lorentz-Faktor

In der Relativitätstheorie werden alle Geschwindigkeiten in Einheiten der Lichtgeschwindigkeit im Vakuum angegeben. Man teilt also die gegebene Relativgeschwindigkeit durch die Vakuumlichtgeschwindigkeit (natürlich bei Verwendung der gleichen Einheit) und erhält dann eine dimensionslose Zahl, da sich die Einheit herauskürzt. Weil die Lichtgeschwindigkeit mit rund 1 Mrd. km/h gigantisch groß ist, werden Geschwindigkeiten unserer Alltagswelt somit zu einer sehr kleinen, dimensionslosen Zahl. Quadriert man diese Zahl und zieht sie von Eins ab, erhält man eine Differenz. Aus dieser Differenz zieht man die Quadratwurzel und bildet den Kehrwert. Die so berechnete ebenfalls dimensionslose Größe heißt **Lorentz-Faktor**, benannt nach Hendrik Antoon Lorentz, einem der Pioniere der Zeitdilatation. Je größer die Relativgeschwindigkeit ist, umso größer ist auch der Lorentz-Faktor. Und je größer der Lorentz-Faktor ist, umso „relativistischer" ist die Bewegung, d. h., umso stärker treten die Effekte der SRT zutage. Die Zahlenbeispiele in Tab. 2.1 belegen, wie atemberaubend hoch die Geschwindigkeit sein muss, damit ein nennenswerter Lorentz-Faktor zustande kommt.

Wie beim Alltagsbeispiel von Läufer und Trainer beschrieben, ist die Unterscheidung der Bezugssysteme wichtig, und es kommt darauf an, aus welcher Sicht – die des Läufers oder die des Trainers – man die Verhältnisse beschreibt. Beachten muss man dabei, welches Bezugssystem kräftefrei bleibt, denn dieses ist ein Inertialsystem. Das Bezugssystem des bremsenden Läufers ist kein Inertialsystem. Daher

Tab. 2.1 Zahlenbeispiele für Relativgeschwindigkeiten v und Lorentz-Faktoren. Die Naturkonstante c ist die Lichtgeschwindigkeit im Vakuum, rund 300.000 km/s

Objekt	Geschwindigkeit v (km/h)	Geschwindigkeit v/c	Lorentz-Faktor
Läufer	30	$2,8 \times 10^{-8}$	≈ 1
Pkw auf Autobahn	200	$1,9 \times 10^{-7}$	≈ 1
Düsenjet	11.000	$1,0 \times 10^{-5}$	1,0000000001
Rakete	40.000	$3,8 \times 10^{-5}$	1,0000000007
Raumsonde	60.000	$5,5 \times 10^{-5}$	1,0000000015
Myonen in der Höhenstrahlung; Jets aktiver Galaxien	1,0739 Mrd.	0,995	10
Jet eines Gammastrahlenausbruchs	1,0791 Mrd.	0,99995	100
Proton im Large Hadron Collider (CERN)	1,0793 Mrd.	0,999999991	7500

tickt eine Uhr im Bezugssystem des Trainers schneller als im Ruhesystem des Läufers. Man erhält die Messzeit im Bezugssystem des Trainers, indem man die gemessene Eigenzeit des Läufers mit dem Lorentz-Faktor multipliziert. Der Lorentz-Faktor ist also wichtig, um den Effekt der speziell relativistischen Zeitdilatation auszurechnen.

Er wird auch benutzt, um einen weiteren speziell relativistischen Effekt zu berechnen: die **Längenkontraktion** oder Lorentz-Kontraktion. In Bewegungsrichtung werden bewegte Objekte um den Lorentz-Faktor gestaucht. Im Ruhesystem haben die Objekte eine Eigenlänge oder Ruhelänge. Bewegt sich das Objekt am Beobachter vorbei, so wird es kürzer. Nicht nur die Zeit ist relativ, sondern auch die Länge.

Zwischen zwei Systemen, die sich zueinander mit einer gegebenen Relativgeschwindigkeit bewegen, können Zeiten, Positionen und Längen im bewegten System berechnet werden, indem man die entsprechenden Größen im Ruhesystem einer **Lorentz-Transformation** unterzieht. Größen, die sich dabei nicht ändern, heißen **lorentzinvariant**. So ist der raumzeitliche Abstand (nicht der räumliche!) zwischen zwei Ereignissen lorentzinvariant oder auch die Länge eines Vierervektors. Anschaulich ist das klar, weil Lorentz-Transformationen Vierervektoren nur drehen und dabei natürlich nicht ihre Länge verändern.

Das hat entscheidende Konsequenzen für die Myonen. Eigentlich zerfallen Myonen nach einer durchschnittlichen Lebensdauer von 2,2 μs (Mikrosekunden) in demjenigen Bezugssystem, das mit den Myonen fliegt – also wenn Sie sozusagen auf dem Myon sitzen würden. Die Uhren auf der Erde, in dem Sie das Myon an sich vorbeifliegen sehen würden, messen aber um den Faktor zehn gedehnte Zeiten. Damit haben die Myonen viel mehr Zeit zur Verfügung und legen entsprechend mehr Weg durch die Atmosphäre zurück. (Übrigens ist die Höhe, die die Myonen durchlaufen müssen, aus deren Sicht verkürzt. Das ist ein weiterer Effekt der SRT, der *Längenkontraktion* heißt.) Durch den speziell relativistischen Zeitdehnungseffekt wird erklärt, weshalb Forscher experimentell auf dem Erdboden mehr Myonen nachweisen können. Eigentlich sollten sie längst zerfallen sein, haben aber dank Einsteins Zeiteffekten mehr Zeit zur Verfügung. Historisch gelang der Nachweis des Zeitdilatationseffekts am Myonenexperiment übrigens im Jahr 1940 Bruno Rossi und David B. Hall.

Dieses Beispiel aus der Teilchenphysik macht uns sofort zwei Dinge klar: Erstens müssen wir einen Zeitreisenden in einer Kapsel auf abenteuerlich hohe Geschwindigkeiten beschleunigen, nämlich – dem Beispiel der Myonen folgend – auf 99,5 % der Vakuumlichtgeschwindigkeit. Das entspricht in vertrauten Einheiten 1,074 Mrd. km/h! Nehmen wir für einen Augenblick an, dass das in irgendeiner Form technisch machbar wäre, dann dürften wir bei so einer gigantischen Relativgeschwindigkeit Zeitdehnungsfaktoren von zehn erwarten. Gelänge es, diese Relativgeschwindigkeit für 1 h (im **Laborsystem**) aufrechtzuerhalten, dann wäre der Zeitreisende um den Faktor zehn weniger gealtert. Das heißt, während im Ruhesystem der Erde 1 h oder 60 min verstreichen, vergingen für den Zeitreisenden in seinem Bezugssystem nur 6 min! Der Gangunterschied von zuvor synchronisierten Uhren betrüge nur 54 min, d. h., die Umgebung des Zeitreisenden wäre um 54 min gealtert. Stoppt der Zeitreisende seine Turbokapsel, wird er feststellen, dass er 54 min in die Zukunft gereist ist.

Wie Sie an diesem Zahlenbeispiel sehen, wäre mit dieser Methode die Zeitreise nur um recht bescheidene Zeitspannen möglich. Demgegenüber steht ein gigantischer Aufwand, eine Zeitkapsel auf riesige Geschwindigkeiten beschleunigen zu müssen. Bleiben wir doch bei den 99,5 % der Lichtgeschwindigkeit und fragen uns, ob es technisch, energetisch und sicherheitstechnisch möglich wäre, eine Zeitkapsel auf solche Geschwindigkeiten zu bringen.

Zunächst zum Energieaufwand. Von modernen Teilchenbeschleunigern wie dem **Large Hadron Collider**

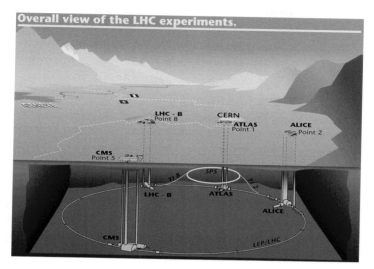

Abb. 2.3 Der weltweit stärkste unterirdische Teilchenbeschleuniger Large Hadron Collider (LHC) am CERN. Die vier Großexperi-
mente ATLAS, CMS, ALICE und LHCb befinden sich direkt am großen Beschleunigerring. © CERN

(**LHC**) am **CERN** bei Genf (Abb. 2.3) ist bekannt, dass
ein immenser Energieaufwand betrieben werden muss, um
winzige Teilchen, nämlich Protonen oder Bleiionen, auf
relativistische Geschwindigkeiten zu beschleunigen. Protonen gehören zur Teilchengattung der **Hadronen**. Die elektrisch geladenen Teilchen werden durch sehr starke elektrische und magnetische Felder beschleunigt und auf der
ringförmigen Spur gehalten. Dabei kommen supraleitende
Magnete zum Einsatz, die die stärksten Magnetfelder mit
ungefähr 8 T (Tesla) Feldstärke erzeugen. Das kommt nicht
ganz kostenlos um die Ecke, denn diese Magnetspulen

müssen auf extrem niedrige Temperaturen nahe dem absoluten Nullpunkt betrieben werden. Das machen die Techniker mit dem kältesten Kühlmittel, das sie kennen: mit flüssigem Helium, das eine Temperatur von 1,9 K (Kelvin) über dem absoluten Nullpunkt hat. Damit ist der Beschleunigerring sogar kälter als das Weltall, das im Durchschnitt eine Temperatur von 2,7 K hat (vergleiche Temperatur der **kosmischen Hintergrundstrahlung**).

Beim Beschleunigen erweist es sich als clevere und effiziente Methode, die Teilchen mehrfach eine Beschleunigungsstrecke durchlaufen zu lassen. Es handelt sich daher um Ringbeschleuniger, wobei mehrfach ineinander geschachtelte, verschieden große Ringe benutzt werden. Der größte Ring am CERN hat einen Umfang von 27 km. Der jährliche Energieverbrauch des LHC beträgt rund 800 GWh (Gigawattstunden). Pro Jahr flattert den Betreibern des LHC eine Stromrechnung von knapp 20 Mio. Euro ins Haus. Insgesamt müssen sie noch tiefer in die Tasche greifen, denn jährlich ergeben sich für den LHC geschätzte Betriebskosten in Höhe von rund 125 Mio. Euro (www.weltmaschine.de). Das klingt nach einer Stange Geld, relativiert sich aber, wenn man bedenkt, dass man dafür nicht einmal drei Eurofighter kaufen kann.

Der offizielle LHC-Start war im September 2008. Leider kam es schon kurz darauf zu einer Panne. Eine defekte Schweißnaht zerstörte einen Heliumtank, und die Explosion des schlagartig erhitzten Heliums ließ einen 30 t schweren Dipolmagneten um 0,5 m zur Seite hüpfen. Erst im November 2009 konnte der LHC seinen Betrieb wieder aufnehmen. Die Energie pro Protonenstrahl betrug im März 2010 3,5 TeV (**Teraelektronenvolt**; 1 Bill. **Elektro-**

nenvolt). Dies entspricht einer Schwerpunkts- oder Kollisionsenergie von 7 TeV. Schließlich erreichten die Teilchenphysiker am CERN im Dezember 2012 8 TeV Schwerpunktsenergie. Danach folgte eine zweijährige Pause, um den LHC zu noch höheren Strahlenergien aufzurüsten. Im April 2015 wurde der LHC aus seinem Dornröschenschlaf erweckt und erreichte schon im Mai 2015 satte 13 TeV Kollisionsenergie. Die maximal erreichbare Kollisionsenergie geht Hand in Hand mit den erreichbaren Feldstärken der supraleitenden Magnete, denn sie müssen den rasanten Strahl auf seiner kreisförmigen Bahn halten. Machen die Beschleunigerphysiker hier eine gigantisch hohe Feldstärke von 20 T möglich, könnte man im Konzept namens *High Energy LHC* 33 TeV Kollisionsenergie erreichen – das ist aber Zukunftsmusik in weiter Ferne.

Man kann aus der Schwerpunktsenergie berechnen, wie schnell sich die Protonen verglichen mit der Lichtgeschwindigkeit bewegen. Zur Erinnerung: Die Lichtgeschwindigkeit beträgt ungefähr 1 Mrd. km/h. 2015 wurde die Schwerpunktsenergie von 13 TeV geknackt, also 6,5 TeV pro Protonenstrahl. Aus Einsteins Beziehung für die relativistische Energie folgt dann, dass die Protonenstrahlen nur knapp 11 km/h langsamer sind als das Licht!

Am LHC werden nur winzige, submikroskopische Objekte beschleunigt und nicht makroskopische Körper wie unsere Turbokapsel mit einer zeitreisenden Person. Beschleunigt man makroskopische Objekte, so ist das Schnellste, was die Menschheit derzeit technisch realisieren konnte, eine interplanetare Raumsonde. Diese Raumsonden übertreffen sogar die Geschwindigkeiten von Raketen, die ja die **Fluchtgeschwindigkeit** der Erde von rund 40.000 km/h überwinden müssen. Dabei benutzen Raumfahrtwissenschaftler einen cleveren Trick: Ist die Raumsonde erst einmal im All, steuern die Missionsleiter sie geradewegs auf andere Planeten zu. Durch den Zug der Schwerkraft des Planeten wird die Sonde nachbeschleunigt, wobei eine Kollision mit dem Planeten natürlich geschickt vermieden wird. Durch mehrfache solche Gravity-Assist- oder Swing-by-Manöver können Raumsonden etwa 120.000 km/h schnell werden. Die Sonde der Rosetta-Mission der Europäischen Weltraumorganisation (ESA) ist ein Beispiel für so ein interplanetares Geschoss. Sie musste so schnell werden, um überhaupt den Kometenkern Churyumov-Gerasimenko (67P) einzuholen.

Schnell lässt sich überschlagen, um wie viel schneller ein Objekt sein müsste, um rund 1 Mrd. km/h schnell zu sein, also an die Myonen heranzukommen: Die Raumsonden müssten noch einmal um den Faktor 8000 schneller sein! Nun, es muss nicht gleich eine tonnenschwere Rakete oder Sonde sein. Wir wollen ja nur einen Zeitreisenden mit seiner Turbokapsel sehr schnell machen, und da reden wir vielleicht von 100 kg Nutzlast. Wie jedoch ein Blick auf die Bewegungsenergie eines Körpers gemäß der klassischen Mechanik verrät, ist der kritische Faktor nicht die Masse, sondern die Geschwindigkeit. Bei der Berechnung der Bewegungsenergie geht die Masse nur linear ein, aber die Geschwindigkeit leider quadratisch. Ein Körper der sich doppelt so schnell bewegt, enthält schon das Vierfache der Bewegungsenergie – Energie, die aufgebracht und in den Körper gesteckt werden muss, um ihn so schnell zu machen (eine relativistische Betrachtung der Energie ändert daran nichts).

Doch auch die Masse birgt Probleme. Es ist nämlich *grundsätzlich* nicht möglich, eine Testmasse auf Lichtgeschwindigkeit zu bringen. Der Grund ist, dass die Massenträgheit zunimmt. Als **Trägheit** bezeichnet man in der Physik das Bestreben von Massen, ihren Bewegungszustand beizubehalten. Jeder Crashtest-Dummy kann ein Lied davon singen. Bei der Vollbremsung neigt die Masse des Dummys dazu, sich einfach weiterzubewegen – wegen der Trägheit. Auf der anderen Seite neigt eine Masse, die sich in Ruhe befindet dazu, in Ruhe zu verharren. Sie werden das sicherlich bestätigen können, wenn Sie gerade auf der Couch liegen und es dann plötzlich klingelt. Diese Trägheit der Masse muss überwunden werden, um eine Masse in Bewegung zu bringen. Je größer die Masse ist, umso größer ist auch ihre Trägheit. Und je schneller sich eine Masse bewegt, umso schwieriger wird es, sie noch schneller zu machen. Die Trägheit wird daher ebenfalls eine problematische Angelegenheit werden, wenn wir eine Zeitkapsel auf höchste Geschwindigkeiten bringen wollen.

Zuletzt noch zum Sicherheitsaspekt. Schließlich kommt das Bewegen mit höchsten Geschwindigkeiten nicht ohne Risiken daher, wie jeder weiß, der mit dem Auto auf der Autobahn 200 km/h oder mit einem ICE knapp 400 km/h gefahren ist. Es muss gewährleistet sein, dass man ein solches Geschoss noch manövrieren kann. Das Ganze erfordert Platz, denn wenn man sich 1 h lang fast mit Lichtgeschwindigkeit bewegt, hat man schon ungefähr 7 AU (Astronomische Einheiten) oder 1 Mrd. km zurückgelegt, also die siebenfache Entfernung der Erde zur Sonne. Dies entspricht in etwa der Strecke von der Erde bis fast zum Gasplaneten Saturn! Angesichts solcher Distanzen scheint es ratsam, eine Zeitkapsel, die auf relativistischen Bewegungen beruht, nicht linear zu beschleunigen, sondern kreisförmig (zirkular). Diese Bauweise ist wie bei den Teilchenbeschleunigern viel kompakter. Dann müssen die Techniker es allerdings in den Griff bekommen, dass man die im Kreis rasende Turbokapsel auf ihrer Bahn halten kann. Denn mit jedem Umlauf, in dem die Kapsel beschleunigt wird, wird sie schneller, und die Zentrifugalkraft nimmt heftig zu. Diese Kraft wächst ebenfalls quadratisch mit der Geschwindigkeit! Es wird immer schwieriger, die Kapsel in der Spur zu halten.

Apropos Spur halten: Die Manövrierbarkeit stellt ebenfalls ein Problem dar. Die Reaktionszeit beim Menschen beträgt ungefähr 1 s. Was meinen Sie, wie viel Weg Sie in der Turbokapsel in 1 s zurücklegen? Bei fast 1 Mrd. km/h sind das fast 300.000 km – also von der Erdoberfläche fast bis zum Mond. Ein kleines Zögern bei der Frage „Äh, muss ich jetzt links oder rechts?" kann tödlich sein, weil Sie dann vielleicht in die Venus gerauscht sind. Ein interplanetares Navi muss her und am besten gleich eine voll automatisierte Steuerung der Kapsel. Ähnlich wie bei Jetpiloten sollte der Computer dem Zeitreisenden so viel wie möglich abnehmen. Die Hindernisse auf der Flugbahn sollten alle bekannt sein, damit Ausweichmanöver möglich sind. Glauben Sie aber ja nicht, dass Sie bei so einem Tempo im Zickzackkurs durch das Sonnensystem flitzen könnten; die Beschleunigungskräfte (G-Kräfte) würden Sie schnell bewusstlos machen – oder Schlimmeres.

Nicht nur die Venus und irgendwelche Kleinkörper im Sonnensystem wären ein Problem bei Ihrem Ritt in der Turbokapsel, sondern schon kleinste Mikropartikel. Das

ist so etwas wie die interplanetare Variante von dem Rad-
ler-bekommt-Fliege-ins-Auge-Effekt. Die Besatzungen von
Raumstationen kennen diese Gefahr. Durch die hohen Ge-
schwindigkeiten werden schon winzige Partikel zum Prob-
lem, weil sie große Bewegungsenergien in sich tragen. Das
Bombardement mit Mikropartikeln im interplanetaren
Raum könnte Ihre Turbokapsel durchschlagen und Ihrer
Zeitreise ein jähes, unerfreuliches Ende bereiten.

Es kommt sogar noch dicker. Bei derart gigantischen
Geschwindigkeiten wird selbst das uns umgebende Meer
elektromagnetischer Strahlung zum Show-Stopper. Wenn
Sie sich nämlich so schnell relativ zur Umgebungsstrahlung bewegen, wird die Strahlung verändert. Das liegt am
Doppler-Effekt. Er verstärkt Strahlung, wenn sich die
Strahlungsquelle auf uns zu bewegt. Dieses Phänomen ist
besonders gravierend für relativistisch bewegte Objekte.
Ein Astronaut, der sich mit seinem Raumschiff relativistisch schnell durch seine Umgebung bewegt, nimmt daher
die Umgebungsstrahlung nicht mehr so harmlos ungefähr-
lich wahr. Die von vorn kommende Strahlung trifft ihn mit
verkürzter Wellenlänge, d. h. erhöhter Strahlungsenergie,
und die Strahlung wird auch heller, d. h., ihre Intensität
nimmt zu. Die gewöhnliche Umgebungsstrahlung kann
bei relativistischen Geschwindigkeiten ohne Weiteres in
den Bereich der **Gammastrahlung** verschoben werden
und hätte dann mehr Energie als Röntgenstrahlung, die ja
bekanntlich unseren Körper durchbohren kann. Schützen
könnte man sich vor diesem Effekt nur mit dicken Bleiplatten, die die Gammastrahlung abschwächen können. Klingt
gut, aber hier haben wir wieder ein Dilemma: Blei gehört
zu den dichtesten Materialien und würde damit eine Zeit-

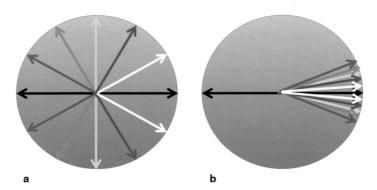

a   b

Abb. 2.4   Ein ruhender Beobachter im Kreuzungspunkt der Pfeile
sieht von sich aus gesehen die Pfeilspitzen an bestimmten Positionen, wenn er den Blick 360° um sich herum schweifen lässt (**a**).
Bewegt sich der Beobachter relativistisch schnell mit 99,99 % der
Lichtgeschwindigkeit nach rechts, dann verschieben sich die Positionen (**b**): Der Beobachter bekommt eine Art „Tunnelblick", der
das Aussehen seiner Umgebung völlig verzerrt. © A. Müller

kapsel sehr, sehr schwer machen. Dies wiederum würde es
erschweren, die Zeitkapsel zu beschleunigen; der Energieaufwand wäre deutlich erhöht.

Abbildung 2.4 zeigt, wie sich das Aussehen der Umgebung verändert, wenn man sich relativistisch bewegt, d. h.
mit Geschwindigkeiten, die vergleichbar werden mit der
Lichtgeschwindigkeit. Der Effekt ist ziemlich verrückt,
denn je schneller man sich bewegt, umso mehr rückt das in
den Blickbereich, was sich eigentlich hinter dem Beobachter (entgegen der Bewegungsrichtung) befindet. Es ergibt
sich ein völlig verzerrtes Bild der Umgebung. Es ist eine
Art „Tunnelblick", der hierbei vollkommen ohne Verabrei-
chung alkoholischer Getränke funktioniert. Die Abbildung
macht auch klar, weshalb sich die Strahlung von vorn auf-
hellt, denn es erreichen den Beobachter sämtliche Licht-

teilchen von vorn. Dieser Effekt heißt *speziell relativistische Lichtaberration* (auch als **Beaming**- oder Searchlight-Effekt bezeichnet) und kann mit der Lorentz-Transformation berechnet werden. Er spielt tatsächlich auch in der Teilchenphysik eine Rolle, denn ein Teilchen, das Strahlung abgibt und sich auf einen Laborbeobachter zu bewegt, fokussiert seine Strahlung auf den Beobachter.

Aufgrund dieser etwas genaueren Betrachtungen der relativistisch schnellen Bewegungen lässt sich der Schluss ziehen, dass eine Reihe grundsätzlich schwerwiegender Probleme auftreten, wenn wir die schnelle Bewegung einer Zeitkapsel als Prinzip für Zeitreisen verwenden wollen. Platz, Kontrollierbarkeit, Beschleunigungs- und Energieaufwand sowie Betriebssicherheit werden auf absehbare Zeit kaum in den Griff zu bekommen sein. Darüber hinaus könnten wir mit einer derartigen Zeitmaschine nur in die Zukunft reisen, altert doch die Umgebung schneller als der Zeitreisende in der Turbokapsel.

Zuletzt noch ein bisschen Marketing. Die speziell relativistische Turbokapsel könnte durchaus so aussehen wie die Raumkapsel der Apollo-Mission (Abb. 2.5). Eine kleinere und leichtere Bauweise wäre natürlich noch besser. Für den Fall, dass Ihnen der Bau gelingt und Sie in die Serienproduktion gehen wollen, kommt hier ein Vorschlag, wie das gute Stück heißen könnte: *Triple-TRaM*, ein Akronym, das für *Time Travelling Through Rapid Motion* steht.

Selbst wenn es gelänge, eine funktionierende Turbokapsel zu bauen, bleibt eine grundsätzliche Eigenschaft dieser Form des Zeitreisens: Wir könnten nicht in die Vergangenheit reisen. Wenden wir uns daher im Folgenden vollkommen anderen Konzepten für Zeitreisen zu.

Abb. 2.5 Die Raumkapsel der Mission Apollo 17 der NASA. So ähnlich könnte die Turbokapsel aussehen, die dann sogar Platz für mehrere Zeitreisende bieten würde. © NASA

2.3 Zeitmaschine 2: Die allgemein relativistische Parkkapsel

Sie sind phlegmatisch und fühlen sich morgens immer so träge und abgeschlagen? Dann habe ich genau das Richtige für Sie: die Zeitmaschine für Beschäftigte im öffentlichen Dienst. Einfach hineinsetzen, keine hektischen Bewegungen, nur nichts tun und vollkommen unaufgeregt abwarten. Et voilà, willkommen in der Zukunft. So gestaltet sich das Zeitreisen in der zweiten Bauvariante.

In Kap. 1 wurde angedeutet, dass es einen zweiten Zeitdehnungseffekt in der Relativitätstheorie gibt: die *allgemein relativistische Zeitdilatation*. Wie funktioniert das? Dazu betrachten wir zunächst, was mit Licht im Schwerefeld der

Erde passiert. Wenn Sie einen Stein senkrecht nach oben werfen, fällt er wieder auf die Erde zurück. Daher Vorsicht, falls Sie dieses Experiment durchführen wollen. Der physikalische Grund besteht darin, dass Sie in den Stein zu wenig Bewegungsenergie gepackt haben. Seine Geschwindigkeit ist zu gering, sodass mit zunehmender Höhe seine Bewegungsenergie irgendwann vollständig aufgebraucht und komplett in Lageenergie (potenzielle Energie) umgewandelt ist. In diesem Moment wird die Geschwindigkeit des senkrecht geworfenen Steins null, und er bleibt in der Luft kurz stehen. Jetzt zieht die Erdmasse an dem Stein und beschleunigt in wieder gleichmäßig (wir vernachlässigen einmal die Luftreibung) nach unten: Der Stein befindet sich im freien Fall. Schließlich kommt der Stein wieder am Ausgangspunkt – bei Ihnen! – an und schlägt dort mit derselben Geschwindigkeit, mit der er losgeworfen wurde, am Boden auf.

Damit der Stein die Erde verlassen kann, müssten Sie mehr Bewegungsenergie hineinstecken – viel mehr! Geben Sie sich keine Mühe, es wird Ihnen nicht gelingen. Denn die Geschwindigkeit, die der Stein erreichen müsste, beträgt rund 11 km/s. Pro Sekunde! Das entspricht etwa 40.000 km/h. Eine Rakete erreicht mühelos diese Grenzgeschwindigkeit und kann damit das Schwerefeld der Erde verlassen. Deshalb heißt diese Geschwindigkeit auch Fluchtgeschwindigkeit (oder zweite kosmische Geschwindigkeit). Sie ist charakteristisch für unseren Heimatplaneten und hängt nur von zwei Eigenschaften ab: der Erdmasse und dem Erdradius. Für andere Planeten und die Sonne kann mit deren Masse und Radius ebenfalls die Fluchtgeschwindigkeit des betreffenden Körpers berechnet werden.

Sie kann beträchtlich variieren und ist für den kleinen Erd-
mond nur ungefähr ein Sechstel so groß wie bei der Erde,
weil er viel kleiner und leichter ist.

Das Erstaunliche ist nun, dass es Licht genauso geht wie
dem Stein. Gemäß Einsteins ART wird auch Licht von
einer Masse angezogen. Im Gegensatz zum Stein wird Licht
nicht langsamer und kehrt auch nicht um, aber seine Strahlungsenergie wird beim senkrechten Aufstieg aus dem Gravitationsfeld verringert. Was passiert dabei mit dem Licht?
Nun, die Strahlungsenergie ist umso höher, je höher die
Frequenz des Lichts bzw. je kleiner seine Wellenlänge ist.
In blauem Licht steckt demnach mehr Energie als in rotem.
Das hat zur Folge, dass ein anfänglich blauer Lichtstrahl
durch den „Zug" einer Masse, von der er sich entfernt, gerötet wird. Seine Farbe wird zum roten Ende des elektromagnetischen Spektrums verschoben. Weil daran die Gravitation Schuld ist, nennt man diesen Effekt **Gravitationsrotverschiebung**. Dieser Effekt hat nicht nur Einfluss auf die
Lichtfarbe, sondern auch auf seine Helligkeit. Rotverscho-
benes Licht wird dunkler. Durch den Einfluss einer sehr
dicht gepackten Masse, kann das Licht sogar ins Unendli-
che gravitationsrotverschoben werden. Dieses Licht hat keine Helligkeit mehr, sondern würde zur absoluten Finsternis
verdunkelt. Es gibt da draußen sehr kompakte Sternüber-
reste, die das Licht derartig einfangen und verdunkeln. Sie
ahnen längst, wovon die Rede ist: von Schwarzen Löchern.
Die Gravitationsrotverschiebung ist letztendlich die Ursache für die Schwärze Schwarzer Löcher. Dazu sei auf mein
erstes Buch mit dem Titel *Schwarze Löcher – Die dunklen
Fallen der Raumzeit* (Müller 2009) verwiesen.

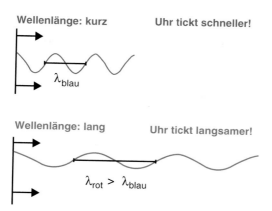

Abb. 2.6 Die „Lichtuhr" erklärt anhand einer blauen und einer roten Lichtwelle, was Gravitationsrotverschiebung mit Zeitdehnung zu tun hat. © A. Müller

Zurück zur Zeit. Was hat die Gravitationsrotverschiebung mit dem Vergehen von Zeit zu tun? Dazu betrachten wir eine „Lichtuhr" (Abb. 2.6). Dabei stellen wir uns Licht als elektromagnetische Welle vor. Den Abstand von einem Wellenberg zum nächsten nennt man die Wellenlänge des Lichts. Sie ist für rotes Licht größer als für blaues. In einem Gedankenexperiment soll nun die Lichtwelle Taktgeber für eine Lichtuhr sein. Das geht so: Wir stellen uns vor, dass wir die Lichtwelle gleichmäßig überstreichen. Immer wenn wir das Maximum des Wellenbergs überstreichen, möge die Uhr einen Tick-Laut machen; immer wenn wir ein Minimum im Wellental überstreichen, einen Tack-Laut. Das Überfahren einer ganzen Wellenlänge klingt also so: tick, tack. Eine Lichtwelle mit konstanter Wellenlänge tickt in diesem Gedankenexperiment wie eine Uhr mit einem immerwährenden und gleichmäßigen tick, tack, tick, tack, tick, tack.

Interessant ist es nun, sich zu überlegen, was mit der Lichtuhr im Gravitationsfeld passiert. Wir hatten ja gesagt, dass Licht genauso wie ein Stein Energie verliert, wenn es im Gravitationsfeld senkrecht nach oben aufsteigt. Energieverlust für Strahlung bedeutet aber eine **Rotverschiebung** für das betreffende Licht, d. h., die Wellenlänge nimmt zu. Streichen Sie mal über eine blaue Lichtwelle und danach über eine rote Wellenlänge mit größerer Wellenlänge und machen Sie das Tick-tack-Spiel. Sie werden feststellen, dass eine zunehmende Wellenlänge damit einhergeht, dass die Lichtuhr langsamer tickt. Mit anderen Worten: Uhren, die der Gravitation ausgesetzt sind, ticken langsamer. Dies ist die *gravitativ bedingte Zeitdehnung* der ART (allgemein relativistische Zeitdilatation).

Tatsächlich gibt es dieses Phänomen in der Natur, und es wurde sogar experimentell bestätigt. Die Gravitationsrotverschiebung wurde schon im Jahr 1907 von Albert Einstein vorhergesagt und 1959 im **Pound-Rebka-Experiment** mithilfe eines sich senkrecht in einem Turm ausbreitenden Lichtstrahls bestätigt.

Die gravitative Zeitdilatation wurde 1971 im Hafele-Keating-Experiment mit Atomuhren und Flugzeugen sowie mit dem Satellitenexperiment Gravity Probe A 1976 nachgewiesen.

Wir könnten die allgemein relativistische Zeitdehnung griffig so formulieren: Almhirten altern schneller, denn die Zeit verrinnt auf Bergen schneller als im Tal. Im Tal sind die Hirten nämlich der Erdmasse näher. Sie sollten sich dennoch nicht vom Bergwandern oder Bergsteigen abbringen lassen, weil auf der Erde dieser Zeiteffekt der Gravitation sehr gering ist und nur mit der Genauigkeit von Atomuhren messbar ist. Im Alltag bemerken wir freilich nichts davon.

Könnten wir nun diesen weiteren Einstein'schen Zeiteffekt, der jetzt erst seit gerade einmal 100 Jahren bekannt ist, nutzen, um uns eine Zeitmaschine zu bauen, deren Funktion auf dieser Zeitdehnung durch Massen beruht? Darum soll es nun gehen.

Die Idee lässt sich knackig als „Parken an der Schwerkraftfalle" umschreiben. Sie besteht also darin, eine Zeitkapsel inklusive zeitreisenden Passagier möglichst nahe an einer Masse zu platzieren und dort für eine Weile zu belassen. In so großer Nähe würde die Zeit langsamer verstreichen, sodass wir nach dem Entfernen von der Masse („Aufsteigen") in Bereiche kommen würden, in denen die Uhren schneller tickten, wo die Zeit also zwischenzeitlich schneller verstrich. Wie Sie sehr clever schon bemerkt haben mögen, kämen Sie als Zeitreisender mit dieser Methode auch nur in die Zukunft. Denn nachdem Sie Ihre Parkkapsel verlassen haben und nach oben in die Bereiche schneller tickender Uhren kommen, ist dort schon mehr Zeit vergangen. Aber wie viel mehr?

Im Folgenden wollen wir versuchen, mit den Berechnungen nach Einsteins allgemeiner Relativitätstheorie zu quantifizieren, wie weit wir in die Zukunft reisen könnten. Tabelle 2.2 stellt beispielhaft die Ergebnisse von Berechnungen des gravitativ bedingten Zeitdehnungseffekts für verschiedene Massen und Radien kosmischer Objekte (Erde, Jupiter, Sonne, Weißer Zwerg, Neutronenstern, Schwarzes Loch) vor. Das Zeitintervall in der letzten Spalte gibt an, wie

Tab. 2.2 Zahlenbeispiele für die gravitative Zeitdilatation

Objekt	Masse (kg)	Radius der Oberfläche (km)	Gravitativer Zeitdehnungsfaktor	Zeitintervall Δt
Erde	6×10^{24}	6367	≈ 1	59,99999996
Jupiter	2×10^{27}	70.000	0,99999998	59,9999988
Sonne	2×10^{30}	700.000	0,999998	59,99987
Weißer Zwerg	2×10^{30}	5000	0,9997	59,9823
Neutronenstern	4×10^{30}	10	0,64	38,39
Schwarzes Loch	10×10^{30}	15	0	0

viel Zeit auf der Oberfläche des jeweiligen Objekts (beim Schwarzen Loch: der **Ereignishorizont**) vergeht, während in einem unendlich weit entfernten Referenzsystem, das die Gravitation des Objekts im Prinzip nicht spürt, 60 s vergehen. Die Daten wurden mit der Schwarzschild-Lösung der ART berechnet. In der ART wird der Lorentz-Faktor der SRT (Tab. 2.1) zu einem gravitativen Zeitdehnungsfaktor (vierte Spalte) verallgemeinert, der von der betrachteten Raumzeit abhängt. Die letzte Spalte zeigt, dass in der Nähe eines immer massereicher und kompakter werdenden Objekts (in der Tabelle von oben nach unten) die Zeit immer langsamer verrinnt und am Ereignishorizont eines Schwarzen Lochs aus der Sicht des Außenbeobachters sogar zum Stillstand kommt!

Wie Tab. 2.2 belegt können wir Massen wie die Erdmasse für ein Zeitreisekonzept getrost vergessen, weil der Effekt hier extrem gering ist. Wir benötigen als Masse schon so etwas wie einen Neutronenstern – oder noch besser ein Schwarzes Loch –, um eine halbwegs effektive Zeitdehnung zu erreichen. Wenn wir uns Mühe geben, schaffen wir mit einem derart kompakten Körper vielleicht einen Faktor 2 für die Zeitdehnung an der Oberfläche eines kleinen Neutronensterns. Das ist eigentlich zu wenig, wie folgendes Zahlenbeispiel zeigt: Würden Sie sich als Zeitreisender in Ihrer Zeitkapsel ein ganzes Jahr auf der Neutronensternoberfläche befinden – sozusagen in „Parkposition" –, wäre im Weltraum „über Ihnen" die Zeit doppelt so schnell verstrichen. Dort wären demnach zwei Jahre vergangen. Damit wären Sie nur ein Jahr in die Zukunft gereist – naja, immerhin!

Allerdings brächte auch diese Idee vom „Parken auf einem Neutronenstern" verschiedenste praktische Probleme mit sich. Das erste Problem: Wie kommen Sie zu einem einige Hundert Lichtjahre entfernten Neutronenstern? Selbst wenn Sie so schnell fliegen könnten wie das Licht, wären Sie schon ein paar Hundert Jahre unterwegs. Der Energie- und Treibstoffbedarf für einen solchen interstellaren Raumflug wären immens. Ein Raumflug bei relativistischen Geschwindigkeiten brächte wieder das Problem mit sich, dass das Bombardement mit interstellaren Mikropartikeln und blauverschobener Umgebungsstrahlung Ihrem Raumschiff und den Insassen heftig zusetzen würde – siehe die erste Variante einer Zeitmaschine, die speziell relativistische Turbokapsel. Sie müssten den Raumflug also gemächlich angehen und würden Ihr Ziel erst nach vielen hundert Jahren erreichen.

Schon in den 1970er-Jahren plante die Britische Interplanetare Gesellschaft das Daedalus-Projekt, dessen Ziel es war, ein realistisches Konzept für einen interstellaren, unbemannten Raumflug zu entwickeln. Als Ziel wurde Barnards Pfeilstern ausgewählt, ein mit knapp sechs Lichtjahren sehr naher Stern. Die Masse des Raumfahrzeugs würde beim Start im Prinzip nur aus Treibstoff bestehen (93 %). Der Rest entfällt auf den Raumflugkörper selbst (6 %) und die Nutzlast (nur 1 %). Zum Schutz gegen das Bombardement durch Mikropartikel und größere Körper wurde ein doppelter Schutzschild designt; zum einen eine dicke und schwere Berylliumplatte und zum anderen eine schützende Staubwolke, die schon rund 200 km vor dem Raumfahrzeug gefährliche Körper abhält. Natürlich wurde das Projekt nie realisiert, vor allem, weil es viel zu teuer wäre. Die Technologien, um ein derartiges Gefährt zu bauen, fliegen zu lassen und zu kontrollieren, sind allerdings vorhanden.

Nehmen wir nun ganz optimistisch an, dass Sie bei einem benachbarten, einige Lichtjahre entfernten Neutronenstern ankommen. Wie landen Sie auf der Neutronensternoberfläche und verhindern einen Crash? Die Gravitations- und Gezeitenkräfte sind nämlich gigantisch. Berechnet man die Schwerebeschleunigung eines Neutronensterns, so erhält man aufgrund der viel größeren Masse und der Kleinheit des Sterns im Vergleich zur Erde die atemberaubende Zahl von 100 Mrd. g (g ist die Schwerebeschleunigung der Erde, rund 10 m/s^2). Der Absturz auf ein derart kompaktes Objekt ist kaum zu verhindern. Sie müssten mit ähnlich großen Beschleunigungen die katastrophale Bruchlandung verhindern. Schubleistungen in dieser Größenordnung werden auf lange Sicht ein Traum der Raketeningenieure bleiben. Stellen Sie sich einmal vor, dass eine Person sich in einer Kapsel befindet und sie diesen enormen Beschleunigungen ausgesetzt wäre. Die Blutzirkulation im Körper wäre gar nicht möglich, weil die Kräfte extrem am Blutstrom ziehen – das gilt übrigens auch, wenn Sie auf eine Neutronensternoberfläche gelangen und dort spazieren gehen wollten.

Vor Ort, auf der Oberfläche des Neutronensterns, würde Sie übrigens wieder energiereiche, elektromagnetische Strahlung bedrohen. Zum einen entsteht diese in Form von tödlichen Röntgen- und Gammastrahlen in der Nähe von Neutronensternen auf natürliche Weise, z. B. im Materiefluss, der auf die Oberfläche strömt. Zum anderen befinden Sie sich ja auf der Oberfläche, und damit fällt die Strahlung aus der Umgebung auf den Neutronenstern herunter – ein Prozess, bei dem die Strahlung wieder Energie gewinnt (eine Art Gravitations-**Blauverschiebung**). Wie schützen Sie Ihre Parkkapsel davor? Wieder dicke Bleiplatten, die Ihre Kapsel schwer machen? Einverstanden, aber dann haben Sie wieder ein tonnenschweres Raumfluggerät, das Sie über Lichtjahre hinweg fliegen müssen.

Wie halten Sie und Ihre Zeitkapsel dann die heftigen Gezeitenkräfte auf der Neutronensternoberfläche aus? Diese sind nämlich so groß, dass sie binnen kürzester Zeit alles auf Zentimetergröße platt drücken – sicher auch eine Variante, um abzunehmen, aber eine sehr schmerzvolle. Selbst wenn alles gut geht und es Ihnen gelingt, schadenfrei und mit vertretbarem Aufwand bis zur Parkposition auf der Oberfläche zu kommen und dort eine Weile zu bleiben, irgendwann müssen Sie ja wieder weg und nach Hause. Aber starten Sie mal von einer Neutronensternoberfläche. Dann müssten Sie wieder gegen die immense Schwerebeschleunigung ankämpfen und kämen realistisch betrachtet gar nicht weg. Sie können wieder mit der oben angeführten Schwerebeschleunigung argumentieren, oder Sie schätzen ab, wie groß die Fluchtgeschwindigkeit von der Neutronensternoberfläche ist. Ergebnis: Rund 75 % der Lichtgeschwindigkeit! Ein Neutronenstern ist eben fast ein Schwarzes Loch, und an ein Entkommen von diesen Objekten ist kaum zu denken.

Wir fassen zusammen: Parken an der Sternleiche stellt wieder enorme Beschleunigungs- und Stabilitätsanforderungen an unsere Zeitkapsel. Sicherlich wäre der Zeitdehnungseffekt in der Nähe eines Schwarzen Lochs noch extremer und damit noch attraktiver für Zeitreisende. Aber die grundsätzlichen Probleme wie beim Neutronenstern bleiben bestehen und werden sogar verschlimmert, weil die Gezeitenkräfte am Schwarzen Loch noch heftiger sind.

„Parken" im Sinne von „Kapsel abstellen" ist ebenfalls ganz schlecht möglich, denn im Gegensatz zum Neutronenstern haben Schwarze Löcher keine feste Oberfläche. Der Sturz ins Bodenlose wäre nur zu vermeiden, indem Sie Ihre Kapsel ordentlich beschleunigten, und zwar so sehr, dass Sie dem harten Griff des Schwerkraftmonsters entkommen könnten. Die notwendigen Beschleunigungen wären unglaublich groß und würden die Schubleistungen von Raketen bei Weitem übersteigen.

Kosmische Kandidaten für Neutronensterne und Schwarze Löcher sind ziemlich weit weg. Könnten wir denn so ein kompaktes Objekt vielleicht in einer Minivariante mit weniger Masse künstlich auf der Erde erzeugen? Auch das gestaltet sich schwierig.

Ein Neutronenstern besteht aus Neutronen, weil die Atome in diesem kompakten Überrest eines massereichen

Sterns durch den Gravitationskollaps des Vorläufersterns extrem zusammengequetscht wurden. Im Prinzip wird die Atomhülle aus negativ geladenen Elektronen in den positiv geladenen Atomkern gequetscht. Dabei neutronisiert die Materie (inverser **Betazerfall**). Erreicht ein Kubikzentimeterwürfel durch fortwährendes Zusammenquetschen der Materie eine Masse von 400.000 t, bildet sich eine Neutronenflüssigkeit. Vermutlich ist das noch nicht das Ende der Fahnenstange: Tief im Kern des Neutronensterns könnte mehrfache **Kernmateriedichte** erreicht werden. Ein Kubikzentimeterwürfel hätte dann eine Masse von rund 500 Mio. t. Tatsächlich ist es experimentell gelungen, einen extrem dichten Materiezustand von diesem Kaliber in einem winzigen Raumpunkt zu erzeugen. Die Dichte ist dann so hoch, dass die Materie in ihre Grundbausteine, die Quarks, zerlegt wird. Der exotische Materiezustand heißt **Quark-Gluon-Plasma**. An dieser Quarksuppe würden Sie sich ziemlich heftig die Zunge verbrennen, denn ihre Temperatur beträgt rund 1 Bill. Grad – 70.000-fach heißer als das Zentrum unserer Sonne!

Die Herstellung des Quark-Gluon-Plasmas gelang erstmals im Jahr 2004 am US-amerikanischen Teilchenbeschleuniger RHIC, dem Relativistic Heavy Ion Collider. Dabei wurden große Goldatomkerne mit hohen Bewegungsenergien aufeinander geschossen, sodass sich ein winziger nuklearer Feuerball bildete. Für sehr kurze Zeit war darin ein Quark-Gluon-Plasma, wie man indirekt sehr überzeugend nachweisen konnte. Auch am LHC am CERN erzeugt man im Experiment ALICE Quark-Gluon-Plasmen. Die Masse dieser Ansammlung ist allerdings vergleichsweise winzig, weil wir hier ja von ein paar Atomen sprechen. Zwar gelingt die Erzeugung eines ultrakompakten Masseklümpchens, aber es ist leider immer noch submikroskopisch klein und stellt eine Minimasse dar. Diese ist viel, viel kleiner als ein Neutronenstern mit ein bis zwei Sonnenmassen. Keine Chance, auch nur annähernd signifikante Zeitdilatationseffekte mit so kleinen Massen über deren Gravitation zu bekommen. Denn der gravitative Zeitdehnungsfaktor von Tab. 2.2 hängt von der Masse des kompakten Objekts ab.

Bei der künstlichen Erzeugung von Schwarzen Löchern geraten wir auf noch wesentlich spekulativeres Terrain. Beim Bau von neuen Teilchenbeschleunigern hört man immer wieder von Befürchtungen, dass gefährliche Schwarze Minilöcher erzeugt werden könnten. Bitte lehnen Sie sich entspannt zurück. Es droht keine Gefahr. Wie ich ausführlich im Buch *Schwarze Löcher* (Müller 2009) erörtert habe, ist ohne räumliche Zusatzdimensionen nicht zu erwarten, dass sich Schwarze Minilöcher überhaupt mit von Menschen gebauten Teilchenbeschleunigern erzeugen lassen; sollten sie doch entstehen (falls es doch räumliche Zusatzdimensionen gäbe), dann sollten sie über die Aussendung von Hawking-Strahlung zerfallen. Die nicht von Menschen gebauten kosmischen Teilchenbeschleuniger erreichen viel höhere Energien als das, was die Menschheit jemals bauen könnte. Bei der Wechselwirkung dieser natürlichen Teilchenbeschleunigerstrahlen wurde aber niemals die Bildung eines Schwarzen Minilochs beobachtet. Würde die Hypothese von gefährlichen, alles verschlingenden Minilöchern stimmen, dann hätten sie längst den Mond verschluckt, weil dieser ständig von hochenergetischer, kosmischer Strahlung bombardiert wird. Der Mond ist aber nachweislich schon seit 4,5 Mrd. Jahren da, und es geht ihm gut.

Wir können es drehen und wenden wie wir wollen: Grundsätzlich wäre das Parken an der Schwerkraftfalle schon eine Methode für Zeitreisen, die naturwissenschaftlich denkbar ist. Aber bei der praktischen Umsetzung grätschen wieder die Naturgesetze mannigfach blöd dazwischen.

Vielleicht gelingt es Ihnen ja doch? Auch hierbei möchte ich wertvolle Tipps zur Vermarktung Ihrer Parkkapsel nicht unerwähnt lassen. Wie wäre es mit dem Akronym *Double TGra*, das sich ableitet von *Time Travelling by Gravitation*. Als Logo würden sich vom Klang des Akronyms her zwei Tiger anbieten. Da Sie in dieser beamtenfreundlichen Zeitreisemethode nicht viel zu tun hätten, sollten Sie das Modell mit Minibar, Fernseher und einer umfangreichen Bibliothek gegen Aufpreis anbieten. Der Parkassistent wäre natürlich serienmäßig.

2.4 Zeitmaschine 3: Die Wurmlochkapsel

Wem die bisherigen Zeitreiseexperimente noch nicht abgefahren genug waren, der möge eines der seltsamsten Objekte bemühen, das die theoretische Physik jemals hervorgebracht hat: ein **Wurmloch**.

Seinen Namen hat es von diesem anschaulichen Vergleich: Nehmen wir an, Sie gehören der gemeinen Gattung eines Wurms an und befinden sich auf der Oberfläche eines

Apfels. Gerne würde Sie auf die gegenüberliegende Seite des Apfels kriechen, wo die Sonne scheint, aber Sie sind leider ein recht kriechfauler Wurm der Gattung *Vermes faulensis*. Was tun? Nun, um den Weg auf die andere Seite zu minimieren, könnten Sie einfach durch den Apfel hindurch kriechen. Das hätte den durchaus netten Nebeneffekt, dass Sie sich den notorisch leeren Wurmmagen gepflegt vollschlagen könnten. Auf der anderen Seite des Apfels könnten Sie bei einem Nickerchen in der Sonne in Ruhe verdauen. Das Relikt Ihrer Tat wäre ein Wurmloch, das Sie quer durch den Apfel geschlagen hätten.

Ähnliche Abkürzungen könnte es tatsächlich auch in der Physik Schwarzer Löcher geben. Es sind jedoch keine Abkürzungen durch einen Apfel, sondern durch eine Raumzeit. Wurmlöcher könnten unter Umständen extrem weit entfernte Orte im Universum oder – sehr spekulativ – auch verschiedene Universen miteinander verbinden. In Abb. 2.7 ist dargestellt, wie ein kosmisches Wurmloch aussehen könnte. Schwarze Löcher sind Ihnen ja geläufig. Diese Objekte verschlingen alles – Licht, Materie, die Schwiegermutter –, eben alles, was sich zu nahe an sie heranwagt. Das Schwarze Loch, eine Lösung der Feldgleichung der ART, entspricht dem Eingang des Wurmlochs, also der Stelle, in die sich der Wurm in den Apfel fraß. In der ART können Sie allerdings die Zeitrichtung einfach umdrehen und erhalten wieder eine Lösung der Feldgleichung. Dieses „zeitlich invertierte" Schwarze Loch, nennt man **Weißes Loch**. Das ist ein sehr logischer Name, kommt doch aus einem Weißen Loch alles herausgeflogen. In unserer Analogie zum Apfel ist das Weiße Loch diejenige Stelle, an der der Wurm

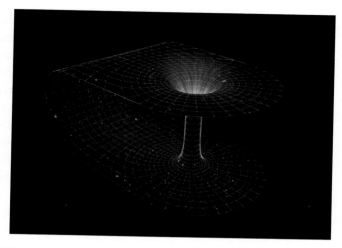

Abb. 2.7 Dieses flächenhafte Gebilde ist eine Illustration unseres Universums. Der Trichter mit den Löchern oben und unten ist der Raum-Zeit-Kanal durch ein Wurmloch. Oben wäre der Ausgang – ein Weißes Loch –, und unten der Eingang – ein Schwarzes Loch. © Mopic/Fotolia

aus dem Apfel herauskommt und an der Sonnenseite des Wurmlebens ankommt.

In der Theorie findet man einen ganzen Zoo von Wurmlöchern, und es gibt viele unterschiedliche Bezeichnungen für sie. Wenn Sie sich mit dem Thema auf einem höheren Niveau als in dem bescheidenen vorliegenden Buch beschäftigen wollen, sei Ihnen das Lehrbuch *Lorentzian Wormholes* von Matt Visser (1995) nahegelegt. Es richtet sich an Studenten der ART und ist wirklich ein hartes Brot, weil man die volle Wurmlochmathematik um die Ohren gehauen bekommt. Also bitte keine Beschwerden, wenn Sie sich daran die Zähne ausbeißen. Ich hatte Sie gewarnt.

Bei mir bekommen Sie wenigstens die Begriffe lauwarm serviert, damit Sie auf der nächsten Party ein bisschen angeben können. Zunächst gibt es da das Schwarzschild-Wurmloch. Kenner der Theorie nennen ein Wurmloch dieser Form auch **Kruskal-Lösung** (Kasten 2.2) oder **Einstein-Rosen-Brücke**. In dem exzellenten Science-Fiction-Film *Contact* von 1997 mit Jodie Foster war tatsächlich vom Fachterminus Einstein-Rosen-Brücke die Rede – kein Wunder, die Buchvorlage des Films stammt von dem US-Astronomen Carl Sagan, der übrigens hervorragend im Popularisieren der Astronomie war.

Kasten 2.2: Die Kruskal-Lösung

So, hier kommen angehende Wurmlochtheoretiker auf ihre Kosten. Sie wollten gerade Blümchen pflücken gehen? Papperlapapp, keine Ausreden! Nerdbrille geraderücken, pseudointellektuellen Blick aufsetzen und los geht's. Raumzeiten sind Lösungen der Feldgleichung in Einsteins Gravitationstheorie. Sie sind im Allgemeinen gekrümmt, sodass sich Licht und Testteilchen auf krummen Bahnen durch die Raumzeit bewegen. Welche Wege sie genau nehmen, lässt sich mit der Geodätengleichung für die betreffende Raumzeit (**Metrik**) berechnen. Die Schwarzschild-Lösung war die erste Lösung überhaupt, die für Einsteins Feldgleichung schon im Jahr 1916 gefunden wurde. Sie beschreibt im Rahmen der ART Punktmassen. Am Ort der Punktmasse wird die Krümmung der Raumzeit unendlich groß. Dort sitzt die **Krümmungssingularität** der Schwarzschild-Lösung – genau im Zentrum des Schwarzen Lochs bei Radius null. Hier steckt übrigens auch die ganze Masse des Schwarzen Lochs, aber man kann sie nicht mehr durch eine Zustandsgleichung für Materie beschreiben. Es ist Masse ohne Materie. Die Sonne und die Erde sind ausgedehnte Objekte und keine Punktmassen. Dennoch lässt sich ihre Gravitation näherungsweise und bei großen Abständen außerhalb ihrer Oberflächen mit der Schwarzschild-Lösung beschreiben.

Die Schwarzschild-Metrik repräsentiert die Raumzeit eines nicht rotierenden, elektrisch neutralen Schwarzen Lochs. Eine Darstellung der Raumzeit ist mit verschiedenen Koordinatensystemen möglich, die typischerweise nach den Theoretikern benannt sind, die sie eingeführt haben.

Die ursprünglichen Schwarzschild-**Koordinaten** für die Schwarzschild-Lösung haben den Nachteil, dass die mathematische Beschreibung am Ereignishorizont – dem **Schwarzschild-Radius** – zusammenbricht. Diese **Koordinatensingularität** lässt sich beseitigen, wenn man andere Koordinaten benutzt. Dies gelang erstmals dem Briten Sir Arthur Eddington im Jahr 1924 und wurde 1958 von David Finkelstein wiederentdeckt. Daher heißen sie *Eddington-Finkelstein-Koordinaten*. Sie haben die Eigenschaft, dass die Wege radial frei einfallender Lichtteilchen (**Nullgeodäten**) nicht mehr gekrümmt sind, sondern zu Geraden werden. Insbesondere unterscheidet man in der Relativitätstheorie *avancierte Eddington-Finkelstein-Koordinaten*, die innerhalb des Ereignishorizonts verwendet werden, von *retardierten Eddington-Finkelstein-Koordinaten*, die außerhalb Anwendung finden. – Warum beschleicht mich gerade das Gefühl, dass Sie, ja Sie, der einzige sind, der diesen Kasten liest?

So weit, so gut. Es stellt aber einen Nachteil dar, dass man nicht in der ganzen Raumzeit einen einzigen Satz von Koordinaten verwenden kann. 1960 wurde dieser Mangel durch die Einführung der *Kruskal-Szekeres-Koordinaten* behoben. Mit den neuen Koordinaten ergaben sich allerdings auch neue, verblüffende Einsichten in die Schwarzschild-Raumzeit: Es gibt nicht mehr nur eine Krümmungssingularität im Zentrum der Raumzeit bei verschwindendem Radius, sondern zwei **Singularitäten!**

Sehr weit entfernt von einer Masse spürt man ihre Anziehung durch die Gravitation nicht mehr. In der ART gibt es eine geometrische Entsprechung dafür: Die Krümmung der Raumzeit nimmt bei großen Abständen immer mehr ab und wird im Grenzwert unendlich großer Abstände null. Relativitätstheoretiker sprechen von einer asymptotisch flachen Raumzeit. In den ursprünglichen Schwarzschild-Koordinaten gibt es nur eine asymptotisch flache Region bei unendlich großem Radius; in den Kruskal-Szekeres-Koordinaten treten zwei asymptotisch flache Regionen auf.

Diese seltsamen Eigenschaften weisen darauf hin, dass die Schwarzschild-Lösung nur einen Ausschnitt einer viel größeren Raumzeit darstellt. Angeber formulieren das so: Die Kruskal-Szekeres-Koordinaten sind die maximale analytische Fortsetzung der Schwarzschild-Lösung. Anders gesagt: In Kruskal-Szekeres-Koordinaten findet man die meisten Informationen über die Raumzeit einer Punktmasse. Die übergeordnete Raumzeit heißt auch die Kruskal-Lösung. Sie repräsentiert das, was populärwissenschaftlich als Wurmloch bezeichnet wird. Mittlerweile sind weitere Wurmlochlösungen in der Einstein'schen Theorie bekannt.

Die Bezeichnung „Einstein-Rosen-Brücke" nimmt Bezug auf eine wissenschaftliche Veröffentlichung von Albert Einstein und Nathan Rosen aus dem Jahr 1935. Kein Geringerer als Albert Einstein ist also der Vater der Wurmlochtheorie, auch wenn der Begriff „Wurmloch" erst später entstand. Einstein und Rosen hatten in dem Papier statische, kugelsymmetrische Lösungen der Einstein'schen Feldgleichung untersucht, und zwar mit und ohne elektrostatischem Feld. Sie waren eigentlich auf der Suche nach einer atomistischen Theorie der Materie, die sowohl der Relativitätstheorie als auch dem Elektromagnetismus Rechnung trägt. Dabei fanden sie, dass zwei weit entfernte Bereiche der Raumzeit über eine Art Brücke miteinander verbunden sein können. Wie sich später in den Arbeiten von Robert W. Fuller und John A. Wheeler im Jahr 1962 zeigte, sind diese Einstein-Rosen-Brücken instabil (Fuller 1962). War damit die Theorie der Wurmlöcher gestorben? Nein, wir werden später darauf zurückkommen, dass es weitere Wurmlochlösungen gibt. Der Begriff „Wurmloch" (*wormhole*) geht übrigens auch auf Wheeler zurück, der ihn 1957 prägte.

Ein kosmisches Wurmloch ist also eine Verbindung von einem Schwarzen und einem Weißen Loch. *Star-Trek*-Fans wissen das längst, kennen sie doch das Wurmloch in der Nähe der Raumstation *Deep Space Nine*, das von den Bewohnern der Station genutzt wird, um Abstecher in das nahe und ferne Universum zu machen. Aber wie funktioniert so ein Wurmloch?

Es gibt eine verblüffend einfache Illustration für ein Wurmloch, die Sie selbst mit einem Blatt Papier und einem Bleistift nachempfinden können (sie kam auch im Science-Fiction-Thriller *Event Horizon* von 1997 vor). Das geht so: Zeichnen Sie willkürlich platziert auf das Papier ein Kreuz, das Sie mit A markieren. Machen Sie ein zweites Kreuz, das Sie B nennen. A und B sollen zwei Orte im Universum in großer Entfernung sein. Das Universum ist in dieser Vereinfachung das räumlich zweidimensionale Papier. Wenn Sie von A nach B reisen wollen, müssen Sie der Verbindungslinie von A nach B folgen. Die kürzeste Verbindung ist auf dem Papier eine Gerade, die A und B direkt miteinander verbindet. Mathematisch ausgedrückt sind die Geraden die **Geodäten** in der euklidischen Geometrie – noch ein Spruch für den nächsten Grillabend, der Sie sehr schnell einsam am Rost werden lässt. Egal, so können Sie über alle Steaks allein herfallen.

Das ist Ihnen zu banal? Die Pointe kommt jetzt: Krümmen Sie nun das Blatt Papier so, dass Punkt A und Punkt B direkt aufeinanderliegen. Durchstoßen Sie beide Kreuze mit dem spitzen Bleistift und betrachten Sie nicht ohne Verzückung Ihr Werk. Sie haben sich gerade ein Wurmloch gebastelt – zwar nicht in vier Dimensionen, sondern nur in zwei – aber ist es nicht wunderschön anzuschauen?

Wie Sie an Ihrem Selbstgebastelten sehen können, gibt es zwei Möglichkeiten, um von Ort A zu Ort B zu kommen. Die mühselige Variante ist es, der Geraden von A nach B zu folgen. Je nach Papierformat kann das ein ziemlich langer und beschwerlicher Weg sein, der einiges an Zeit kostet. Die Alternative ist die Abkürzung durch das Wurmloch. Da A und B durch den Bleistift miteinander verbunden sind, können Sie auch dem Bleistift folgen. Er symbolisiert einen Raum-Zeit-Kanal – einen viel schnelleren Weg.

Was hat aber nun das Wurmloch mit Zeitreisen zu tun? Der entscheidende Punkt ist, dass das Wurmloch eine Abkürzung darstellt. Stellen Sie sich einen Lichtstrahl vor, der nicht das Wurmloch passiert. Er müsste „außen herum" den langen Weg nehmen. Im Bild mit dem Wurm und dem Apfel entspricht dies dem Umweg entlang der Apfelhaut, der auch kriechfaule Würmer nicht hinter dem Ofen hervorlockt. Passiert der Lichtstrahl jedoch das Wurmloch, legt er einen viel kürzeren Weg zurück. Weil sich Licht immer gleich schnell ausbreitet, benötigt es auch für einen kürzeren Weg weniger Zeit. Der Weg durch das Wurmloch ist schneller. Wenn aber nun der Lichtstrahl durch das Wurmloch denjenigen außerhalb überholt, dann war dieser schneller am Ziel – am Ausgang des Wurmlochs – als das Licht, das den Weg außenherum nahm. Stellen Sie sich vor, Sie reisen erfolgreich durch das Wurmloch und empfangen nun am Ausgang des Wurmlochs Licht, das vom Wurmlocheingang ausging und den langen Weg außenherum nahm. Dieses Licht hatte sich ja früher am Startort auf den Weg gemacht, d. h., Sie würden somit beim Zurückblicken in die Vergangenheit schauen können und sich vielleicht sogar bei den Reisevorbereitungen beobachten!

Abb. 2.8 Raum-Zeit-Diagramm mit der Darstellung einer geschlossenen zeitartigen Kurve. Solche Kurven ermöglichen Zeitreisen in die Vergangenheit. © A. Müller

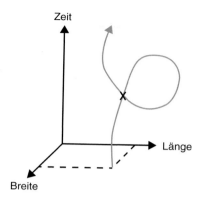

Da geht aber noch viel mehr. Wurmlöcher können die Wege, die ein Raumschiff durch eine Raumzeit nehmen kann – seine **Weltlinie**, wie die Relativisten sagen –, extrem verbiegen. Das kann so heftig sein, dass eine Weltlinie zu einem Punkt in Raum und Zeit zurückgebogen wird, wo sie bereits war! Eine solche Schleife in der Raumzeit heißt **geschlossene zeitartige Kurve** (*closed timelike loop* oder *closed timelike curve*). Was bedeutet dieser Fachbegriff? Zunächst zum Begriff „zeitartig": Das ist nichts anderes als ein hochtrabender Name für die Bahn (Geodäte) eines Materieteilchens in der Relativitätstheorie. Das kann durchaus auch ein Astronaut oder ein Raumschiff sein. Was passiert nun, wenn ein solcher Teilchenpfad *geschlossen* ist?

Dazu betrachten wir die Abb. 2.8, ein **Raum-Zeit-Diagramm**, in dem eine derartige **Zeitschleife** dargestellt ist. Zur Vereinfachung und aus Gründen der Darstellbarkeit ist der Raum nur zweidimensional und wird von einer ersten Raumdimension (z. B. der Länge) und einer zweiten Raumdimension (z. B. der Breite) aufgespannt. Das ist die

Grundfläche des Raum-Zeit-Diagramms. Senkrecht nach oben verläuft die Zeitachse, d. h., die Zeit nimmt von unten nach oben zu. Wie Sie sehen, verläuft die dargestellte Weltlinie zunächst von unten nach oben – wie es sich gehört, nämlich in ihrer Richtung der zunehmenden Zeit folgend. Dann aber dreht sie um und verläuft nach unten – das ist neu! Denn die Weltlinie verläuft „entgegen der Zeitrichtung" – in die Vergangenheit. Dort, wo die Schleife den Kreuzungspunkt hat, können Sie als Zeitreisender auf Ihr eigenes Ich in der Vergangenheit treffen. Mit anderen Worten: Wenn geschlossene zeitartige Kurven wirklich existieren, dann eröffnen sie die Möglichkeit für Zeitreisen in die Vergangenheit. Das Besondere an Wurmlöchern ist, dass bei ihnen solche geschlossenen zeitartigen Kurven auftreten.

Es gibt noch eine sehr anschauliche Variante, wie Sie sich selbst eine Zeitschleife basteln können (Wüthrich 2007). Das geht so: Sie malen ein Raum-Zeit-Diagramm auf ein Blatt Papier – dieses Mal aber mit nur einer Raumdimension. Sie zeichnen z. B. die horizontale Raumachse von links nach rechts und die senkrechte Zeitachse von unten nach oben. Nun können Sie eine Weltlinie eintragen, z. B. wie Sie stundenlang im Bett liegen. Da Sie sich dabei räumlich nicht aus dem Bett entfernen (es sei denn die Blase drückt zwischendurch, aber das vernachlässigen wir jetzt einmal; reißen Sie sich bitte zusammen!), bleiben Sie immer am gleichen Ort, also auf derselben Position auf der Raumachse. Die Zeit verstreicht, aber Sie liegen immer noch im Bett. Die Weltlinie dieses Dummherumliegens ist eine Parallele zur Zeitachse, also eine exakt vertikal verlaufende Linie. Jetzt kommt der Trick: Sie krümmen Ihr Blatt

Papier mit der gelungenen Ich-liege-hier-im-Bett-Weltlinie und rollen Sie zu einem Zylinder, sodass die nach oben verlaufende Weltlinie direkt wieder am unteren Teil der Weltlinie anschließt. Die Weltlinie ist zu einem Kreis geworden. Fertig ist die Zeitschleife! Würden Sie wirklich auf einer solchen Weltlinie leben, könnten Sie den ganzen Tag pennen! Morgen übrigens auch – ewig! Die perfekte Weltlinie für Studenten.

Was ist passiert? Mathematiker sagen, dass Sie mit dem Krümmen des Papiers die *Topologie* verändert haben. Die Krümmung der Raumzeit – nämlich auf dem Papier – ist gleich geblieben. Sie ist flach, aber sie haben verschiedene Bereiche dieser flachen Raumzeit nun miteinander verknüpft. Dieselbe Freiheit besteht übrigens auch für unser Universum. Die Topologie ist nämlich nicht durch die Einstein'sche Feldgleichung festgelegt. Ein Friedmann-Universum kann auf komplexe Weise multivernetzt sein. Das kann zur Folge haben, dass ein Lichtstrahl, der in der einen Richtung in die Tiefe des Weltalls wegfliegt, auf der entgegengesetzten Seite wieder in das Universum zurückkehrt. „Wo kommt denn der her?", würde sich der Kosmologe staunend fragen. „Der flog doch eben noch da lang." Die kosmische Topologie muss man messen, beispielsweise auf der Karte der kosmischen Hintergrundstrahlung. Mehrfachbilder würden die Topologie verraten. Bislang wurde da jedoch nichts gefunden, womit die einfachste Annahme ist, dass unser Kosmos so ist wie das nicht gerollte Papier.

Es geht aber auch noch komplizierter. Kurt Gödel entdeckte 1949 erstmals geschlossene zeitartige Kurven. Der Mathematiker beschäftigte sich mit der relativistischen Kosmologie und fand eine Lösung von Einsteins Feldgleichung, die heute als **Gödel-Lösung** bekannt ist. Es handelt sich dabei interessanterweise um eine Raumzeit, die ein rotierendes Universum beschreibt. Ein solches Universum hätte eine ausgezeichnete Richtung, nämlich die Drehachse, und widerspräche damit dem **kosmologischen Prinzip**, nach dem es im Kosmos keine ausgezeichnete Richtung geben darf (*Isotropie*). Zwar müssen wir die Gödel-Lösung nach den aktuellen Erkenntnissen der beobachtenden Kosmologie zur Beschreibung unseres Universums verwerfen. Aber kein Grund sie zur Dödel-Lösung zu diffamieren, weil sie grundsätzlich neue Einsichten in die relativistische Physik zeigt. So enthält sie z. B. die geschlossenen zeitartigen Kurven, die später auch in anderen Raumzeiten entdeckt wurden. Sie treten ebenfalls bei der Raumzeit auf, die rotierende, elektrisch geladene Schwarze Löcher beschreibt, der **Kerr-Newman-Lösung** (Wald 1984).

Damit haben wir eine erste, grundsätzliche Erkenntnis gewonnen: Die ART gestattet Zeitreisen in die Vergangenheit durch die Existenz von geschlossenen zeitartigen Kurven; etwas unpräzise könnte man sie Zeitschleifen nennen. Eine spezielle Realisierung wäre ein Wurmloch.

Was passiert aber, wenn ein mutiger Zeitreisender mit seiner raumschiffartigen Kapsel durch ein Wurmloch reist? Nun ja, wir haben hier zunächst einmal das volle Programm wie bei den Schwarzen Löchern: Es gibt Gezeitenkräfte und hochenergetische, intensive Umgebungsstrahlung (Abschn. 2.3). Davor muss sich der Zeitreisende irgendwie schützen. Nehmen wir an, das gelingt unserem kühnen **Chrononauten**. Ist so ein Raum-Zeit-Kanal überhaupt stabil? Diese Frage haben sich auch die Relativitätstheoretiker gestellt. Die ersten Untersuchungen schienen zu zeigen, dass beim Passieren eines Wurmlochs mit einem Raumschiff aus normaler Materie der Raum-Zeit-Kanal instabil wird – die Einstein-Rosen-Brücke stürzt ein. Eine solche Zeitreise wäre eine Reise ohne Happy End.

Dann folgten jedoch weitere theoretische Studien, die zuversichtlicher stimmten. Im Jahr 1988 veröffentlichten Mike Morris und Kip Thorne (ja, der von *Interstellar*) eine wissenschaftliche Arbeit über passierbare Wurmlöcher. Morris war damals Student bei Thorne, und die beiden sind die Schöpfer des **Morris-Thorne-Wurmlochs**. Bei diesem Wurmloch kann der Raum-Zeit-Schlund mittels **exotischer Materie** aufgehalten werden. Nicht, dass Sie jetzt ein paar Papayas oder Mangos mit auf Ihren Zeitreisetrip nehmen wollen. Wir brauchen schon etwas richtig Abgefahrenes. „Exotisch" meint hier, dass die Materie eine negative Energiedichte aufweist. Ein Ingenieur kann mit dieser Form exotischer Materie rein gar nichts anfangen – vollkommen zu Recht. Aber Relativitäts- und Quantenfeldtheoretiker sind da komplett schmerzfrei.

Unter besonderen Umständen kann rechnerisch gezeigt werden, dass die Energiedichte negativ werden kann, z. B. für das elektromagnetische Feld. In der **Quantenphysik** gibt es nämlich den **Casimir-Effekt**, benannt nach dem Physiker Hendrick B. G. Casimir, der das Phänomen 1948 beschrieb. Zwischen zwei parallelen, elektrisch ungeladenen Metallplatten tritt im Vakuum eine rätselhafte Kraft auf – die *Casimir-Kraft*. Das ist allerdings keine Zauberei, sondern eine Konsequenz der Quantenphysik. Der Raum zwischen den Platten ist nämlich nicht leer, sondern dazwischen schwingen im **Quantenvakuum** elektromagnetische

Felder. Es passen allerdings zwischen die Platten nur Felder mit geeigneter Frequenz, die ein Vielfaches des Plattenabstands ist. Außerhalb der Platten gilt diese Einschränkung nicht, sodass die elektromagnetischen Felder außerhalb die Platten mit der Casimir-Kraft zusammendrücken. Tatsächlich wurde dieser mysteriöse Quanteneffekt 1997 experimentell von dem Physiker Steve Lamoreaux nachgewiesen. Quantenphysiker konnten die Energie der elektromagnetischen Felder beim Casimir-Effekt (Casimir-Energie) berechnen, und sie war tatsächlich negativ – wie bei der exotischen Materie in Wurmlöchern.

Nehmen Sie daher bitte ein Päckchen exotische Materie mit auf Ihre Zeitreise durch das Wurmloch, damit es flutscht. Denn sie würde einen Raum-Zeit-Tunnel im Wurmloch stabilisieren, wie Morris und Thorne herausfanden. Derartige Wurmlochlösungen wurden in der Folge genauer analysiert, u. a. von dem neuseeländischen Relativitätstheoretiker Matt Visser. 2008 stellte er passierbare Wurmlochlösungen vor, bei denen es vermieden werden kann, dass der Reisende von den Gezeitenkräften zerrissen wird. Es sind auch nicht kugelsymmetrische Wurmlöcher denkbar, bei denen der Reisende nicht mit der exotischen Materie in Kontakt kommt – was dann passiert, ist nämlich unklar. Was jedoch bei allen betrachteten Wurmlöchern bleibt, ist, dass exotische Materie mit negativer Energiedichte benötigt wird, um ein passierbares Wurmloch aufrechtzuerhalten.

Im Mai 2014 stellte Luke Butcher von der Cambridge University eine Berechnung für ein Wurmloch mit einem besonders langen Raum-Zeit-Kanal vor. Für dieses berechnete er die Casimir-Energie und fand heraus, dass das

Wurmloch zwar instabil sei, aber sehr langsam zerfalle. Es könnte lang genug stabil sein, um wenigstens ein Teilchen, z. B. ein Lichtteilchen, hindurch zu schicken. Auf diese Weise könnte es möglich sein, eine Nachricht durch ein Wurmloch zu schicken – falls die Zeitreisen wirklich funktionieren, sogar in eine andere Zeit. Butcher räumte allerdings ein, dass es noch vieles an diesem Modell zu klären gäbe. Es ist eine recht kühne Hypothese.

Gut. Sie haben auf Ihrer Reise durch das Wurmloch die Gezeitenkräfte überlebt, die eigentlich jedes Raumschiff in der Luft zerreißen würden. Auch die tödliche Gammastrahlung ist an Ihnen abgeprallt wie ein Wattebällchen. Sie haben mit der exotischen Materie die Wurmlochpassage aufgehalten und stehen mit schicker Fönfrisur, aber nicht ohne Stolz, in der Nähe des Weißen Lochs, dem Ausgang des Wurmlochs. Irgendeine Sonne scheint, es sind 25 °C, und es weht ein laues Lüftchen. Was jetzt?

Um die Zeitreise in die Vergangenheit erfolgreich abzuschließen, müssen Sie ja wieder zurück zum Startort. Dort würden Sie schneller als das Licht ankommen und wären daher in die Vergangenheit gereist. Noch sind Sie aber irgendwo am anderen Ende des Universums, sozusagen im kosmischen Outback, und haben einen heftigen Anflug von Heimweh. Ich kann es leider nicht schönreden: Sie haben ein Problem. So ein Weißes Loch hat nämlich die Eigenschaft, dass es nur in einer Richtung passierbar ist. Ins Schwarze Loch geht's rein, am Weißen Loch geht's raus. Es ist jetzt also ein bisschen so wie vor der Disco in Teenagertagen, als der Türsteher raunte: „Du kommst hier nich rein!" Das Weiße Loch versperrt Ihnen den Weg. So ein Wurmloch ist eine Einbahnstraße. Was Sie jetzt brauchen, ist ein zweites Wurmloch in entgegengesetzter Richtung, dessen Raum-Zeit-Schlund zu Hause endet. Das klingt nach einem Lottogewinn – und das wäre es auch, denn die Wahrscheinlichkeit, dass Sie zwei Wurmlöcher in so einer Konfiguration da draußen antreffen, ist verschwindend gering.

Es wäre denkbar, dass sich die beiden Enden des Wurmlochs durch den Weltraum bewegen. Dann könnte ein Wurmloch genügen, falls der Ausgang räumlich tatsächlich in die Nähe des Eingangs kommt. Aber auch das scheint ebenso abenteuerlich unwahrscheinlich.

Gibt es überhaupt ein einziges kosmisches Wurmloch im Universum? Sagen wir es einmal so: Es gibt dafür keine überzeugenden Anzeichen. Im Januar 2015 schreckte eine Meldung vom italienischen Forschungsinstitut SISSA die Wurmlochfetischisten auf (Rahaman 2015). Wurmlöcher könnten sich in den Außenbereichen unserer Milchstraße, dem galaktischen Halo, befinden. In einer wissenschaftlichen Veröffentlichung wurde ein Zusammenhang von Wurmlöchern mit der Verteilung von **Dunkler Materie** in der Milchstraße hergestellt. Die Dunkle Materie könne ein Wurmloch erzeugen und sogar aufrechterhalten.

Auf mich persönlich hat diese Meldung den Anschein erweckt, dass man einer gewöhnlichen, wissenschaftlichen Arbeit mehr Aufmerksamkeit zuteilwerden lassen wollte, indem man auf der Popularitätswelle des gerade aktuellen Films *Interstellar* mitschwamm. Die Verbindung von Dunkler Materie mit Wurmlöchern ist sehr fragwürdig.

Wurmlöcher sind hypothetische, haarsträubende Gebilde, die recht weit entfernt sind von der gut bewährten Standardphysik. Astronomen fanden bislang keinerlei plausible Hinweise auf Wurmlöcher. Für Schwarze Löcher gibt es dagegen sehr viele gute Kandidaten, auch mit sehr unterschiedlichen Massen. Aber für ein Weißes Loch gibt es keine Evidenz. Allerdings kann aktuell niemand mit Sicherheit ausschließen, ob nicht *jedes* Schwarze Loch mit einem Wurmloch assoziiert ist. Vielleicht gehören sie untrennbar zusammen, wie es die Untersuchungen der Kruskal-Lösung nahelegen (Kasten 2.2)?

Noch spekulativer wird es, wenn wir uns fragen, ob Wurmlöcher vielleicht künstlich erzeugt werden könnten. Unter der Annahme, dass jedes Schwarze Loch mit einem Wurmloch zusammenhängt, ließe sich die Frage auf die Herstellung von Schwarzen Löchern reduzieren (Abschn. 2.3). Astronomen sind sich sicher, dass Schwarze Löcher im Gravitationskollaps massereicher Sterne entstehen. Alle anderen Bildungsszenarios – superkritische **Gravitationswellen**, primordiale Schwarze Löcher, Schwarze Minilöcher in kosmischer Strahlung und Teilchenbeschleunigern – sind sehr spekulativ. Es sieht also ganz danach aus, als würde die Menschheit sehr, sehr lange Zeit keine Schwarzen Löcher selbst produzieren können.

Sie könnten hingegen auch mutmaßen, dass es Wurmlöcher gibt, aber die Ausgänge allesamt in nicht beobachtbaren Bereichen unseres Universums oder sogar in anderen Universen enden. Die Weißen Löcher wären dann für uns tatsächlich nicht astronomisch beobachtbar – ja, da wird Ihnen niemand das Gegenteil beweisen können. Wissenschaftlich gesehen führt das allerdings nicht weit. Ich formuliere es mal ganz unromantisch: Wurmlöcher sind Kuriositäten der Relativitätstheorie, die es vielleicht gar nicht wirklich gibt. Damit sind sie unter allen besprochenen Varianten für Zeitreisen diejenigen, wo wir uns vielleicht am wenigsten Hoffnung machen können.

Falls Sie jetzt noch Fragen zu diesem sicherlich schwer verständlichen Gebiet der Wurmlochphysik haben sollten, dann entgegne ich Ihnen: „Fragen Sie Gott." Denn John Richard Gott III., Professor für theoretische Physik an der Princeton University, hatte vor einiger Zeit ein sehr schönes Buch mit dem Titel *Zeitreisen in Einsteins Universum* (Gott 2002) zum Thema geschrieben.

Allen Unkenrufen zum Trotz. Welchen Marketingname sollten wir für unsere Wurmloch-Zeitreisekapsel nehmen? Sie ist etwas Besonderes, ist sie doch die einzige, die uns in die Vergangenheit bringen könnte. Daher mein Vorschlag: *Time Travelling Through a Wormhole to the Past*, kurz *Triple TWorP*.

3

Eine Gesellschaft der Zeitreisenden

3.1 Zeitreisen verbieten: Ja oder nein?

Lassen wir doch nun einmal alle technischen Unwägbarkeiten von Kap. 2 beiseite und fragen uns, was das für eine Gesellschaft wäre, in der Zeitreisen technisch machbar wären. Es gibt eine Reihe von Fragen zu klären:

- Würde die Gesellschaft es überhaupt zulassen, Zeitreisen durchzuführen?
- Falls ja, soll das in beide Zeitrichtungen gemacht werden dürfen – sowohl in die Vergangenheit als auch in die Zukunft?
- Würde man die Zeitreisen zwar unternehmen, aber nur, um in anderen zu Epochen beobachten?
- Wer darf zeitreisen?
- Würde die Menschheit daher *Zeitreisegesetze* erlassen?
- Und wenn ja, auf welcher Ebene sollten die Zeitreisegesetze gelten: national, europäisch oder global einheitlich?
- Wenn die Zeitreisetechnologie zwar verfügbar, aber verboten wäre, gäbe es dann nicht die Gefahr der *Zeitreisekriminalität* oder gar des *Zeitreiseterrorismus*?

Diese Science-Fiction-Beispiele belegen, dass Zeitreisen eine heikle Angelegenheit darstellen. Ob beabsichtigt oder nicht, bergen sie die Gefahr, dass ein Zeitreisender direkt oder indirekt Einfluss auf den Ablauf der Ereignisse nimmt und sozusagen das Schicksal manipuliert. Was das für gravierende Konsequenzen haben kann, stellt der Film *Zurück in die Zukunft* sehr schön dar: Der Protagonist Marty reist 30 Jahre in die Vergangenheit und verhindert – aus Versehen –, dass sich seine Eltern kennen lernen. Seine eigene Zukunft, sein *Ich*, ist damit in Gefahr, denn wenn sich Mutter und Vater nicht verlieben, würde er nicht geboren werden. Im Film war das so dargestellt, dass er langsam aus der Existenz verschwinden würde – sicherlich eine fragwürdige Darstellung.

Das fiktive Beispiel zeigt, dass Zeitreisen in die Vergangenheit mit besonderer Vorsicht zu betreiben wären. Denn sie ändern ja den Ablauf historischer Ereignisse und würden den Lauf der Geschichte vielleicht in eine vollkommen andere Richtung lenken. Man male sich nur aus, wo wir heute wären, wenn am Ende des Zweiten Weltkriegs die Falschen gewonnen hätten. Europa wäre dominiert von mindestens einem totalitären Staat. Das Perfide an dieser Geschichtsmanipulation wäre, dass niemand aus der Gegenwart sich daran stören würde, weil es ja außer dem Zeitreisenden keinen gäbe, der Kenntnis von der wahren Gegenwart hätte!

Nehmen wir an, dass die Gesellschaft daher Zeitreisen in die Vergangenheit verbietet. Könnte man dann wenigstens einen Abstecher in die Zukunft unternehmen – nur um ein bisschen die Welt der Zukunft zu betrachten?

In dem Film *Die Zeitmaschine* nach dem Roman von H. G. Wells wurde sehr schön dargestellt, wie der zeitreisende Erfinder zunächst nur in seiner Zeitmaschine sitzt, um die Zukunft passiv zu erkunden. Er war nicht aus seiner sesselähnlichen Zeitmaschine ausgestiegen und war nur ein Beobachter – zumindest am Anfang. Das mutet harmlos an und klingt sehr vernünftig, aber durch Beobachtung eignet sich der Zeitreisende Kenntnisse an. Er sieht Dinge, die sich in der Zukunft ereignen werden. Zurück in seiner eigenen Zeit wird der Zeitreisende diese Erkenntnisse nutzen – ob bewusst oder unbewusst. Das könnte er zum Wohle der Menschheit tun, z. B. indem man das Wundermittel gegen Krebs aus der Zukunft besorgt und Menschen schon in der Gegenwart heilt. Aber er könnte der Menschheit auch schaden und Kenntnisse zum Bau einer verhängnisvollen Waffe aus der Zukunft mitbringen, gegen die es in der Gegenwart keine Abwehr gäbe. Damit ist klar, dass schon bloßes Beobachten der Ereignisse in anderen Epochen eine Einflussnahme darstellt, weil man sich Wissen und Kenntnisse aneignet, die man in der eigenen Zeit nutzen könnte oder die z. B. gewichtige Entscheidungen beeinflussen, die in der Gegenwart getroffen werden.

Sobald eine Zeitreisetechnologie verfügbar ist, kommt auch die Frage auf, wer überhaupt zeitreisen darf. Alle? Oder nur eine geistige Elite? Wie viele Zeitreisende darf es geben, bevor vor lauter Hin- und Herreisen ein unkalkulierbares Chaos ausbricht? Dürfte wenigstens eine von einer Regierung eingesetzte Minderheit von *Zeitreiseagenten* (*chrono agents*) mit ganz klaren Missionen – sozusagen gezielte, chirurgische Eingriffe – vornehmen, um die Welt zu einer besseren zu machen? Wer entscheidet das? Welche Regierung? Die Zeitreisetechnologie entpuppt sich damit als eine Art Waffe, vergleichbar mit der Entwicklung und dem Einsatz von Nuklearwaffen in der Geschichte. Wer die Technologie hat, kann mit ihrem Einsatz drohen; wer sie nicht hat, muss sich unterdrücken lassen.

Alle diese Szenarien klingen recht düster, und ich fürchte, dass dies gar nicht so realitätsfern ist. Unterm Strich ist die Gefahr des Missbrauchs einer Zeitreisetechnologie enorm groß. Nicht auszudenken, wenn in einem perfiden Akt *Zeitreiseterroristen* in die Vergangenheit reisen, um den politischen Gegner zu den eigenen Gunsten auszuschalten. Terrorregime könnten so an die Macht kommen. Die Welt wäre durch den **Chronoterrorismus** eine andere. So etwas sollte die Gesellschaft der Zeitreisenden freilich verhindern. Früher oder später, wahrscheinlich nach der einen oder anderen schlechten Erfahrung, würde eine solche Gesellschaft Gesetze erlassen, die allen Zeitreisen verbietet: *Zeitreisegesetze*.

Auf welcher Ebene solche Zeitreisegesetze gelten sollten, kann man diskutieren. Beispiele anderer Gesetze – zur Nutzung von Gentechnik oder zur Verhängung der Todesstrafe – zeigen, dass es in verschiedenen Staaten eine durchaus sehr unterschiedliche Praxis geben kann. Da Zeitreisen schnell weltweite Auswirkungen haben könnten, wäre es sicherlich sinnvoll, eine global einheitliche Regelung bei den Zeitreisegesetzen zu haben.

Gesetze, schön und gut, aber eine interessante Frage ist doch: Wie sollte man die Einhaltung dieser Zeitgesetze kontrollieren? Und durch wen? Ist die Gegenwart oder Zukunft erst einmal durch eine Reise eines *Zeitreiseverbrechers* in der Vergangenheit verändert worden, dann ist die Zukunft ja eine andere! Keiner wüsste davon, wie eigentlich alles sein sollte. Damit ist klar: Wir bräuchten wohl zeitreisende

Polizisten, wieder eine Form von *Chronoagenten*, die durch die Zeit reisen und im Gestern, Heute und Morgen für die „Einhaltung des geordneten Zeitablaufs" sorgen. Chronoagenten hätten die Lizenz zum Zeitreisen. Sie müssten integer sein und dürften ihrerseits die Fähigkeit, durch die Zeit zu reisen, nicht ausnutzen. Das alles zu gewährleisten, ist wohl außerordentlich schwierig.

In *Zurück in die Zukunft II* stiehlt Martys böser Gegenspieler Biff den Sport-Almanach, eine Zusammenstellung aller möglichen Ergebnisse von sportlichen Wettkämpfen über mehrere Dekaden. Marty hatte das Heft in der Zukunft erworben. Biff reist zurück in die Vergangenheit und macht sich diese Kenntnisse aus der Zukunft bei Sportwetten zunutze. So wird Biff Wettmillionär, was sogar dazu führt, dass er den Ablauf der Ereignisse verändert. In Teil II geht es vor allem darum, Biffs Eingriff in das Raum-Zeit-Kontinuum wieder rückgängig zu machen. Marty reist dazu wieder durch die Zeit.

Alle diese Überlegungen machen klar, dass die Zeitreisetechnologie viele neue Probleme in die Welt brächte. Eine intelligente Zivilisation, der diese Technik zur Verfügung steht, ist hoffentlich schlau genug, die Finger davon zu lassen. Dies wiederum könnte erklären, warum bis heute kein einziger Fall bekannt ist, dass jemand Kontakt zu einem Zeitreisenden hatte.

3.2 Bedeutung von Zeitreisen

Rein wissenschaftlich betrachtet, wäre die Zeitreisetechnologie sehr verlockend. Historiker könnten sich an die Originalschauplätze zur richtigen Zeit begeben und wären im wahrsten Sinne Zeitzeugen von besonderen Ereignissen. Die Geschichtsschreibung wäre ungeheuerlich präzise und über jeden Zweifel erhaben. So könnten beispielsweise die Ursachen der beiden Weltkriege im 20. Jahrhundert noch genauer erfasst werden, als das aktuell der Fall ist. Dies würde vielleicht helfen, um künftige Krisen und Kriege zu vermeiden.

Natürlich wurde dieser Aspekt auch schon in Zeitreisefilmen aufgegriffen. In der Science-Fiction-Komödie *Bill und Teds verrückte Reise durch die Zeit* mit Keanu Reeves von 1988 reisen zwei trottelige Teenager mit einer Zeitmaschine durch verschiedene Geschichtsepochen, um ihr Geschichtsreferat zu pimpen. Dabei begegnen sie unter anderem Sokrates, Napoleon und Billy the Kid.

Auf der anderen Seite des Zeitstrahls hätten Zukunftsforscher die Möglichkeit, die Auswirkungen von heute getroffenen Entscheidungen im Detail zu studieren. Mustergültige Lösungen für politische, wirtschaftliche und gesellschaftliche Probleme könnten so durch „Zukunftsstudium" und mit viel Weitsicht erarbeitet werden. Die Komplexität von Entwicklungen könnte sehr genau untersucht werden, um herauszufinden, welche Faktoren maßgeblich zu einer bestimmten Entwicklung führen. Ein Beispiel dafür wäre eine Lösung des Energieproblems, das die Menschheit aktuell sehr beschäftigt. Wäre es nicht verführerisch, 50 bis 100 Jahre in die Zukunft zu reisen, um die Verhältnisse genau zu analysieren, um – zurück in der Vergangenheit – die Energiekrise locker und leicht sozusagen mit einer Musterlösung zu bewältigen?

Ein anderes drängendes Problem ist die demografische Entwicklung: Was könnten wir in Deutschland tun, um eine Überalterung der Gesellschaft in den Griff zu bekommen und die Geburtenrate wieder zu steigern? Intensive Zukunftsforschung „in situ" würde uns hier wertvolle Hinweise auf Lösungsstrategien geben. Ihnen fallen mit Sicherheit weitere schwerwiegende Probleme ein, die einer baldigen Lösung bedürfen.

Zeitreisen: Ja oder nein? Für ein Ja sprechen die enormen Chancen, die in einer Nutzung der Zeitreisen mit Augenmaß und zum Wohle der Menschheit liegen. Sollte die Zeitreisetechnologie jemals verfügbar sein, werden wir uns diesen Fragen stellen müssen. Ich kann mir vorstellen, dass da keine schnelle Entscheidung getroffen wird, sondern die Diskussion – flankiert von ersten legalen und illegalen Zeitreiseexperimenten – ein paar Jahre andauern wird.

3.3 Zeitreisen und Paradoxe

Wenn Zeitreisen möglich wären, handelten wir uns eine ganze Reihe absonderlicher Phänomene ein, die man unter dem Begriff **Paradoxe** zusammenfassen kann. So ist es eine fundamentale Frage der Zeitreisephysik: Würde ich das eigene Ich treffen können, wenn ich in die Vergangenheit reise? Befragen wir dazu die Science-Fiction, dann wird dort die Frage bejaht. Marty McFly sieht sich in *Zurück in die Zukunft II* selbst und schaut zu, wie sich sein anderes Ich durch die Zeit bewegt. Seine Freundin blickt ihrem gealterten Ich sogar direkt in die Augen, was dazu führt, dass beide vor Schreck in Ohnmacht fallen. Zum Glück hatte sich dabei nicht das Universum vernichtet. Könnte das überhaupt passieren?

Physikalisch gibt es keinerlei plausible Erklärung, warum sich das Universum vernichten sollte. Die gewöhnliche Materie, die in der Zeit reist, bleibt ja gewöhnliche Materie und verändert ihren Charakter nicht. Zeitreisende sollten sich daher durchaus gefahrenlos selbst treffen können.

Aber die Paradoxe, ein Nebeneinander möglicherweise vieler Ichs aus verschiedenen Zeiten, sollten auftreten und für einige Verwirrung sorgen können. Unterscheiden muss man allerdings danach, wohin der Zeitreisende reist: Begibt er sich in die Vergangenheit, besteht die Möglichkeit, dass er sein früheres Alter Ego trifft. Kehrt er dann in die Gegenwart zurück und reist nochmals in die Vergangenheit, sollte er sogar zwei Versionen seiner selbst antreffen können: erstens dasjenige, das sich ursprünglich in der Vergangenheit aufhielt, und zweitens dasjenige von seiner ersten Zeitreise in die Vergangenheit. So war es auch – meines Erachtens sehr korrekt – in *Zurück in die Zukunft II* dargestellt.

Reist der Chrononaut jedoch in die Zukunft, müsste er nicht notwendig sich selbst treffen, weil er sich ja in der Gegenwart auf eine Zeitreise begab. Für alle anderen, die kurz vor der Abreise mit ihm in der Gegenwart waren, muss es ja so ausgesehen haben, als ob der Zeitreisende plötzlich verschwunden wäre. Er setzte damit nicht seine eigentliche Zeitlinie in die Zukunft fort. Warum sollte er daher seinem künftigen Ich begegnen? Bei Zeitreisen in die Zukunft sollte das Auftreten vieler koexistierender Ichs ausbleiben. Das war meines Erachtens eine falsche Darstellung in *Zurück in die Zukunft II*: Martys Freundin hätte sich nicht in der Zukunft treffen dürfen.

In Abschn. 2.4 haben wir die geschlossenen zeitartigen Kurven kennen gelernt. Es handelt sich dabei um Weltlinien in der vierdimensionalen Raumzeit, die zum gleichen Raum-Zeit-Punkt (**Ereignis**) zurückführen und damit eine geschlossene Kurve ergeben: eine Zeitschleife. Das hat entscheidende Auswirkungen auf das Verhältnis von Ursache und Wirkung. Aus unserer Alltagserfahrung können wir bestätigen, dass immer zuerst die Ursache kommt und danach die Wirkung. Erst lasse ich das Glas fallen, danach zerspringt es in Scherben auf dem Boden. Diese eindeutige Reihenfolge von Ursache und Wirkung hat in den Naturwissenschaften einen Namen bekommen: Es ist das **Kausalitätsprinzip**. Wenn nun eine geschlossene zeitartige Kurve existiert, erlaubt sie, dass Ursache und Wirkung in einem Ereignis zusammenfallen können oder dass sogar die Wirkung vor der Ursache passieren könnte. Zeitschleifen widersprechen dem Kausalitätsprinzip! Damit öffnet sich die Büchse der Pandora, denn durch derartige Verdrehungen von Ursache und Wirkung kommen die Paradoxe in die Welt. Geschlossene zeitartige Kurven sind somit Kurzschlüsse in der Raumzeit, entlang derer man nicht sagen kann, welches Ereignis vor einem anderen lag.

In der Natur wurden geschlossene zeitartige Kurven bisher nicht nachgewiesen. Einige Wissenschaftler glauben, dass sie verboten sind, weil sie dem Kausalitätsprinzip widersprechen. Falls das stimmt, hätten wir niemals die Möglichkeit für Zeitreisen in die Vergangenheit, wie sie in Abschn. 2.4 beschrieben wurden.

3.4 Wo sind die Zeitreisenden?

„Entschuldigung, welches Jahr haben wir heute?" Wenn Sie jemandem begegnen, der Ihnen diese Frage stellt, dann könnte das ein Zeitreisender sein. Gibt es für den Besuch von Zeitreisenden Hinweise?

Für Aufregung sorgte vor ein paar Jahren die Meldung, dass in dem Film *Der Zirkus* (1928) mit Charlie Chaplin zufällig eine Dame zu sehen sein soll, die mit einem Handy telefoniert! Diese Szene, die im Internet vielfach zu finden ist, erweckt tatsächlich diesen Eindruck. Aber wie konnte das vor rund 90 Jahren sein? Da gab es doch noch gar keine Handys! Es wurde die abenteuerliche These aufgestellt, dass die Dame eine Zeitreisende sei! Nur, mit wem soll sie telefoniert haben? Oder war es wie bei *Star Trek* eine Art Kommunikator, und es gab noch mehr Zeitreisende, mit denen die Frau sich gerade angeregt unterhielt?

Mittlerweile haben sich die Gemüter beruhigt. Denn Experten, die die Filmszene analysierten, kamen zu dem Schluss, dass es sich um ein altes Hörgerät der Firma Siemens aus den 1920er-Jahren handelt. Diese haben tatsächlich eine gewisse Ähnlichkeit mit einem modernen Smartphone.

Das war also nix. Aber jetzt mal ganz im Ernst? Warum hat uns noch kein Zeitreisender aus der Zukunft besucht? Irgendwann – und wenn erst in 1000 Jahren – sollte das Zeitreisen doch machbar sein. Warum kam dann niemand aus dieser technologisch hochentwickelten Zukunft in unsere Gegenwart? Auf diese Frage kann es eine Reihe möglicher Antworten geben:

1. Zeitreisen sind grundsätzlich unmöglich.
2. Zeitreisen in die Vergangenheit sind nicht möglich.
3. Es geschah längst, aber wir haben das nicht bemerkt.
4. Wir sind für einen Besuch nicht interessant genug.
5. Zeitreisen sind in der Zukunft zwar möglich, aber aus ethischen und/oder Sicherheitsgründen verboten.

Falls Ihnen noch eine mögliche Antwort einfällt, schreiben Sie mir bitte. Im Folgenden möchte ich diese fünf Antworten kommentieren.

Zu Antwort 1: Bei den Themen „Zeitreisen in die Vergangenheit" und „Wurmlöcher" (Abschn. 2.4 und Abb. 2.7) haben wir von besonderen Wegen durch ein Raum-Zeit-Diagramm gesprochen, deren Auftreten überhaupt erst die Reise in die Vergangenheit ermöglichen würde. Das waren die geschlossenen zeitartigen Kurven. Alle Teilchen oder Gegenstände mit endlicher Masse folgen zeitartigen Kurven (bei Licht ist das anders, denn Lichtteilchen haben eine Ruhemasse null). Die Schließung dieser Kurve zu einer Schleife bedeutet ja, dass sie zu einem Raum-Zeit-Punkt (einem *Ereignis*) in der Vergangenheit zurückführt. Folgt ein Körper einer solchen Zeitschleife, dann reist er in seine eigene Vergangenheit. Darf es so etwas wirklich in der Natur geben?

Die geschlossenen zeitartigen Kurven treten in der ART auf. Dies ist allerdings eine klassische Feldtheorie, womit gemeint ist, dass die Gravitation nicht quantisiert beschrieben wird. Die Raumzeit der ART ist ein kontinuierliches, vierdimensionales Gebilde und nicht in diskrete Einheiten („Raumzeitatome") zerhackt. Theoretiker arbeiten seit Jahrzehnten fieberhaft daran, nach dem Vorbild von anderen erfolgreichen **Quantenfeldtheorien** (wie der Quantenelektrodynamik, Quantenchromodynamik oder der elektroschwachen Theorie) eine **Quantengravitationstheorie** zu formulieren. Es kursieren viele Varianten, von denen die beiden prominentesten die **Stringtheorie** und die **Loop-Quantengravitation** sind. Ob diese neuen Theorien tatsächlich unsere Natur beschreiben, ist bislang unklar, weil sie nicht in Experimenten mehrfach erfolgreich getestet wurden. Die ART hingegen hat sich schon mehrfach fulminant mit hoher Präzision in experimentellen Tests bestätigt. Einsteins Theorie ist derzeit das Beste, was wir haben, um die Gravitation zu beschreiben und Vorhersagen für den Ausgang von Gravitationsexperimenten oder astronomischen Beobachtungen von Gravitationsphänomenen zu machen.

Einige Physiker mutmaßen, dass eine Quantengravitationstheorie das Auftreten von geschlossenen zeitartigen Kurven verbieten könnte. Diese Vermutung wurde von dem berühmten Kosmologen Stephen Hawking im Jahr 1992 die **Zeitschutzvermutung** (*chronology protection conjecture*) genannt. Sie verbietet Zeitreisen in die Vergangenheit, damit die Paradoxe verhindert werden können. Ein berühmtes Paradox ist in diesem Zusammenhang das **Großvater-Paradoxon**, das in ähnlicher Form in *Zurück in die Zukunft I* verwendet wurde. Die Geschichte geht wie folgt: Ein Zeitreisender reist in die Vergangenheit. Dort trifft er seinen Großvater und tötet ihn – aus Versehen, absichtlich, das ist egal. Wichtig ist, dass dies geschieht, noch bevor der Vater des Zeitreisenden geboren wurde. Damit verhindert der Zeitreisende jedoch seine eigene Geburt. Wer kann aber dann die Zeitreise in der Zukunft antreten, wenn er nicht geboren wurde? Und wie starb der Großvater? Das ist der Kern des Paradoxes. Wieder stoßen wir auf eine Verletzung des Kausalitätsprinzips.

Für Hawking löst sich das Paradox auf, indem er derlei Zeitreisen in die Vergangenheit schlichtweg verbietet, sie für naturwissenschaftlich unmöglich erklärt. Das ist die Zeitschutzvermutung. Sie verhindert, dass das Universum in ein Chaos abgleitet. Irgendetwas würde geschehen, das ein derartiges Paradox verhindert.

In dieser Behauptung steckt bei genauerer Überlegung einiges an Brisanz. Denn wenn man als Zeitreisender eigentlich keine Wahl hat, um Ereignisse in der Vergangenheit zu ändern, dann gibt es auch keinen freien Willen. Alles wäre vorherbestimmt! Alles könnte nur so geschehen, wie es sich bereits in der Vergangenheit zugetragen hat. In der Fachliteratur ist das bekannt als *Novikovs Konsistenzbedingungen*. Die Geschichte wäre sicher und Geschichtsfälschung durch Zeitreisen unmöglich.

Damit wäre auch verständlich, weshalb wir nie einem Zeitreisenden, der aus der Zukunft zu uns kommt, begegnet sind. Leider konnte Hawkings Vermutung bislang nicht belegt werden, weil keine bewährte Quantengravitationstheorie existiert, mit der man das berechnen könnte.

Es gibt noch eine abgeschwächte Version, nach der geschlossene zeitartige Kurven zwar existieren, ihnen aber Auflagen gemacht werden. Gemäß der **chronologischen Zensur** (*chronology censorship*) müsse jede geschlossene zeitartige Kurve durch einen Ereignishorizont verlaufen. Damit mache es der Ereignishorizont für einen Außenbeobachter unmöglich, dass er die Verletzung des Kausalitätsprinzips wahrnehmen kann. Der Horizont würde den Widerspruch zur Kausalität „verhüllen". Die Welt wäre in Ordnung, weil alles vor dem Horizont dem Kausalitätsprinzip genügt.

Das alles klingt sehr kühn und spekulativ. Lassen Sie uns unaufgeregt seriös bleiben: Für die Existenz von geschlossenen zeitartigen Kurven gibt es bislang keinerlei experimentelle Evidenz.

Zu Antwort 2: Die Paradoxe treten ja insbesondere dann auf, wenn Zeitreisen in die Vergangenheit gemacht werden könnten (Abschn. 3.3; Kommentar zu Antwort 1). Vielleicht sind daher nur diese besonderen Zeitreisen verboten? Wenn diese Annahme stimmt, könnten wir uns fragen, weshalb uns dann nie ein Zeitreisender aus der Vergangenheit begegnet ist (der ja aus seiner Sicht eine Zeitreise in die Zukunft durchführt). Die Antwort: In der Vergangenheit der Menschheit gab es – nach allem, was bekannt ist – noch keine Zeitreisetechnologie. Falls Antwort 2 korrekt ist, könnten wir noch hoffen, dass Zeitreisen wenigstens in eine Richtung – in die Zukunft – irgendwann machbar sind.

Zu Antwort 3: Es ist sehr unwahrscheinlich, dass längst eine Zeitreise durchgeführt wurde, ohne dass es ein Mensch bemerkt hätte. In der Science-Fiction wurde natürlich dieses Szenario schon in Erwägung gezogen, z. B. bei *Star Trek*. Zeitreisende waren dabei sozusagen *Zeitforscher*, die in andere Epoche reisten, aber sich zu verbergen wussten. Sicherlich kann man das nicht ausschließen, aber es klingt doch sehr unwahrscheinlich, dass eine derartige Maskerade lange gut gehen würde. Irgendwann sollte auch ein Zeitreisender, der sich in einer fremden Zeit zu verstecken versucht, auffliegen.

Zu Antwort 4: Ich meine, dass man es ausschließen kann, dass Zeitreisen nicht durchgeführt werden, weil das uninteressant sei. Natürlich würde jeder, der über diese Technologie verfügt, Vergangenheit und Zukunft erforschen wollen. Ich kann mir Antwort 4 daher nicht wirklich als plausible Antwort vorstellen.

Zu Antwort 5: Eine Gesellschaft, die über die Zeitreisetechnologie verfügt, könnte durchaus zu der Überzeugung kommen, diese Technologie aus ethischen oder sicherheitsrelevanten Gründen zu verbieten. Bis es allerdings zu dieser Erkenntnis kommt, werden sicherlich vereinzelt Zeitreiseexperimente durchgeführt werden. Davon sollten die von den Zeitreisenden Besuchten aber Notiz nehmen können. Früher oder später würde man also einem Zeitreisenden begegnen. Da das nicht geschah, spricht es gegen Antwort 5.

Unter sorgfältiger Abwägung scheinen die Antworten 1 und 2 sehr plausibel zu sein. Entweder funktionieren Zeitreisen keinesfalls oder nur solche in die Zukunft. Das könnte erklären, weshalb wir noch nie einem Zeitreisenden begegnet sind.

4
Vision 2100 – Zeitreise in die Zukunft

Nehmen wir an, dass Zeitreisen möglich sind und Sie stolze 100 Jahre in die Zukunft reisen. Was würde Sie dort erwarten? Wie wird die Welt in 100 Jahren, sagen wir, im Jahr 2100 sein?

In diesem Kapitel möchte ich eine von vielen Möglichkeiten für unsere Zukunft ausmalen. Freilich ist das eine kühne Spekulation, aber wie wir sehen werden, ist es ein faszinierender Gedanke. Ich habe Ansätze zu dieser Idee im Jahr 2011 in meinem Blog *Einsteins Kosmos* im Portal www.scilogs.de unter dem Titel *Vision 2100 – Blick in die Zukunft* veröffentlicht (Müller 2011) und verschiedene Lebensbereiche und Disziplinen vorgestellt, für die ich konkret beschrieben habe, was auf uns zukommen könnte. Diese Ansätze möchte ich in diesem Kapitel weiterentwickeln.

4.1 Gesellschaft

Wenn wir uns anschauen, wie sich die bloße Anzahl aller Menschen auf der Erde in den letzten Jahrhunderten und Jahrzehnten entwickelt hat, dann gibt es ein griffiges Wort, wie wir das beschreiben können: *Bevölkerungsexplosion.*

Der **Club of Rome** – ein 1968 gegründeter gemeinnütziger Zusammenschluss von Persönlichkeiten aus Politik, Wirtschaft, Wissenschaft und Kultur aus rund 30 Ländern – veröffentlichte 1972 in der Studie „Grenzen des Wachstums" (Originaltitel: *The Limits of Growth*; Meadows 1972) Zahlen, die sehr bedenklich stimmen. Wie lange dauert es, bis sich die Weltbevölkerung verdoppelt hat? Im Jahr 1650 betrug diese Verdopplungszeit noch 250 Jahre. Gut 300 Jahre später, im Jahr 1970, betrug die Verdopplungszeit nur 33 Jahre. Der Bericht des Club of Rome sagte die Bevölkerungszahl vom Jahr 2000 mit rund 6 Mrd. annähernd korrekt vorher. Ein solches Wachstum steigt sogar noch stärker an als eine exponentielle Kurve; daher spricht man von *superexponentiellem Wachstum.*

Die 1945 gegründeten **Vereinten Nationen (United Nations, UN)** veröffentlichen alle paar Jahre sowohl aktuelle Bevölkerungszahlen als auch Prognosen, wie sich die Weltbevölkerungszahl entwickeln wird. Diese Entwicklung hängt stark von der Fruchtbarkeit (**Fertilität**) ab. Die Fruchtbarkeit gibt an, wie hoch die durchschnittliche Anzahl der Kinder pro Frau ist. Mitte 2014 lebten 7,2 Mrd. Menschen auf der Erde. Die Weltbevölkerung wird wahrscheinlich im Jahr 2050 bei 9,6 Mrd. und 2100 bei 10,9 Mrd. Menschen liegen (UN 2012). Abbildung 4.1 gibt in Abhängigkeit von der Fruchtbarkeit die Entwicklung der Weltbevölkerung

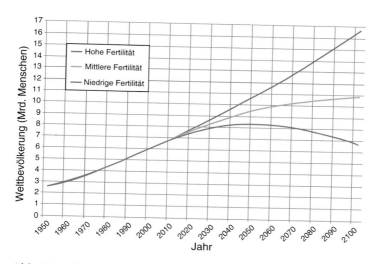

Abb. 4.1 Wachstum der Weltbevölkerung vom Jahr 1950 bis heute, inklusive Prognosen bis ins Jahr 2100. Die Kurve spaltet sich in drei verschiedene Szenarien, je nach Annahme für die Fruchtbarkeit (Fertilität). © A. Müller, Daten der UN 2012

von 1950 bis 2100 wieder. Die erste Milliarde knackte die Menschheit im Jahr 1800 und die zweite Milliarde im Jahr 1930.

Ende 2014 korrigierte die UN die Zahlen nach oben. Im Jahr 2100 könnten sogar 12,3 Mrd. Menschen auf der Erde leben, davon mehr als ein Drittel allein in Afrika (Gast 2014; Gerland 2014). Die Wahrscheinlichkeit für dieses Szenario beträgt auf der Basis von probabilistischen Bevölkerungsmodellen der UN 80 %. Die Bevölkerungsforscher streiten sich allerdings über diese Zahlen, denn sie sind stark vom Modell abhängig. Die UN-Studie von 2014 berücksichtigte weder den Einfluss von Bildung, z. B. auf die

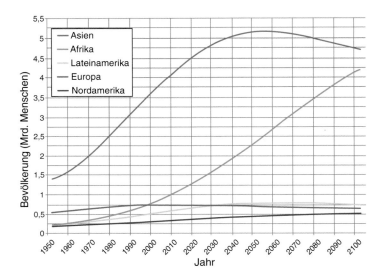

Abb. 4.2 Entwicklung der Bevölkerungszahlen nach Kontinenten inklusive einer Prognose bis 2100 für ein gemäßigtes Wachstumsmodell der UN. © A. Müller, Daten der UN 2012

Geburtenrate, noch die Folgen der Überbevölkerung, u. a. Kriege oder Flüchtlingswellen.

Die Experten sind sich einig, dass auf lange Sicht gesehen das globale Bevölkerungswachstum stagnieren wird. Wann dieser Zeitpunkt erreicht wird, ist indes unklar. In Europa hat der Stagnationstrend bereits begonnen, in Afrika und Asien wird er erst zwischen den Jahren 2050 und 2100 einsetzen.

Die Vereinten Nationen können diese Entwicklung nach Kontinenten darstellen. Die Abb. 4.2 zeigt ein mögliches Szenario, das auf Modellrechnungen für ein mittleres Wachstumsmodell beruht (UN 2012, sogenannte „medium

variant"). Dabei ergeben sich stark voneinander abweichen-
de Trends: Der bevölkerungsreichste Erdteil ist Asien, aber
das könnte sich nach dem Jahr 2100 ändern, wie der sich
annähernde Kurvenverlauf zeigt. Afrika hat das stärkste Bevölkerungswachstum. Da die **Sterblichkeit** von Kindern
hier im Vergleich zu westlichen Industrieländern sehr hoch
ist, versuchen die Eltern möglichst viele Nachkommen zu
haben, damit wenigstens eine Mindestzahl überlebt und
eine Absicherung der Familie gewährleistet werden kann.
Der Trend ist ähnlich, wenn auch weniger stark ausgeprägt,
in Asien, wofür vor allem Indien und China verantwortlich
sind. Nach 2055 könnte sich der Trend sogar umkehren und
die asiatische Bevölkerung wird wieder rückläufig. In Nord-
und Lateinamerika ist das Wachstum verzögert: Die Kurven
steigen sehr gemächlich mit der Zeit an. Ganz anders ist es
in Europa, weil hier die Kurve schon seit etwa 1990 abflacht.
Es gibt einen Abwärtstrend, d. h. eine abnehmende Zahl an
Europäern. Diese Entwicklung ist bereits seit einiger Zeit in
Deutschland als sich umkehrende Alterspyramide bekannt.
Es gibt immer mehr alte Menschen, aber immer weniger
junge Menschen. Die Basis der Alterspyramide wird immer
schmaler, weil die Geburtenrate in Deutschland und auch
im restlichen Europa zurückgeht.

Für eine funktionierende Gesellschaft sind sowohl der
europäische als auch der globale Trend ungesund. Unser
deutsches Rentensystem basiert auf dem Generationenver-
trag, d. h., die junge arbeitende Bevölkerung finanziert mit
den staatlichen Abgaben an das Rentensystem die gegenwärtige Generation von Rentnern. Dieses System gerät vor
allem durch zwei Faktoren aus dem Gleichgewicht: Erstens ist die Geburtenrate rückläufig, d. h., immer weniger

junge Menschen in Deutschland stehen in Brot und Arbeit. Zweitens nimmt die **Lebenserwartung** zu: Menschen in Deutschland (und Europa) werden durch die gute medizinische Versorgung und bessere Ernährung im Durchschnitt immer älter. Im Jahr 1950 betrug die Lebenserwartung der Weltbevölkerung noch 47 Jahre und erhöhte sich auf 69 Jahre in 2010; im Jahr 2050 wird es nach Prognose der UN bei 76 Jahren und 2100 sogar bei 82 Jahren liegen (UN 2012). Bis 2050 soll der Anteil der über 60-Jährigen auf 21 % steigen (1950: 8 %; 2013: 12 %). Gleichzeitig gibt es einen Rückgang des Anteils von Kindern unter 15 Jahren von 38 % in 1965 auf 26 % im Jahr 2013. Schon im Jahr 2047 soll es weltweit nach gegenwärtigen Vorhersagen der UN mehr über 60-Jährige geben als Kinder unter 15 Jahren (UN 2013).

Insgesamt bewirkt das eine alarmierende demografische Entwicklung: Immer weniger jungen Menschen stehen immer mehr älteren Menschen gegenüber – Menschen, die aus dem Rentensystem versorgt werden müssen, in das aber viel zu wenig von jungen Menschen eingezahlt wird. Das Problem ist schon seit Jahren bekannt, aber die Politik hat noch keine Lösung für dieses gravierende gesellschaftliche Problem in Europa vorgelegt.

Bei den gerade genannten Daten zur Lebenserwartung fällt auf, dass der globale Durchschnittswert aktuell bei ungefähr 70 Jahren liegt. Moment, das ist ja eine ziemlich niedrige Zahl. Wie das? Wir werden doch in Deutschland durchschnittlich weit über 80 Jahre alt. Das ist richtig, aber Deutschland gehört auch zu den gut entwickelten westlichen Industrieländern. Global betrachtet zeigt die Lebenserwartung deutliche Unterschiede (Abb. 4.3).

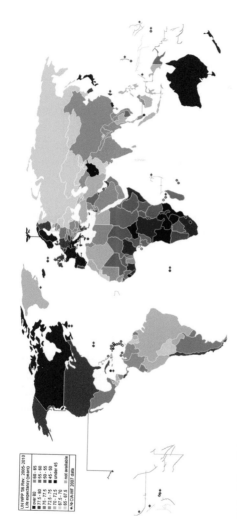

Abb. 4.3 Globale Verteilung der Lebenserwartung. Dargestellt sind Gebiete mit hoher Lebenserwartung zwischen 70 Jahren und mehr (*hellgrün*) und mehr als 80 Jahren (*dunkelgrün*) sowie das Mittelfeld von 60 Jahren (*orange*) bis 70 Jahren (*gelb*). Sehr geringe Lebenserwartung zwischen 50 bis 60 Jahren (rot) und unter 45 Jahren (*braun*) findet man vor allem in Afrika. © UN 2006

Die westlichen Industrieländer in Nordamerika, Europa sowie Australien haben eine sehr hohe Lebenserwartung von bis zu 82 Jahren. Gründe sind natürlich die moderne medizinische Versorgung sowie die Verfüg- und Bezahlbarkeit von Lebensmitteln. Sehr besorgniserregend ist das große rote Gebiet auf der Weltkarte der Lebenserwartung: Afrika. Menschen in diesen Gebieten werden im Durchschnitt nicht einmal 35 Jahre alt. Dafür gibt es diverse Gründe: Das Gesundheitssystem afrikanischer Länder ist stark unterentwickelt. Es gibt keine vernünftige medizinische Versorgung der breiten Bevölkerung. Und Afrika kämpft mit einer ganzen Reihe gravierender Erkrankungen, die leider viele in der afrikanischen Bevölkerung nicht überleben: Durchfall, Malaria, **AIDS**, Grippe und jüngst auch wieder das Ebola-Virus in Westafrika.

Nicht zu vergessen bei den Schlusslichtern der Lebenserwartung ist Afghanistan, der rote Fleck in Asien, ein über viele Jahrzehnte politisch instabiles, von Kriegen stark gebeuteltes Land.

Die Deutsche Stiftung Weltbevölkerung veröffentlichte 2013 ein Ranking der bevölkerungsreichsten Staaten der Erde (Tab. 4.1). Raten Sie mal. China war damals mit 1,37 Mrd. Menschen knapp vor Indien mit 1,28 Mrd. Menschen. Auf Platz 3 folgten schon die Vereinigten Staaten von Amerika, mit läppischen 320 Mio., weit abgeschlagen vom Führungsfeld. Das bevölkerungsreichste Land Afrikas ist Nigeria auf Platz 7. Und Deutschland? Deutschlang rangiert mit 81 Mio. auf Platz 16 und macht nur rund 1 % der Weltbevölkerung aus. Diese Daten lassen sich auch so zusammenfassen: In den 16 bevölkerungsreichsten Staaten von insgesamt derzeit knapp 200 auf der ganzen Welt leben

Tab. 4.1   Aktuelle „Hitliste" der bevölkerungsreichsten Staaten der Erde. © Deutsche Stiftung Weltbevölkerung (2013)

Staat	Bevölkerung (Mio.)	Anteil (%)
Volksrepublik China	1365	19,1
Indien	1277	17,9
USA	320	4,5
Indonesien	249	3,5
Brasilien	196	2,7
Pakistan	191	2,7
Nigeria	174	2,4
Bangladesch	157	2,2
Russland	144	2,0
Japan	127	1,8
Mexiko	118	1,7
Philippinen	96	1,4
Vietnam	90	1,3
Äthiopien	89	1,2
Ägypten	85	1,2
Deutschland	81	1,1

zwei Drittel der Menschheit! China, Indien, die USA und die EU zusammen machen ungefähr die Hälfte aus. Die EU stellt 7 % der Weltbevölkerung.

Die UN formulierte beim **Millenniumsgipfel** im Jahr 2000 acht internationale Entwicklungsziele, um die drängendsten, globalen Probleme anzupacken. Sie basieren auf der Millenniumserklärung. Die Ziele sollten bis 2015 erreicht werden. Seinerzeit unterschrieben alle 189 UN-Mitgliedsstaaten die Vereinbarung, die als **Millenniumsent-**

wicklungsziele (*millennium development goals*) bezeichnet wurden. Die Ziele lauten im Einzelnen:

1. Ausrottung von extremer Armut und Hunger
2. Allgemeine Schulbildung für alle
3. Förderung von Gleichstellung der Geschlechter und Stärkung der Frauen
4. Reduzierung der Kindersterblichkeit
5. Verbesserung der Gesundheitsversorgung von Müttern
6. Bekämpfung von **HIV/AIDS** und anderen Krankheiten
7. Sicherung von Umweltnachhaltigkeit
8. Entwicklung einer globalen Partnerschaft

Jeder dieser Punkte wurde sehr detailliert ausformuliert mit sehr konkreten Zielen versehen. Die ersten sieben Punkte sind Herausforderungen, denen sich vor allem die Entwicklungsländer stellen müssen. Um messen zu können, ob die Ziele in 2015 erreicht sein werden oder nicht, wurden auch entsprechende Indikatoren festgelegt. Natürlich wurden die Messgrößen hier und da kritisiert, aber es ist eine gute Grundlage, um diese gravierenden Probleme der Welt anzupacken.

Die Finanzminister der G8 – eines Zusammenschlusses aus sieben führenden Industrienationen, nämlich den USA, Kanada, Frankreich, Deutschland, Großbritannien, Japan und Italien sowie der EU (Stand 2014) – beschlossen im Jahr 2005 auch eine finanzielle Entlastung der am schlimmsten verschuldeten Entwicklungsländer, damit sie ihre Mittel in entsprechende Programme zum Erreichen der Millenniumsentwicklungsziele investieren konnten.

Wo stehen wir heute im Schlüsseljahr 2015 – 15 Jahre nachdem die Ziele erklärt wurden? Es würde sicherlich den

Rahmen dieses Buches sprengen, die Entwicklungsziele im Detail aufzuarbeiten, zu analysieren und zu bewerten. Das können andere besser. Man liest, dass ein paar der Ziele tatsächlich erreicht wurden – zum Teil sogar deutlich vor 2015. Aber es ist auch Auslegungssache, wie man das definiert.

Ich kann aus meiner bescheidenen Perspektive nur sagen, dass die globale Initiative sehr gut und wichtig war. Sicherlich war sie bei der UN auch richtig angesiedelt. Es war übrigens der siebte UN-Generalsekretär Kofi Annan, der die Millenniumskampagne ins Leben rief. Nun beschäftigt sich sein Nachfolger Ban Ki-moon, der sein Amt im Januar 2007 antrat, mit der Messung und weiterer Ausgestaltung der Millenniumsentwicklungsziele. Er hat 2012 ein „Task Team" eingesetzt, um nun nach Ablauf der Frist Bilanz zu ziehen und eine neue UN-Agenda für die kommenden Jahre festzulegen.

Wir müssen die Problematik aber nicht nur durch die globale Brille betrachten. Zwei wesentliche Millenniumsentwicklungsziele fordern eine Grundbildung und die Bekämpfung der Armut. Wir leben zwar in der reichen Industrienation Deutschland, aber eine im März 2015 von der Bertelsmann-Stiftung vorgelegte Studie zeigt, dass für unsere Gesellschaft hierzulande ebenfalls Handlungsbedarf besteht. Auf den Punkt gebracht: Armut gefährdet unsere Bildung. Viele Zahlen in dem Bericht sind erschreckend, z. B. diese: 17 % der unter dreijährigen Kinder wachsen in Familien auf, die von staatlicher Grundsicherung (**Hartz IV**) leben. Noch eine schlimmere Zahl: Armut ist für mehr als die Hälfte der Kinder in Deutschland ein Normalzustand.

Das bleibt nicht folgenlos für das Lernverhalten, weil Armut sich auf die Koordination von Auge und Hand sowie des Körpers insgesamt auswirkt, so die Studie, die von Forschern der Universität Bochum von 2010 bis 2013 durchgeführt wurde. Arme Kinder sprechen schlechter Deutsch, zählen schlechter und können sich insgesamt schlechter konzentrieren als Kinder, die nicht von Armut betroffen sind. Unter Armut leidende Kinder neigen eher zu Übergewicht und nehmen kaum kulturelle und soziale Angebote wahr. In gut situierten Familien lernen 29 % ein Musikinstrument; in armen Familien nur 12 %. Genauso verhält es sich beim Sport: Nur 46 % der armen Kinder sind im Sportverein gegenüber 77 % der Kinder in finanziell unabhängigen Familien. Klar, Musikunterricht und Mitgliedschaften im Sportverein schlagen mit zusätzlichen Kosten zu Buche.

Diese Fakten sind alarmierend. Die Bertelsmann-Studie zeigt auch Lösungen auf: Sportförderung und frühe Förderung in Kitas können einen positiven Entwicklungseffekt auf arme Kinder haben. Sie fördern die frühkindliche Entwicklung, die Sprachkompetenz, das Sozialverhalten, die Koordinationsfähigkeit und Motorik. Wichtig sei es aber, dass in den Kitas eine Mischung von armen und nicht armen Kindern vorläge. Die für Deutschland repräsentative Studie macht auch klar, was Armut beispielsweise in Afrika bewirkt. Der Zugang zu Bildung ist der Schlüssel, um sich von den ärmlichen Bedingungen zu befreien.

Vor dem Hintergrund dieser aktuellen Zahlen und Prognosen möchte ich folgende Vision für das Jahr 2100 entwickeln: Die Weltbevölkerung wird bis dahin die magische Marke von 10 Mrd. knacken – vielleicht nicht ganz so drastisch wie von den letzten Hochrechnungen der UN erwartet, wenn man eine mittlere Fruchtbarkeit zugrunde legt (Abb. 4.1). Die Probleme der Überbevölkerung und der Überalterung sind auch in 100 Jahren nicht gelöst. Afrika bleibt ein unterentwickelter, krisengeschüttelter Kontinent, der wegen der katastrophalen klimatischen Veränderungen (Abschn. 4.3) zunehmend mit einer Flüchtlingswelle zu kämpfen hat. Der Nord-Süd-Konflikt, ein Gegensatz zwischen westlich industrialisierten Ländern und unterentwickelten Ländern wird verschärft. Die Schwellenländer des beginnenden 20. Jahrhunderts, vor allem China und Indien, sind zu Global Players geworden und machen mehr als die Hälfte der Weltbevölkerung aus.

Im Durchschnitt wird im Jahr 2100 die Lebenserwartung bei 110 Jahren liegen (Abschn. 4.6). Der älteste Mensch wird in 100 Jahren eine deutsche Frau im Alter von 134 Jahren sein: Saskia Fischer, die Enkelin von Johannes Heesters. Und sonst? Jede Oma hat ein Arschgeweih.

Wohin mit 10 Mrd. Menschen? Die Menschheit benötigt mehr Platz. Aber die Erdoberfläche ist begrenzt wie jede Kugeloberfläche. Zudem sind etwa 70 % von Wasser bedeckt. Um die vielen Menschen unterzubringen, wird man kreativ werden müssen. Eine erste Option ist es, in die Höhe zu bauen, d. h., es wird noch mehr Hochhäuser geben. Damit einher geht eine zunehmende Verstädterung, weil Menschen in Ballungsgebieten viele Vorteile haben: Sie werden besser mit Lebensmitteln und besser medizinisch versorgt. Sie finden in Ballungsgebieten mit vielfältiger Industrie, mit Hochschulen und mit Geschäften leichter Arbeit. Sie haben dort ein viel breiteres kulturelles Angebot und damit eine höhere Lebensqualität. Im Jahr 2007 lebten erstmals mehr Menschen in Städten als auf dem Land – ein Phänomen, das „Landflucht" genannt wird. In 2014 stieg dieser Anteil der Stadtbevölkerung weltweit auf 54 %. Die UN prognostiziert, dass im Jahr 2050 der Anteil der Stadtbevölkerung an der Weltbevölkerung 66 % (in absoluten Zahlen: 6,3 Mrd.) betragen wird. Die Verstädterung (Urbanisierung) treibt extreme Blüten, denen wir schon heute hier und da auf der Welt begegnen: Megacitys. Solche gigantischen Städte überschreiten der Definition nach die Einwohnerzahl von 10 Mio. Gegenwärtige Beispiele für Megacitys sind Mexico City, Tokio, New York, Seoul, Mumbai (Bombay), Moskau und Peking. Die UN sagt für 2030 voraus, dass es weltweit 41 Megacitys geben wird. Tokio soll dann bezogen auf die Einwohnerzahl die größte Stadt der Welt mit 37 Mio. Einwohnern sein – dicht gefolgt von Delhi mit 36 Mio. (UN 2014). Schaut man sich weltweit um, so lebten 2014 die meisten urbanisierten Menschen in Nordamerika (82 %), Lateinamerika (80 %) und Europa (73 %). In Afrika und Asien hingegen überwiegt die Landbevölkerung, denn dort sind nur zwischen 40 und 48 % urban. Allerdings findet dort eine beschleunigte Verstädterung. Spitzenreiter bei den Landbevölkerungsanteilen in Asien sind Indien und China.

Die zunehmende Verstädterung stellt Politik und Gesellschaft vor große Herausforderungen. Die Politik muss dafür Sorge tragen, dass möglichst alle Stadtbewohner von den Vorteilen des urbanen Lebens profitieren.

Aber wohin mit dem ganzen Leuten? Ergänzend zur ersten Option – dem Bau von Hochhäusern –, könnte man auch in die Tiefe bauen, also den unterirdischen Städtebau vorantreiben. Zum Teil ist das heute schon beobachtbar, wo

Abb. 4.4 Unterwasserstädte werden in der Zukunft helfen, die vielen Menschen auf der Erde unterzubringen. © estt/Getty Images/iStock/Thinkstock

in der Nähe großer U-Bahn-Stationen ganze Einkaufszentren entstehen. Es ist zu erwarten, dass künftig davon noch mehr Gebrauch gemacht wird. Die ungewöhnlichste Variante, die auf uns zukommen wird, sind Unterwasserstädte (Abb. 4.4). Der Mensch wird mit zunehmender Bevölkerungszahl, dem Klimawandel (Abschn. 4.3) und wegen der großen Wasserfläche der Erde gezwungen sein, diesen neuen Lebensraum zu erobern. Großstädte, die sich bereits in Meeresnähe befinden, sind gute Kandidaten, dass sie ins Meer hinein erweitert werden, z. B. New York, Hongkong oder Hamburg. Das ist sicherlich aufwendig und teuer, aber die schiere Platznot erlaubt irgendwann keine Alternativen mehr. Sicherlich hat es auch etwas, durch die Einkaufszentren zu flanieren, während neben und über einem Fische schwimmen. Übrigens ist das gar nicht einmal so sehr in die ferne Zukunft gedacht, denn Unterwasserhotels gibt es schon jetzt.

Welches Familienbild könnte in 100 Jahren vorherrschen? Die Familie als kleinste Einheit der gesellschaftlichen Gruppierungen bleibt uns erhalten. In den letzten 100 Jahren hat die Familie in Deutschland allerdings einen großen Wandel erlebt. Wo es früher Familien mit vielen Kindern – fünf Kinder waren nicht ungewöhnlich – und gemeinsames Wohnen mehrerer Generationen in einem Haus gab, sind heute Ein- bis Zwei-Kind-Familien in einer Mietwohnung Standard. Früher war es auch gewöhnlich so, dass eine monogam lebende Partnerschaft aus Mann und Frau die Eltern waren. Heute gibt es weitere mögliche Varianten:

- Von geschiedenen Eltern, die getrennt leben, sich aber noch gemeinsam um die Kinder kümmern,
- über die Patchworkfamilie, bei der beide Partner Kinder aus früheren Lebensgemeinschaften einbringen,
- bis hin zum gleichgeschlechtlichen Paar, die Kinder adoptieren oder per künstlicher Befruchtung bekommen.

Wie könnte diese erstaunliche Entwicklung weitergehen? Auch wenn die Anzahl der Scheidungen in den letzten Jahrzehnten offenbar zugenommen hat, so würde ich erwarten, dass die monogame Partnerschaft ein Erfolgsmodell bleibt. Auch als Folge der steigenden Lebenserwartung hat man im Jahr 2100 vielleicht drei bis vier solche längerfristigen Partnerschaften im Sinne einer Familie. Es ist zu erwarten, dass der Anteil der Patchworkfamilien enorm ansteigen wird – vielleicht auf 80 %, was dem Fünffachen des Wertes von 2005 entspricht.

4.2 Politik und Wirtschaft

Welche Staaten bzw. Weltmächte sind die Global Players im Jahr 2100? Heute scheint sich abzuzeichnen, dass das China, Indien, die USA und Europa sein werden. China und Indien gehören zu den bevölkerungsreichsten Ländern – ein Trend der sich fortsetzen wird. Die USA gehören seit dem 20. Jahrhundert zu den mächtigsten Staaten der Erde, die seither ihre Vormachtstellung in vielen Bereichen ausgebaut haben. Es ist zu erwarten, dass das auch in 100 Jahren noch so sein wird. Die Europäer haben mit der **Europäischen Union (EU)** ein überstaatliches Bündnis gegründet, das gemeinsame Interessen artikuliert und vertritt. Die Währungsunion hat mit dem Euro eine gemeinsame Währung in der EU, die eine wichtige Grundlage für effiziente wirtschaftliche Kooperationen gelegt hat. Der Euro kann sich heute mit allen Weltwährungen messen. Nach dem Vorbild der EU könnten sich bis zum Jahr 2100 eine neue Weltwährung, eine Weltzentralbank und Weltregierung etabliert haben, weil sich Staaten außerhalb Europas diesem Bündnis angeschlossen haben werden. Die EU könnte auch in 2100 noch Bestand haben, und weitere europäische Staaten könnten EU-Mitglieder geworden sein: die Schweiz, die Türkei, Norwegen und Länder des ehemaligen Jugoslawiens.

Das hört sich recht positiv an. Auf der negativen Seite ist zu erwarten, dass der weltweite Terrorismus nach wie vor ein globales Problem darstellen wird. Denn alles, was den Terrorismus nährt, wird es auch im Jahr 2100 noch geben, weil es tief verankert ist in der Natur des Menschen: Neid, Fundamentalismus, übertriebener Nationalismus und Rassismus. Natürlich ist Armut nach wie vor ein Problem. Afrika ist im Jahr 2100 der ärmste Kontinent. Immer wieder kommt es zu Flüchtlingswellen, die von Afrika auf Europa schwappen. Europa verteidigt mittlerweile massiv seine Grenzen, auch mit Waffengewalt. Der islamistische Terror konnte auch in 100 Jahren noch nicht beseitigt werden. Er richtet sich vor allem gegen die USA, Israel und mittlerweile auch Indien.

Kriege bleiben leider ebenfalls ein globales Phänomen, dem nicht Herr zu werden ist. Aber ihre Qualität hat sich verändert: Sie sind weniger eine direkte Konfrontation als eine subtile Manipulation des Gegners. Treffender können sie als „Wirtschafts- und Informationskriege" beschrieben werden. Der Widersacher erleidet wirtschaftliche Repressalien wie Embargos oder wird durch gezielte Desinformation in eine wirtschaftlich oder politisch schlechte Lage gebracht.

Und in Deutschland? Merkels „Raute der Macht" ist längst Geschichte und vergessen. Aber 2100 haben wir wieder eine Bundeskanzlerin. Es ist die Urenkelin von Theodor zu Guttenberg: Maria-Helene Magdalena Esmeralda Claudia Annemarie-Anastasia Viktoria Elisabeth Katja Amelie Franziska Joséphine Johanna Madelaine die Dritte nach der Zweiten von und zugenäht zu Guttenberg. Sie gehört der Partei „Die Goldenen" an, die die globale Nutzung der Fusionsenergie nach dem Vorbild der Sonne als zentrales, politisches Anliegen hat.

Kommen wir nun zum Thema Wirtschaft. Im Jahr 1972 hatte der Club of Rome bereits die Grenzen des Wachstums (*The Limits of Growth*) aufgezeigt (Meadows 1972). In dem seinerzeit dargelegten Weltmodell spielten fünf global wirkende Faktoren die Schlüsselrolle:

1. Industrialisierung
2. Bevölkerungswachstum
3. Unterernährung
4. Ausbeutung von Rohstoffreserven
5. Zerstörung von Lebensraum

Schon damals wurde prognostiziert, dass diese Faktoren – sollten sie ihre Entwicklung in bekannter Form fortsetzen – dazu führen werden, dass die Welt 100 Jahre später ihre Wachstumsgrenzen erreicht hat. Die Konsequenzen wären ein rasches, nicht aufhaltbares Sinken von Bevölkerungszahl und industrieller Kapazität. Der Club of Rome formulierte daher das Ziel, einen ökologischen und wirtschaftlichen Gleichgewichtszustand zu erreichen. Dies könne gelingen, wenn man unter anderem folgende Gegenmaßnahmen ergreift: Umweltschutz und Recycling, Konsumeinschränkung, Geburtenkontrolle, Begrenzung des Kapitalwachstums und Energiewende. Interessanterweise wurden derartige Maßnahmen in den letzten 40 Jahren hier und da ergriffen: Das Thema „Umweltschutz" bekam mit der neu gegründeten Partei *Die Grünen* ein politisches Gesicht in Deutschland. In China wurde mit der Vorgabe von Ein-Kind-Familien massiv in die private Lebensplanung eingegriffen. Im Jahr 2000 platzte die Dotcom-Blase und löste eine weltweite Finanzkrise in der New Economy aus. Startup-Unternehmen, die digitale Technologien und das Internet nutzten, konnten nicht dauerhaft halten, was die Anfangseuphorie zu versprechen schien: Gewinne und steigende Aktienkurse. Es kam zum Eklat und dem Platzen der Spekulationsblase. Viele Unternehmen wurden damals an die Wand gefahren. Wenige Jahre später, ab 2007, kam es zur Finanz- und Bankenkrise. Diesmal war es der spekulativ aufgeblähte Immobilienmarkt, vor allem in den USA. 2008 kollabierte die US-Großbank Lehman Brothers, was sich global auswirkte und viele weitere Banken, auch in Europa, die Existenz kostete. Bei der Begrenzung des Kapitalwachstums sind offenbar die Hausaufgaben noch nicht gemacht. Positiv angemerkt sei, dass die Europäische Zentralbank (EZB) im Oktober 2014 130 europäischen Banken einen „Stresstest" verordnete. Es ging darum zu klären, ob die Banken einem Krisenszenario gewachsen wären. In dem simulierten Wirtschaftseinbruch wäre es unter anderem zu Kreditausfällen gekommen. Mit genügend Eigenkapital kann die Bank diese Krise überleben. Vor allem bei Banken im südeuropäischen Raum gab es Nachbesserungsbedarf. Sie wurden aufgefordert, ihre Kapitallücken zu schließen.

Al Gore war unter dem US-amerikanischen Präsidenten Bill Clinton von 1993 bis 2001 Vizepräsident der USA. Im Jahr 2007 erhielt er zusammen mit dem Klimarat IPCC den Friedensnobelpreis für sein Engagement zur Bekämpfung des globalen **Klimawandels**. Al Gore (2014) äußerte sich in seinem Buch *Die Zukunft* auch zur Weltwirtschaft. Er prangerte an, dass ein geringer Prozentsatz der Menschheit einen absurd hohen Reichtum anhäufe, während rund 1 Mrd. Menschen mit einem Einkommen weit unterhalb des Existenzminimums auskommen müsse. Die Situation verschärfe sich, weil Unternehmergewinne nicht wieder investiert würden und damit Arbeitsplätze eingebüßt werden. Global agierende Superunternehmen gewinnen an politischer Macht und übernehmen damit die Rolle von Regierungen.

Wirtschaftswachstum ist eng gekoppelt an die Verfügbarkeit von Bodenschätzen bzw. die Bezahlbarkeit ihrer Förderung und Herstellung. 2013 legte der Club of Rome einen neuen Bericht mit dem Titel *Der geplünderte Planet – Die Zukunft des Menschen im Zeitalter schwindender Ressourcen* vor (Bardi 2013). Nach dem ersten Bericht *Die Grenzen des Wachstums*, der 1972 erschien, war dies der 33. Bericht. Darin legte der Autor Ugo Bardi, Chemiker an der Universität Florenz, dar, dass die Gewinnung der Bodenschätze bald nicht mehr rentabel sein wird. Insbesondere bei den fossilen Brennstoffen werde es für die Menschheit schon bald zu kostspielig sein, um sie zu fördern. Zwar könne man mit modernen, unkonventionellen Verfahren (Beispiel Fracking beim Erdöl; Abschn. 4.4) die Ressourcen zutage bringen, doch das werde immer teurer. Bardi meinte, dass schon jetzt die Bergbau-Industrie 10 % des weltweit hergestellten Dieselkraftstoffs verbrauche. Begrenzt seien auch die für die Wirtschaft wichtigen Vorkommen an Mineralien und Metallen. Das für die Elektro- und Computerindustrie wichtige Kupfer beispielsweise könnte schon 2023 die maximale Produktion erreichen. Die weltweit führenden Kupferproduzenten sind Chile (35 %), Australien, China und Argentinien. Weitere Metalle wie Zink, Nickel, Gold und Silber werden ihr Fördermaximum in weniger als zwei Jahrzehnten erreichen.

Kritisch ist es beispielsweise bei dem Edelmetall Platin, weil es in der Katalysatorentechnik von Fahrzeugen keine Alternative zum Platin gibt. Landwirtschaft ohne das Element Phosphor, das als Zusatz für Düngemittel Anwendung findet, ist undenkbar. Drei Viertel der Weltproduktion von Phosphor stammen aus Nordafrika (Marokko und Sahara). Die Verknappung betrifft auch den wichtigen Energieträger Uran, weil die Förderung in den Bergwerken schon in dieser Dekade rückläufig sein wird. Uran kommt vor allem aus Australien, Kanada, Kasachstan, Russland, Brasilien und Südafrika. Der Club of Rome empfiehlt, der Ressourcenverknappung und Verschwendung durch Rückgewinnung der verbrauchten Minerale und Metalle entgegenzuwirken. Klar ist indes, dass die Erde der Zukunft eine andere sein wird, denn die Ressourcenverknappung wird das Leben der Menschheit verändern.

Wie geht es weiter mit der Weltwirtschaft? Der Internationale Währungsfonds hatte 2010 eine Liste von Schwellenländern veröffentlicht, also Ländern, wo sich neue Märkte und Volkswirtschaften auftun. Darunter sind China und Indien, bei denen sich aktuell abzeichnet, dass sich ihre Bedeutung für die Weltwirtschaft enorm entwickeln wird. Im Jahr 2100 werden daher nach meiner Einschätzung China und Indien die dominierenden Wirtschaftsmächte sein. Die neue Weltwährung heißt dann „Rupabi", eine Mischbezeichnung nach dem chinesischen Renminbi („Volkswährung") und der indischen Rupie.

Der Zahlungsverkehr funktioniert in rund 100 Jahren ausschließlich bargeldlos und ohne Karten. Wie viel Geld eine Person hat, wird von einer Bank eindeutig dem einzigartigen, genetischen Code einer Person zugeordnet. Bei Zahlungen und Überweisungen wird lediglich eine kabellose Verbindung mit einem subkutanen Chip-Implantat aufgebaut, das die Person immer in sich trägt. Nach der Identifikation über den genetischen Code autorisiert der

Zahlende, dass der Betrag dem virtuellen Konto entsprechend abgebucht wird.

Transaktionsmethoden durch biometrische Identifikation mit dem Fingerabdruck haben sich nicht durchsetzen können, weil Anfang des 21. Jahrhunderts gezeigt werden konnte, dass diese Verfahren viel zu unsicher sind. Eine hochaufgelöste Aufnahme des Fingers einer Person genügt, um deren Fingerabdruck abzugreifen und zu missbrauchen.

Die globale Verknappung von Ressourcen wird zu Wachstumskrisen führen, über die in Abschn. 4.4 spekuliert wird.

4.3 Klima

Die aktuelle Klimasituation ist alarmierend: Das Jahr 2014 war das heißeste Jahr seit 1880, also seit die Temperaturen regelmäßig aufgezeichnet werden. Die Durchschnittstemperatur über Land und Meeren lag bei 14,61 °C und damit 0,69 °C über dem Durchschnitt des 20. Jahrhunderts. Neun der zehn wärmsten Jahre wurden seit dem Jahr 2000 registriert (Schrader 2015).

Seit dem Ende des 20. Jahrhunderts ist Klima ein großes Thema. Im September 2013 erschien der Fünfte Sachstandsbericht des Zwischenstaatlichen Ausschusses über Klimaveränderung der Vereinten Nationen (*5th Assessment Report of the Intergovernmental Panel on Climate Change*, kurz *AR5* des IPCC). Derartige **IPCC-Berichte** erscheinen alle fünf bis sechs Jahre und haben vor allem eines zum Gegenstand: den Einfluss des Menschen auf das Erdklima. Das Werk wurde 2013 von rund 800 Wissenschaftlern verfasst und richtete sich vor allem an politische Entscheidungsträger,

denn sie können direkt nationale oder übernationale Maßnahmen ergreifen, um der fatalen Klimaentwicklung direkt entgegenzuwirken, beispielsweise um den Ausstoß des
Treibhausgases **Kohlendioxid** (CO_2) zu reduzieren. Die
Wissenschaftler beobachteten vor allem zwei Veränderungen am Klimasystem: die Klimaerwärmung und extreme
Wetterereignisse. Die Klimaerwärmung drückt sich u. a.
dadurch aus, dass die Durchschnittstemperaturen der irdischen Atmosphäre und der Ozeane zunehmen, dass Schnee
und Eis zurückgehen („Abschmelzen der Pole und Gletscher") und damit zusammenhängend der Meeresspiegel
ansteigt.

Was sind die Treiber des Klimawandels? Es gibt gemäß
IPCC-Bericht praktisch keinen Beitrag von Vulkanismus
oder Sonne (Einfluss nur von Zehnteln Grad). Verantwortlich sind die Treibhausgase: Kohlendioxid, Methan, Stick-
oxide und halogenierte Kohlenwasserstoffe. Im Vergleich
zum vorindustriellen Zeitalter hat die Konzentration von
Kohlendioxid in der Atmosphäre um 40 % zugenommen.
Schuld daran ist der Mensch. Im IPCC-Bericht heißt es:
„Es ist extrem wahrscheinlich (mehr als 95 %), dass der
menschliche Einfluss der Hauptgrund für die seit 1950
beobachtete globale Erwärmung ist." Wenn die Menschheit weiterhin Treibhausgase freisetzt, wird sich das Klima
weiter erwärmen, und auch Wetterextreme werden regional
zunehmen. Zu den Wetterextremen gehören u. a. Stürme,
Starkregen und Dürreperioden. Unter der Annahme, dass
sich die CO_2-Konzentration in der Atmosphäre künftig so
weiterentwickelt, könnte bis zum Jahr 2300 der Meeresspiegel um 3 m steigen, heißt es im IPCC-Bericht. Einige
Inselstaaten könnten verschwinden. Die letzten 30 Jahre

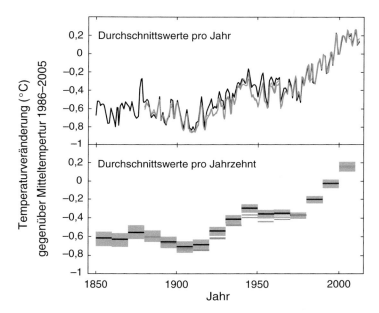

Abb. 4.5 Gemessene Temperaturerhöhung von 1850 bis 2012 (Land und Meere kombiniert). Die Temperaturveränderung ist bezogen auf die Mitteltemperatur über den langen Zeitraum von 1850 bis 2012. Die drei Farben repräsentieren unterschiedliche Datenquellen. © IPCC, AR5 (2014)

waren wahrscheinlich die wärmsten seit 1400 Jahren. Abbildung 4.5 macht dies auf erschreckende Weise deutlich.

Der fünfte IPCC-Klimabericht macht ganz konkrete Aussagen für das Klima in 100 Jahren und mit wachsender Unsicherheit sogar bis zum Jahr 2300. Der Laie staunt: Ein Meteorologe tut sich schwer, das Wetter der nächsten Woche sicher vorherzusagen, aber ein Klimaforscher schafft die Vorhersage des Weltklimas für fast 300 Jahre. Bis

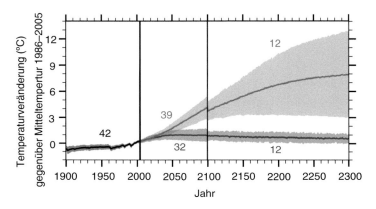

Abb. 4.6 Vorhergesagte Temperaturerhöhung bis zum Jahr 2300. Die Temperaturveränderung ist bezogen auf die Mitteltemperatur von 1986 bis 2005. Bei anhaltender Emission drohen enorme Temperaturerhöhungen (*rot*); Klimaschutzmaßnahmen könnten diesen Erhöhungen Einhalt gebieten (*blau*). © IPCC, AR5 (2014)

zum Jahr 2100 wird bei anhaltender, ungebremster Emission von Treibhausgasen die mittlere Temperatur um 3 °C, schlimmstenfalls um 8 °C zunehmen! Sollte es jetzt gelingen, ambitionierte Klimaschutzmaßnahmen einzuleiten, könnte sich die Temperaturerhöhung auf etwa 1 °C begrenzen lassen. Genau das zeigt Abb. 4.6.

Der Aufruf aus der Wissenschaft ist in der Politik zwar angekommen, aber ein entschlossenes und schnelles Handeln sieht anders aus. Ende 2014 verabschiedeten die EU-Staats- und Regierungschefs ein Klima- und Energiepaket. Danach soll der CO_2-Ausstoß bis 2030 im Vergleich zum Wert von 1990 verbindlich um 40 % sinken. Außerdem soll beim Energieverbrauch eine Einsparung von 27 % angestrebt werden – was leider nicht als verbindliches Ziel vereinbart wurde. Bis zum Jahr 2030 soll der Anteil **erneuerbarer Energien** um mindestens 27 % steigen. Als Anreiz dient eine EU-Förderung. Bei der Weltklimakonferenz im Dezember 2015 in Paris ist eine Neubewertung dieser Zielvorgaben geplant, ohne dass sie gesenkt werden dürfen (tagesschau.de).

Ich würde auf der Grundlage des Klimaberichts folgendes Szenario für das Jahr 2100 als Vision entwickeln. Zunächst die gute Nachricht: Der CO_2-Ausstoß ging zwar dank globaler Klimaschutzpolitik zurück. Aber der weltweite **Treibhauseffekt** konnte nicht mehr aufgehalten werden. Er fiel wegen global eingeleiteter Gegenmaßnahmen nicht so gravierend aus, wie die Schreckensvision mit einer Erhöhung von 4 °C. Dennoch haben sich Wüstenregionen vor allem in Nord- und Mittelafrika extrem vergrößert. Afrika leidet unter einer massiven Entvölkerung. Doch die afrikanischen Wüsten dienen als globale Energiequellen. Gigantische Solarzellenflächen dominieren dort das Landschaftsbild. Die Speichertechnologie ist in 100 Jahren so weit entwickelt, dass die afrikanische Sonne in leistungsstarken Energiespeicherzellen konserviert und in alle Welt, vor allem nach Europa, Asien und in die USA, verschifft werden kann. Aufgrund der katastrophalen klimatischen Verhältnisse vor Ort flüchteten bis zum Jahr 2100 60 % der afrikanischen Bevölkerung (gemessen am Jahr 2000) nach Europa. Afrikaner stellen in Italien, Spanien und Frankreich einen sichtbaren Anteil der Bevölkerung. Auch die Wüsten in Australien, Südost- und Nordwestamerika haben sich stark ausgedehnt. Chile und der südliche Teil Südamerikas sind Wüstenland und nahezu komplett entvölkert.

Der **Monsun**, der für die Regenzeit in Ostafrika und Südasien verantwortlich ist, ruft in rund 100 Jahren verstärkt Überschwemmungen hervor. Hunderte Millionen Menschen leiden unter der Vernichtung ihrer Ernte. Viele Südamerikaner flüchteten in die USA. Die USA haben im Jahr 2100 fünf neue Bundesstaaten: die Karibik, Neu-Brasilien, Neu-Venezuela, Südafrika und Antarctica. Mexiko wurde in New Mexico eingegliedert. Die Rohstoffquellen Südamerikas und Afrikas werden mit Robotern ausgebeutet. Unbemannte Drohnen fliegen die von Minenrobotern geförderten Bodenschätze direkt in die Megacitys der Erde.

An den Polen der Erde gab es herbe Verluste, aber keinen Zusammenbruch der Eisschilde. Leider gibt es viele Gletscher nicht mehr. Dort, wo sie waren, dominieren Moränen das Landschaftsbild. Im Sommer ist die Arktis vielerorts komplett eisfrei. Im Jahr 2073 schrumpfte der Eisschild der Antarktis so sehr, dass Landmassen unter der Antarktis freigelegt wurden. Dieser Ort wurde besiedelt, und es entstand die Metropole *South Angeles*.

Naturkatastrophen und Extremwetterlagen haben zugenommen: Es gibt im Jahr 2100 Dürren im gesamten Mittelmeerraum. Sturmfluten, Starkregen und Tornados sind regelmäßige Wetterphänomene in Deutschland. Wie Modellrechnungen des IPCC-Klimarats schon 2013 nahelegten, hat die Durchschnittstemperatur in Deutschland um etwa 2 °C zugenommen – vor allem in Süddeutschland. Landwirte klagen über Ernteeinbußen wegen der Trockenheit. Mittlerweile wurden neue Weinanbaugebiete im Elbtal zwischen Magdeburg und Hamburg erschlossen.

Mit Technologien des Geo-Engineerings wurden Schwefelverbindungen gezielt in die Atmosphäre gebracht. Sie sollen das Ansteigen der weltweiten Durchschnittstemperatur aufhalten. Ihr entscheidender Nachteil ist jedoch, dass sie lokal zu saurem Regen und starker Gebäudeerosion führen. Opfer dieser Erosion wurde der Kölner Dom, der im Jahr 2100 nur noch 140 m hoch ist (2015: 157 m hoch).

Können wir diese schlimmen Entwicklungen noch aufhalten? Ja, aber dann müssen Politik und Gesellschaft sofort handeln, und zwar nicht im nationalen Alleingang, sondern global. Und es muss ein komplettes Umdenken stattfinden. Jedes Jahr fließen rund 1 Bill. US-Dollar in die Erdölförderung, also um einen fossilen, zur Neige gehenden Brennstoff zu bekommen. Diese Mittel wären besser in eine Weiterentwicklung erneuerbarer Energien investiert, d. h. in Sonnen- und Windenergie, Erdwärme, Wasserkraft sowie Bio- und Meeresenergie. Nehmen wir uns die Schlussfolgerung des IPCC-Klimarats vom April 2014 zu Herzen: Wir müssen den Energieverbrauch in allen Lebens- und Wirtschaftsbereichen radikal senken. Die Verbrennung fossiler Brennstoffe wie Kohle, Öl und Gas muss eingedämmt werden, um den CO_2-Ausstoß besser heute als morgen zu verringern. Die **Kernenergie** wird im IPCC-Bericht als klimafreundliche Alternative bewertet. Eine ergänzende Variante wird in der aktuellen Klimadiskussion kaum erwähnt: Schnell wachsende Pflanzen hätten einen doppelten Nutzen für die Entschärfung des Klimaproblems. Denn sie „verzehren" das schädliche Kohlendioxid der Erdatmosphäre, um es in der Photosynthese umzuwandeln. Und sie könnten in Biogasanlagen und anderen Kraftwerken verwertet werden.

Das Umweltbundesamt hat 2014 sogar eine Studie vorgelegt, die ein Szenario für ein Deutschland im Jahr 2050 entwirft (Purr 2014). Danach ist es durchaus auch für ein hochentwickeltes Industrieland wie Deutschland möglich, Klimaschutz mit Industriewachstum und steigendem Verkehr zu vereinbaren. Die Emission der Treibhausgase soll in 2050 nur 5 % des Werts von 1990 betragen. Elektrischer Strom ist unverzichtbar, und Hybridautos wären weit verbreitet. Nach der Vision des Umweltbundesamts sei es sogar möglich, den Energieverbrauch in Deutschland bis 2050 zu halbieren. Dennoch müssten selbst 60 % des Energiebedarfs importiert werden.

Wie ambitioniert das Treibhausgasziel für 2050 ist, machen die folgenden Zahlen klar: Pro Jahr müsste der CO_2-Ausstoß von 2020 an um fast 8 % reduziert werden. Zwischen 1990 und 2012 schaffte Deutschland nur gut 1 % jährlich (Weiß 2014). Für jedes Jahr, in dem dieser Reduktionsanteil nicht erreicht wird, kommt dieser in den darauffolgenden Jahren dazu. Einsparen von Energie würde z. B. durch mehr Effizienz im Kraftstoffverbrauch von Autos, durch Nutzung von öffentlichen Verkehrsmitteln und durch Wärmedämmung von Häusern möglich werden.

4.4 Energie

Erdöl gehört zu den fossilen Brennstoffen. Es ist eine Ressource, die in beschränkten Mengen vorhanden ist. Die Erde hat ein paar Jahrtausende gebraucht, um das Öl herzustellen. Wir können diese Reserven in wenigen Jahrhunderten aufbrauchen. Dann haben wir ein gravierendes Energieproblem an der Backe. Nach aktuellen Schätzungen reichen die Erdölvorkommen 30 bis 50 Jahre, wenn es gut

läuft und neue Lagerstätten mit neuen Fördermethoden erschlossen werden, vielleicht maximal 100 Jahre. Das bloße
Vorhandensein des Öls reicht aber nicht aus, denn es muss
ja auch gefördert werden. Hier kommt das sogenannte *Peak
Oil* ins Spiel, die maximale Förderrate für Öl. Ölkonzer-
ne können durch Einstellen der pro Zeit geförderten Öl-
menge das *schwarze Gold* künstlich verknappen und damit
teurer machen. Zum Jahreswechsel 2014/2015 erlebten
wir in Deutschland den gegenteiligen Effekt: Die Förderrate wurde nicht gedrosselt, sodass Benzin und Diesel in
Deutschland so billig waren wie seit vier Jahren nicht mehr.
Hauptauslöser dafür war ein Umbruch in der Erdölwirt-
schaft: Mit der Fördermethode **Fracking** können vor allem
in Nordamerika – den USA und Kanada – Öl und Erdgas
(„Schiefergas") aus Schiefersanden gewonnen werden. Somit konnte mehr Erdöl produziert als importiert werden.
Ölproduktion durch Fracking ordnete so die Erdölwirt-
schaft neu, denn Nordamerika war nicht mehr auf das Öl
anderer Länder angewiesen. Die Organisation erdölexpor-
tierender Länder OPEC verlor ihre Monopolstellung. Sie
ließ sich sogar auf einen Preiskampf mit Nordamerika ein
und drosselte die Förderung nicht. Deshalb kam es zum
Preissturz im Januar 2015, bei dem einige Ölsorten sogar
unter den Preis von 50 US-$ pro Barrel sanken.

Fracking, eine verkürzende Bezeichnung für *hydraulic
fracturing*, ist allerdings eine recht umstrittene Methode
der Ölförderung. In die Öllagerstätten wird bis zu 3 km
tief gebohrt und unter hohem Druck eine Flüssigkeit, das
Fracfluid, eingebracht. Schon das Bohren an sich stellt einen Eingriff in die geologische Stabilität vor Ort dar. Hinzu
kommt das Einbringen bedenklicher Substanzen in große

Tiefen. Die Basis des Fracfluids ist zwar nur Wasser, das jedoch mit allerlei chemischen Zusatzstoffen angereichert und in den Erdboden gepumpt wird. Dort löst es Öl, genauer gesagt die fossilen Kohlenwasserstoffe, heraus. Zu den besonders bedenklichen Substanzen im Fracfluid gehören Biozide, deren Aufgabe es ist, Bakterienwachstum zu begrenzen. Sie können sich im Grundwasser ansammeln und den Untergrund verunreinigen.

Erstaunlicherweise befinden sich die größten Ölvorkommen der Erde nicht etwa irgendwo in Saudi-Arabien, sondern in den Rocky Mountains in den USA. In dem riesigen Bergmassiv schlummern ungeheure Mengen von Ölschiefer.

Wie lange bleiben Öl und Benzin noch bezahlbar? Der Physik-Nobelpreisträger und ehemalige US-amerikanische Energieminister Steven Chu geht davon aus, dass der Ölpreis noch für einige Jahrzehnte stabil bleiben wird, weil genug Ölreserven vorhanden seien (Jorda 2014). Problematisch sei vielmehr, dass wir das Problem des Klimawandels verschärfen würden, wenn wir auch nur annähernd diese Ölreserven aufbrauchen. Fest steht, dass so oder so die Energiegewinnung aus Erdöl in ein paar Jahrzehnten nicht mehr funktionieren wird, weil dann definitiv Schluss sein wird. Was dann?

Nun, es gibt da eine Reihe von Alternativen: Erdgas, Kernenergie, Solarenergie, Wind und Wasser – aber können diese Energieressourcen wirklich unser Energieproblem lösen?

Durch die Reaktorkatastrophe im japanischen Fukushima im Jahr 2011 wurde eine Energiewende in Deutschland eingeleitet, die einen sukzessiven Ausstieg aus der Kernener-

gie bis 2022 zum Ziel hat. Ob das eine unüberlegte Kurz-
schlusshandlung oder eine wenigstens langfristig vernünftige Entscheidung war, bleibt zu bewerten. Deutschland hat
jedenfalls mit einem schnellen Ausstieg aus der Kernenergie das Energieproblem verstärkt, weil die auf Spaltung von
schweren Uranatomkernen basierenden Kernkraftwerke in
wenigen Jahren abgeschaltet werden sollen. Damit fällt eine
Brückentechnologie weg, die einen sanften Umstieg auf re-
generative Energieressourcen ermöglicht hätte.

In Frankreich bleiben hingegen die Kernkraftwerke am
Netz. Teilweise treibt der Energiemarkt absurde Blüten,
kauft doch Deutschland den französischen „Atomstrom"
teuer ein. Und sonst in Europa? Die Kernenergie spaltet den Kontinent: Italien schaltete schon 1990 das letzte Kernkraftwerk ab. Die Schweiz und Belgien wollen wie
Deutschland aussteigen; Österreich hatte nie Kernkraftwerke zur Stromerzeugung. In anderen Ländern ist der Trend
ganz anders: Frankreich, Russland, Großbritannien, Tsche-
chien, Polen und Rumänien bauen sogar neue Kernkraftwerke (Maillard 2014).

Im Jahr 2014 waren die weltweiten Top 5 der Länder mit
im Bau befindlichen Kernkraftwerken China (29), Russland (10), Indien (6), Südkorea (5) und die USA (5). Von
weltweit 435 betriebenen Reaktoren stehen 180 in Europa
– eine interessante Zahl angesichts der Kleinheit Europas
gegenüber den anderen Kontinenten. Deutschland fährt
aktuell völlig dem globalen Trend entgegen.

Grundsätzlich und langfristig gedacht ist der Ausstieg aus
der Kernkraft jedoch richtig, denn auch Uran, insbesondere das für die Kernspaltung wichtige **Isotop** Uran-235, ist
rar, und seine natürliche Vorkommen werden ebenfalls bald

erschöpft sein. Eine künstliche Herstellung dieses Brennstoffs wäre zu aufwendig und zu teuer. Das Hauptproblem der Kernspaltung besteht darin, dass die Abfallprodukte der Spaltung, sozusagen die „Asche", radioaktiv sind und durch die langen Halbwertszeiten auch noch lange radioaktiv strahlen. Die Zeitskalen sind deutlich länger als 1000 Jahre, sodass dieses Problem selbst mit Weitsicht und Augenmaß nicht zu lösen ist.

Offenbar ist die Lage schlechter als gedacht: Im April 2015 legte eine Arbeitsgruppe der Endlagersuchkommission einen Bericht vor (spiegel.de). Die letzten Behälter für **Atommüll** könnten danach erst zwischen 2075 und 2130 im Endlager verschwinden. Das Bergwerk könnte dann erst zwischen 2095 und 2170 komplett versiegelt werden. Diese Verzögerungen kosten in den nächsten Jahrzehnten vermutlich 50 bis 70 Mrd. € mehr. Die Rückstellungen der vier größten Stromkonzerne in Deutschland – E.ON, RWE, EnBW und Vattenfall – liegen aber nur bei knapp 40 Mrd. €. Die Diskrepanz müsste natürlich der Staat tragen, also wir alle.

Wohin mit dem radioaktiven Müll? Den will natürlich niemand haben. Aus den Berichterstattungen ist uns Gorleben ein Begriff, ein Salzstock, der seit Ende der 1970er-Jahre als Zwischenlagerstätte genutzt wird. Die Castor-Transporte mit dem radioaktiven Müll, die in Zügen nach Gorleben rollten, sind uns nur zu gut bekannt. Gorleben sollte jedoch nur ein Zwischen- und kein Endlager sein. Daher soll nun mit der Expertenkommission bis 2031 ein geeignetes Endlager gefunden werden.

Deutschland ist aber nur die Spitze des Nuklearmüllbergs. Im Jahr 2012 wurden hierzulande rund 4000 t radioaktiven Mülls eingelagert, in Frankreich hingegen 15.000 t. Fest steht: Diesen radioaktiven Müll können wir nicht einfach unseren nachfolgenden Generationen überlassen.

Solarenergie in Form von Solarstrom (**Photovoltaik**), Wind- und Wasserkraftwerke sowie **Erdwärme** und **Bioenergie** sind wichtige Additive für unsere Energiewirtschaft, aber mit ihnen alleine lässt sich unser Energieproblem nicht lösen. Eine sichere, am besten unerschöpfliche, wie die Politiker gerne sagen, „nachhaltige" Energieressource muss her.

Das Bundesministerium für Bildung und Forschung (BMBF) investiert Milliarden in die Erforschung solcher neuer Ressourcen. Ironischerweise wurde Ende 2014 eine BMBF-geförderte Anlage in Betrieb genommen, bei der das Treibhausgas CO_2 zu einer neuen Form eines synthetischen Dieselkraftstoffs verarbeitet werden kann, der genauso leistungsfähig ist wie herkömmliches Diesel. *Blue Crude* heißt die Zaubersubstanz der Firma Sunfire aus Dresden, die sehr klimaschonend sei. Sie verbrennt sauber und enthält z. B. keinen Schwefel. Die Investition in solche Innovationen ist sicherlich sinnvoller, als auf zur Neige gehende fossile Brennstoffe zu setzen.

In den Augen vieler ist die vielversprechendste Energieressource der Zukunft die **Kernfusion**, die nach dem Vorbild der Sonne Energie aus der „Verschmelzung" leichter Atomkerne liefert. Die dabei frei werdende Energie steckt in den Atomkernen selbst. Die Teilchen im Atomkern sind die positiv geladenen Protonen und die neutral geladenen Neutronen. Die Anzahl der Protonen legt das chemische Element fest: Wasserstoff hat ein Proton, Helium hat zwei und Eisen beispielsweise 26 Protonen. Je nachdem, um welchen Atomkern es sich handelt, sind die Kernteilchen unterschiedlich stark gebunden. Bei Eisen sind sie am stärksten gebunden. Man könnte auch sagen, dass seine Bindungsenergie (pro Kernteilchen) am größten ist. Damit ist eine hohe Energie nötig, um einen Eisenatomkern zu spalten. Bei der Verschmelzung leichter Atomkerne zu schwereren wird die Bindungsenergie frei. Diese Energiequelle wird bei der Kernfusion angezapft. Das dafür nötige Ausgangsmaterial ist das leichteste chemische Element überhaupt: Wasserstoff. 1 g Wasserstoff setzt rund 90 MWh (Megawattstunden) Energie frei, also so viel Verbrennungswärme wie etwa 11 t Kohle (Günther 2008).

Wie der Name verrät ist Wasserstoff (chemisches Symbol H für Hydrogenium) im Wasser (H_2O) enthalten. Es ist damit in schier unerschöpflichen Mengen vorhanden, denn Wasser gibt es in den Weltmeeren. Den Wasserstoff müsste man nur vom Sauerstoff trennen. Das geht beispielsweise in einem Verfahren namens Elektrolyse, bei dem sich Wasserstoff an der einen Elektrode und Sauerstoff an der anderen abscheidet. Mischt man beide Gase wieder zusammen, erhält man eine explosive Mischung, das Knallgas, das mit einem spektakulären Knall wieder zu Wasser werden kann. Im Prinzip handelt es sich bei der explosiven Reaktion um eine Verbrennung, nämlich eine Reaktion mit Sauerstoff.

Um nun die Wasserstoffatomkerne in der Fusion miteinander zu verschmelzen, muss man sie miteinander zusammenstoßen lassen. Das gelingt, indem man viel Bewegungsenergie in sie hineinsteckt, also durch Aufheizen. Dabei spaltet sich das neutrale Wasserstoffatom in seine Bestandteile, nämlich in die negativ geladenen Elektronen der Atomhülle und die positiv geladenen Atomkerne. Ein solcher Materiezustand heißt *Plasma*. Die Wasserstoffatomkerne, die miteinander verschmelzen sollen, haben dieselbe positive elektrische Ladung. Sie stoßen sich deshalb durch die elektromagnetische Kraft ab. Um diese Abstoßung zu überwinden, muss das Plasma stark aufgeheizt werden. Hinzu kommt, dass, je häufiger die Zusammenstöße zwischen den Wasserstoffteilchen geschehen, die Verschmelzung von Kernen umso besser abläuft. In der Praxis muss daher eine extrem hohe Temperatur von rund 200 Mio.°C erreicht werden. Das überschreitet sogar die Temperatur im Sonnenkern von rund 15 Mio. °C. Ein so heißes Plasma würde sich im Raum ausbreiten. Das heiße Fusionsplasma wird daher in einer schlauchförmigen Anordnung mithilfe starker Magnetfelder von einigen Tesla eingeschlossen.

Das Fusionsplasma ist ein Gemisch aus zwei Wasserstoffisotopen, nämlich schwerem Wasserstoff (Deuterium) und überschwerem Wasserstoff (Tritium). Im Unterschied zu normalem Wasserstoff mit nur einem einzigen Proton im Atomkern hat Deuterium ein zusätzliches bzw. Tritium zwei zusätzliche Neutronen. Mit diesen Formen des Wasserstoffs läuft die Fusion deutlich effizienter ab als mit normalem Wasserstoff. In der sogenannten **DT-Fusion** verschmelzen Deuterium (D) und Tritium (T) zu Helium, wobei außerdem eine Energie von 17,6 MeV (**Megaelektronenvolt**) und ein Neutron frei werden. Die Energie tragen die Neutronen in Form von Bewegungsenergie. Das Fusionsplasma heizt sich bei der Umwandlung zu Helium demnach auf.

Fusionskraftwerke werden bereits gebaut und sie haben auch schon funktioniert. Der Joint European Torus (JET) im britischen Culham ist ein Kernfusionsreaktor vom Typ **Tokamak** und aktuell noch das größte Fusionsexperiment der Welt. Tokamaks sind Fusionsreaktoren mit einer schlauchförmigen Bauweise. 1991 gelang es, am JET für ungefähr 2 s ein Energie lieferndes Fusionsplasma kontrolliert zu erzeugen, das in der kurzen Zeit eine Fusionsleistung von 16 MW (Megawatt) erreichte. 65 % der zugeführten Heizleistung wurde durch die Fusion wieder zurückgewonnen. Das war ein Durchbruch in der Fusionsforschung!

Leider ist die industriell rentable Nutzung aktuell noch nicht möglich, weil es nicht gelungen ist, die Energiegewinnung aus dem Fusionsplasma länger aufrechtzuerhalten. Zudem ist der JET-Reaktor noch zu klein, und es wird somit ein Reaktortyp mit größerem Plasmavolumen angestrebt.

Im südfranzösischen Cadarache entsteht zurzeit ein Fusionskraftwerk der Superlative: **ITER**, was für International Thermonuclear Experimental Reactor steht und zugleich im Lateinischen „der Weg" bedeutet – gemeint ist natürlich der Weg zur unerschöpflichen und wirtschaftlich nutzbaren Fusionsenergie. Das internationale Großprojekt wird von der EU, von Japan, den USA, Russland, China, Indien und Südkorea betrieben. Im Vergleich zu JET wird das Plasmavolumen auf 830 m^3 etwa verzehnfacht. Wenn es so läuft, wie die Forscher planen, wird ITER eine Fusionsleistung von 500 MW erzeugen. Das wäre zehnmal mehr, als Leistung für die Heizung des Plasmas hineingesteckt werden muss. Ein modernes Fusionskraftwerk soll sogar noch deutlich leistungsstärker werden und eine Leistung von 100 GW (**Gigawatt**), also 100 Mrd. W (Watt), erbringen. Das ist das 90-fache eines klassischen Kernkraftwerks des 20. Jahrhunderts!

Zur Gefährlichkeit von Fusionskraftwerken gibt es eine gute und eine schlechte Nachricht. Zunächst die schlechte: Sie produzieren immer noch radioaktiven Abfall, und zwar in der Reaktorwand, die mit der Zeit radioaktiv wird. Die gute Nachricht ist, dass die Betreiber die Wahl haben, welches Material sie in der Außenhülle verwenden. Somit können sie gezielt chemische Elemente einbauen, die zwar radioaktiv werden, aber eine kurze Halbwertszeit haben, also nicht so lange strahlen. Beim klassischen Kernkraftwerk hat man diese Wahl nicht, weil das Brennmaterial – Uran und dessen Spaltprodukte – selbst radioaktiv sind bzw. werden.

Wann wird diese Fusionsenergie endlich zur Verfügung stehen und eine echte Energiewende herbeiführen? Das ist ehrlicherweise schwer abzusehen. Die Fusionsforscher behaupten schon seit Jahrzehnten, dass der Fusionsstrom bald aus der Steckdose kommen wird. Die Europäer einigten sich auf einen Forschungsplan, nach dem der Fusionsstrom bis 2050 in das europäische Stromnetz fließen soll.

Ich würde in meiner Vision bis zum Jahr 2100 die folgenden Ereignisse kommen sehen: Im Jahr 2020 werden alle klassischen Kernkraftwerke in Deutschland abgeschaltet – ein Schritt, der vom Rest der EU, insbesondere von den Franzosen, mit verständnislosem Kopfschütteln kommentiert wird. Auch in den USA wird die Kernenergie zunächst noch weiter vorangetrieben. Ab 2022 werden Verkehrsmittel, die mit Benzin oder Diesel fahren, in den westlichen Industrieländern zunehmend besteuert. Ziel dieser Maßnahme ist eine Senkung des globalen CO_2-Ausstoßes. Ab 2025 setzen sich in den westlichen Industrieländern Solar-, Wind und Bioenergie immer mehr durch. Im Jahr 2049 gibt es einen Durchbruch im ITER-Projekt, und die

Energiegewinnung aus der Kernfusion von Wasserstoff läuft für lange Zeiten stabil. Von einer breiten industriellen Nutzung ist man da aber noch weit entfernt, weil die Systeme zur Übertragung, Verteilung und Speicherung der Energie noch nicht bereitstehen.

In den Jahren 2050 bis 2055 gibt es deshalb trotz der Erfolge in der Fusionsforschung eine erste globale Wachstumskrise. Denn durch die knapper werdende Ressource Erdöl verdoppelte sich der Ölpreis pro Barrel im Vergleich zum Jahresbeginn 2014 auf gut 200 US-$. Vor allem die Märkte im rückständigeren Osten der Welt brechen ein. Die Mär vom reichen Ölscheich gehört von da an der Vergangenheit an. Ganz im Gegenteil: Ölmilliardäre kommen aus den Bergen. Denn gegen den Widerstand von Greenpeace und anderen Öko-Bewegungen wird per Fracking das Öl aus den Rocky Mountains gefördert. Das Magazin *Forbes* kürt im Jahr 2056 „Grizzly-Adams" zum Mann des Jahres, weil er mit seinem Bergland zu unerwartetem Reichtum gekommen ist. Im Jahr 2060 gehen auch die letzten Kernkraftwerke in Indien und China vom Netz, weil die Uranreserven erschöpft sind.

Danach, in den Jahren 2076 bis 2080, kommt eine zweite schwere, globale Wachstumskrise, weil weitere Energiequellen versiegen, vor allem das russische Erdgas. Im stark gebeutelten Russland erstarkt der Terrorismus, und dubiose Machthaber nutzen die Probleme im Land, um sich persönlich zu bereichern. Letztendlich stärkt das die demokratischen Bewegungen Russlands. Nach vielen Jahrzehnten einer Abhängigkeit Europas vom russischen Erdgas kehren sich nun die Verhältnisse um, und Russland klopft bei der EU um Energielieferungen aus der Kernfusion an. Die EU knüpft an diese Energieversorgung die Rückgabe der Krim an die Ukraine. Ende des 21. Jahrhunderts werden Fusionsreaktoren endlich global im großen Stil eingesetzt. Das Energieproblem der Menschheit ist gelöst. Die Menschen haben die Sonne auf die Erde gebracht.

4.5 Katastrophen

Katastrophen auf der Erde gab es schon immer in verschiedensten Ausprägungen. Vor rund 75.000 Jahren soll auf Sumatra der Supervulkan **Toba** ausgebrochen sein. Das belegen Eisbohrkerne in Grönland, die Asche und Staub dieses Ausbruchs beinhalten. Das Ereignis muss wahrlich apokalyptisch gewesen sein, denn die Explosionskraft entsprach ungefähr dem 100-fachen des **Tunguska-Ereignisses** in Sibirien – äquivalent etwa 1 GT (Gigatonne) des Sprengstoffs Trinitrotoluol (**TNT**) (Abschn. 5.5). Der Ausbruch des Supervulkans hatte tatsächlich globale Konsequenzen, denn die Durchschnittstemperatur sank um ungefähr 3 °C. Damals existierte in Afrika der *Homo sapiens*, in Europa der Neandertaler und in Asien der *Homo erectus*. Das soll zur Folge gehabt haben, dass binnen weniger tausend Jahre die *Homo*-Gattungen in Asien und Europa ausstarben. Nur 1000 bis 19.000 Menschen konnten sich retten. Die kleine afrikanische Population überlebte. Damit würde der Toba-Ausbruch eine Erklärung für die (durch Fossilfunde belegte) Out-of-Africa-Theorie liefern, nämlich dass der moderne Mensch aus Afrika stammt. Ob dieser Zusammenhang zwischen Vulkanausbruch und Auslöschung von Menschengattungen wirklich stimmt, ist aber umstritten.

Supervulkane wie Toba existieren auch anderswo auf der Erde. Im US-Bundesstaat Wyoming befindet sich der prächtige Yellowstone-Nationalpark. In ungefähr 8 km Tiefe gibt es ein riesiges Reservoir heißen Magmas. Dieser Yellowstone-Hot-Spot hat Abmessungen von etwa 60 km Länge, 35 km Breite und knapp 10 km Dicke. Das Gebiet ist seit rund 17 Mio. Jahren aktiv und wanderte sogar unterirdisch 700 km weit. Vor 2,1 Mio. Jahren gab es einen gewaltigen Ausbruch des Hot Spots. 2500 m³ Material sollen dabei ausgeworfen worden sein. Und es entstand ein etwa 80 × 50 km großer Krater (Caldera). Geologen wiesen insgesamt drei große Ausbrüche des Hot Spots nach, die vor 2,1 Mio., 1,3 Mio. und 640.000 Jahren stattfanden. Ist das ein periodischer Vorgang, der etwa alle 700.000 Jahre stattfindet, sodass in 50.000 Jahren wieder ein Ausbruch zu befürchten ist?

In meiner Vision vom Jahr 2100 kommt es bis dahin nicht zum Ausbruch eines Supervulkans. Wie die Quasiperiode des Yellowstone-Hot-Spots nahelegt, müssen wir zumindest auf einen Ausbruch dort noch länger warten. Die Zeitbomben in Supervulkanen ticken einfach auf viel längeren Zeitskalen, sodass ich mir nicht vorstellen kann, dass sie uns ausgerechnet in den nächsten 100 Jahren gefährlich werden könnten. Und falls doch? Dann Gnade uns Gott!

Aber wir werden bedroht von einer ganz anderen Gefahr, und zwar eine aus dem Weltall. In den Medien werden sie gerne Killerasteroiden genannt. Es handelt sich dabei um Kleinkörper im Sonnensystem. Neben Sonne und Planeten wimmelt es im Raum da draußen von Kleinkörpern. Durch die Entstehungsgeschichte des Sonnensystems und die Wechselwirkung der Körper untereinander befinden sie

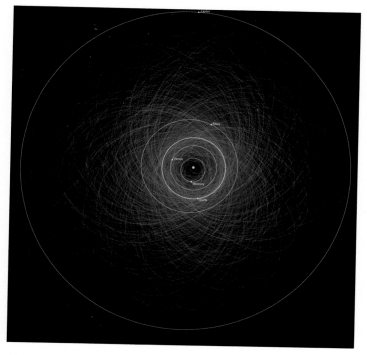

Abb. 4.7 Erdbahnkreuzer und Near Earth Objects (NEOs) im inneren Sonnensystem. © NASA, JPL

sich auf ganz bestimmten Bahnen um die Sonne. Einige Tausend davon kommen der Erde gefährlich nahe. Sie heißen **Near Earth Objects (NEOs)**, also erdnahe Objekte. Abbildung 4.7 stellt die Bahnen der NEOs basierend auf Daten der NASA dar.

Zu den NEOs gehört auch der in den Medien bekannt gewordenen Körper **Apophis**, von dem angenommen wurde, dass er schon in wenigen Jahrzehnten mit der Erde zusammenstoßen soll. Apophis hat eine der Erde sehr ähnliche Bahn um die Sonne und kommt der Erde immer nach einiger Zeit nahe. Mittlerweile kann zumindest für die nächsten wenigen Jahrzehnte Entwarnung gegeben werden, denn Berechnungen der Bahnbewegungen sagen keine gravierende Annäherung voraus.

Am 15. Februar 2013 kam es zu einem spektakulären Himmelsphänomen in der Nähe der russischen Stadt Celjabinsk. Ein unglaublich heller Meteor ging über der Stadt nieder. Zum Glück explodierte die etwas zu groß geratene Sternschnuppe noch über der Erdoberfläche. Dennoch gingen zahlreiche Fensterscheiben durch die Druckwelle zu Bruch. Wie durch ein Wunder wurden Menschen vor Ort nur leicht verletzt. Russland war schon einmal Ort einer ungleich heftigeren Himmelsexplosion. Am 30. Juni 1908 explodierten ein oder mehrere Himmelskörper in Sibirien, in der heutigen Region Krasnojarsk. Man nennt es das Tunguska-Ereignis (Abschn. 5.5). Das Celjabinsk-Ereignis von 2013 lief da zum Glück glimpflicher ab. Diese Beispiele zeigen jedoch, dass es eine allgegenwärtige, kosmische Gefahr gibt. Andreas Burkert und seine Koautoren Philipp A. Schoeller und Helmut Hetznecker schätzen in ihrem Buch *Fragile Welt*, dass die Wahrscheinlichkeit für ein Tunguska-Ereignis im 21. Jahrhundert etwa 30 % beträgt (Burkert 2009). Das klingt nicht ermutigend. Nicht auszudenken, wenn so etwas über dicht besiedeltem Gebiet geschieht.

Vor etwa 15 Mio. Jahren war Süddeutschland Schauplatz einer kosmischen Katastrophe. Ein rund 1,5 km großer kosmischer Brocken schlug dort ein, wo sich heute die schwäbische Stadt Nördlingen (Bayern) befindet. Das „Bröckle" hatte eine verheerende Wirkung: Sein Einschlag

riss ein 4 km tiefes Loch, und durch die gigantische Glut-
wolke war in der 200 km großen Todeszone kein Überleben möglich. Herausgeschleuderte Trümmer landeten
in rund 50 km Entfernung vom Einschlagort, und noch
heute zeugt ein Krater mit rund 25 km Durchmesser von
dem schwäbischen Inferno. Der Krater ist allerdings stark
verwittert und sein Rand als Hügelkette am besten auf Sa-
tellitenaufnahmen zu erkennen. Für die Nördlinger hatte
dieses Ereignis erstaunliche Konsequenzen: Der schützende
Kraterrand stoppt die meisten Wolken, sodass Nördlingen
zu den niederschlagsärmsten Städten Deutschlands gehört.

Ich würde bis zum Jahr 2100 Folgendes spekulieren: Im
Jahr 2041 explodiert über dem Pazifik, dem größten aller
Ozeane, ein Kleinkörper mit rund 50 m Durchmesser. Das
mit Tunguska vergleichbare Ereignis löst in der Atmosphäre
eine Druckwelle aus, die noch in Los Angeles zu hören ist.
Außerdem bildet sich ein Tsunami, eine gewaltig hohe Kil-
lerwelle, die vor Hawaii, Indonesien und Kalifornien bran-
det. Zum Glück wird das Ereignis so weit draußen auf dem
Meer geschehen, dass der Tsunami keine Menschenleben
fordern wird. Doch es gibt ein Opfer für die Wissenschaft:
Das Superteleskop E-ELT, das European Extremely Large
Telescope der Europäischen Südsternwarte (ESO), das sich
in den chilenischen Anden befindet, geht durch die Folgen des Erdbebens zu Bruch. Der Schaden beläuft sich auf
600 Mio. €.

Im Jahr 2081 wird klar, dass sich der Asteroid Apophis
auf Kollisionskurs mit der Erde befindet und es 2088 sehr
wahrscheinlich zu einer Kollision kommen wird. Die Globale Asteroidenabwehrkommission überlegt zunächst, mit
gezielten Einschlägen den Killerasteroiden aus seiner Bahn

zu werfen, aber sie entscheiden sich schließlich dagegen. Zu unsicher ist das Wissen über die Zusammensetzung des Körpers und die Wirkung der Detonationen. Am Ende würde man die Sache verschlimmern. So entfällt die Wahl der Waffen auf die Gravity-Tractor-Methode, bei der ein massiver Raumflugkörper neben Apophis für einige Jahre herfliegen und ihn so langsam vom Kollisionskurs abbringt. Bruce Willis war damals schon 50 Jahre tot und damit leider als Retter in der Not indisponibel. Zum Glück hatten die Weltraumorganisationen aus den USA und Europa, NASA und ESA, in einem 500 Mio. € teuren Kooperationsprojekt eine massive Raumsonde namens Be Ready for Us, Collider with Earth (BRUCE) schon im Jahr 2082 gestartet. Die Gefahr, die von Apophis ausging, war früh genug bekannt geworden, sodass die Sonde einige Jahre neben dem Erdkiller herfliegen konnte. Durch den Einfluss der Gravitation zog BRUCE Apophis an und bewegte ihn einige Zentimeter von seiner gefährlichen Erdkreuzerbahn weg – die Gefahr war gebannt. Die Rettung wurde von einer „Yippie Yah Yei, Schweinebacke!" skandierenden Menge begleitet.

4.6 Medizin

Interessanterweise verändert sich der Mensch an sich auch über die Jahrhunderte. Ein Indikator ist beispielsweise die durchschnittliche Körpergröße. Sie hat sich bei beiden Geschlechtern in den letzten Jahrtausenden erstaunlich entwickelt. Die Einflussfaktoren sind vor allem Ernährung, medizinische Versorgung und Klima. Im Jahr 2005 waren deutsche Männer durchschnittlich 178 cm und Frauen 165 cm groß.

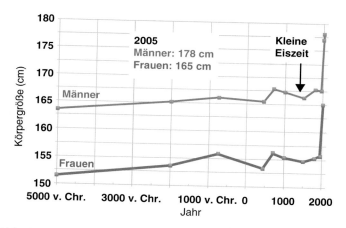

Abb. 4.8 Entwicklung der Körpergröße von Männern und Frauen in Deutschland in den letzten Jahrtausenden. © A. Müller (Datenquelle: *Körpergröße* bei Wikipedia, urspr. aus Frank 2010 und Rösing 1988)

Wie Abb. 4.8 illustriert, nahm die durchschnittliche Körpergröße von Männern und Frauen in Deutschland rapide zu, aber es gab auch Einbrüche. Dieses zeitliche Verhalten der Körpergröße lässt sich mit keiner Gesetzmäßigkeit vernünftig beschreiben. Das heißt im gleichen Atemzug, dass die Entwicklung der Körpergröße grundsätzlich nicht – nicht einmal bis zum Jahr 2100 – vorhersagbar ist! Wenn wir ganz konservativ eine Zunahme der durchschnittlichen Körpergröße von weiteren 10 cm annehmen, werden Männer im Jahr 2100 im Durchschnitt 188 cm und Frauen 175 cm groß sein. Diese Aussagen sind jedoch mit großen Unsicherheiten behaftet. Es kann aber nicht plausibel sein, dass sich dieser Trend „10 cm alle 100 Jahre" fortsetzt, denn dann wäre der Mann im Jahr 3000 stolze 278 cm groß. Es muss Wachstumsgrenzen geben. Die Kurve in Abb. 4.8 belegt auch einen dramatischen Einbruch im 14. Jahrhundert, der sowohl Männer als auch Frauen betraf. Eine plausible Erklärung dafür liefert die Kleine **Eiszeit**, eine viele Jahrhunderte bis ins 19. Jahrhundert andauernde Kälteperiode, die Europa damals erfasste. 1302 erfroren die Reben im Elsass, und 1303 erfror in Deutschland die Saat (Bojanowski 2012). Die Abkühlung führte unter anderem zu schlechten oder gar keinen Ernten und damit zu einer schlechteren Versorgung mit Grundnahrungsmitteln wie Brot. Auch Krankheiten brachen aus. Dies brachte Konflikte, die zu Kriegen eskalierten. Was war eigentlich der Grund für die Kleine Eiszeit? Es spielten wohl mehrere Faktoren eine Rolle. Die Sonne schwächelte, wie der zeitliche Verlauf der Häufigkeit von radioaktivem Kohlenstoff (^{14}C) in der Atmosphäre nahelegt. ^{14}C wird nämlich in der irdischen Gashülle durch Sonneneinstrahlung erzeugt. Nimmt diese ab, schwinden auch die ^{14}C-Mengen. Für die Kleine Eiszeit werden ebenfalls Vulkanausbrüche verantwortlich gemacht. Die in die Atmosphäre geschleuderte Asche blockiert die wärmende Sonnenstrahlung, sodass es zur Abkühlung kommt. Für die Vulkanhypothese sprechen Schwefelspuren in Grönlands Eis, die mit Vulkanausbrüchen im späten 13. Jahrhundert in Verbindung gebracht werden.

Für die Entstehung der Kleinen Eiszeit gibt es auch eine sehr abenteuerliche Hypothese, und zwar soll sie mit der Entdeckung Amerikas zusammenhängen! 1492 wurde die *Neue Welt* entdeckt. Die rasch zunehmende Besiedlung Nordamerikas führte dazu, dass Platz für Siedler und Vieh geschaffen werden musste. Viele Waldflächen wurden ge-

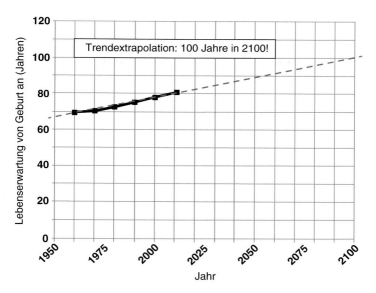

Abb. 4.9 Entwicklung der Lebenserwartung in Deutschland. (Daten abrufbar unter www.worldlifeexpectancy.com). © A. Müller

rodet. Der Wald stellt aber unsere *grüne Lunge* dar, bindet Kohlendioxid und produziert über die Photosynthese Sauerstoff. Wenn eine global signifikante Waldfläche durch Rodung verschwindet, hat dies eine verheerende Auswirkung auf das Weltklima. Weniger Kohlendioxid in der Erdatmosphäre soll daher die globale Abkühlung begünstigt haben. Lokal kam es durch diese Faktoren zu ausgeprägten Kälteperioden – und eben zur Kleinen Eiszeit in Europa.

Ein völlig anderes Beispiel, das belegt, wie der Mensch sich im Laufe der Zeit verändert, ist die Lebenserwartung. Diese Zahl gibt an, wie alt ein Mensch durchschnittlich wird. Abbildung 4.9 zeigt die Entwicklung der Lebenserwartung in Deutschland zwischen den Jahren 1960 und 2010. Wie zu erwarten war, ist die Lebenserwartung in den letzten Jahrzehnten in Deutschland gestiegen: Menschen werden immer älter. Die Gründe für diesen Trend sind recht klar. Die Versorgungslage mit Lebensmitteln hat sich im Nachkriegsdeutschland zunehmend verbessert – ebenso wie das Gesundheitssystem und die medizinische Versorgung. Bei der Interpretation dieser Daten müssen wir allerdings vorsichtig sein. Denn erstens gilt der Trend nur für ein relativ kleines Zeitfenster von 50 Jahren, was verglichen mit der Menschheitsgeschichte sehr, sehr wenig ist; zweitens ist das nur für ein gut entwickeltes Industrieland wie Deutschland korrekt und nicht für alle Länder der Welt. Dennoch ist es erstaunlich, dass die Lebenserwartung der Deutschen über 50 Jahre durch eine Gerade beschrieben werden kann, d. h., diese Entwicklung war linear. Es ist nun verführerisch, dieses lineare Wachstum weiterhin anzunehmen und die Gerade nach rechts – in die Zukunft – zu verlängern. Sicherlich gibt es biologische Grenzen, die das lineare Wachstum irgendwann zum Einbruch bringen werden. Auch Kriege oder Virusepidemien würden die durchschnittliche Lebenserwartung reduzieren. Nehmen wir allerdings die lineare Entwicklung für weitere 100 Jahre an, so können wir recht gut die Lebenserwartung eines Deutschen im Jahr 2100 vorhersagen: Sie liegt bei 100 Jahren im Durchschnitt!

Nehmen wir diese Extrapolation als eine realistische Einschätzung an. Was würde das bedeuten? Einerseits könnte man nun jubeln und sich freuen, dass unseren Kindern und Kindeskindern ein längeres Leben bevorsteht. Andererseits stellt eine Vielzahl deutlich gealterter Menschen eine Gesellschaft vor große Herausforderungen. Werden wir auch im hohen Alter noch eine hohe Lebensqualität haben? Welche neuen Alterskrankheiten werden wir künftig in Kauf nehmen müssen? Werden in Zukunft auch deutlich ältere Menschen als heute noch einer geregelten Arbeit nachgehen? Sind die Renten sicher? All diese Fragen sind schon heute angesichts einer älter werdenden Gesellschaft brandaktuell. Meines Erachtens löst eine Erwerbstätigkeit noch im hohen Alter einige dieser Probleme. Zum einen kommen so mehr Beiträge in die Rentenkassen, was helfen wird, ein funktionierendes Rentensystem aufrechtzuerhalten. Zum anderen können die Menschen durch ihr eigenes Einkommen eine befriedigende Selbstversorgung gewährleisten. Zu guter Letzt werden einige der Menschen durch ihre Arbeit glücklich sein, weil sie sich nützlich fühlen, indem sie sich und der Gesellschaft einen Dienst erweisen. Das steigert die Lebensqualität. Die Vision des 100-Jährigen als Normalität im Jahr 2100 erscheint mir als eine sehr realistische Zukunft in den modernen Industrieländern. Die Medizin wird es leisten müssen, dass Menschen gesundheitlich noch dazu in der Lage sind, bis in ein hohes Alter arbeitsfähig zu bleiben.

Wenn man über den Bereich Medizin nachdenkt, ist eine naheliegende Frage, was eigentlich die häufigste Todesursache in Deutschland ist. Bevor ich darüber recherchierte, wäre mein Tipp Krebs gewesen. Tatsächlich hat das Deutsche Krebsforschungszentrum im Jahr 2012 dazu Daten veröffentlicht (DKFZ 2012). Danach ist die Todesursache Nr. 1 Herz-Kreislauf-Erkrankungen, also z. B. Herzinfarkt oder Schlaganfall (Frauen 43 %, Männer 36 %). Erst danach kommt Krebs (Frauen 22 %, Männer 29 %) mit den häufigsten Formen Lungenkrebs, Darmkrebs, Prostatakrebs und Brustkrebs. Weit abgeschlagen folgen Erkrankungen der Atmungsorgane (Frauen 6 %, Männer 8 %) und der Verdauungsorgane (Frauen 4 %, Männer 5 %). Was uns eigentlich beruhigen sollte: Von 100 Todesfällen sind nur fünf (Männer) bzw. drei (Frauen) durch Unfälle geschehen. Etwa ein Fünftel entfällt für beide Geschlechter auf sonstige Ursachen.

Weltweit betrachtet verschiebt sich diese Verteilung hin zu den Infektionskrankheiten wie Daten der WHO zeigen (WHO 2006). Hier führten im Jahr 2006 Atemwegserkrankungen, AIDS und Durchfallerkrankungen die traurige Hitliste an. Platz 4 nimmt die Tuberkulose ein, zu der wir in Abschn. 5.5 kommen.

In Deutschland ist die Situation so anders, weil wir ein sehr gutes Impf- und Meldesystem haben. In den Entwicklungsländern sind diese Strukturen völlig unterentwickelt oder fehlen sogar, sodass eigentlich vermeidbare Todesfälle noch in großer Zahl auftreten. Gerade deshalb hat die UN die Gesundheitsversorgung in mehreren Millenniumsentwicklungszielen thematisiert (Abschn. 4.1).

Gegen die Todesursachen in Deutschland ließe sich natürlich etwas tun. Übergewicht, Bewegungsmangel und falsche Ernährung begünstigen Herz-Kreislauf-Erkrankungen. Krebs ist da schon schwieriger zu bekämpfen, denn die Ursachen für Krebs sind sehr vielfältig: Erbliche Einflüsse, Umweltgifte und energiereiche Strahlung, biologische Einflüsse wie Viren und natürlich auch Lebensstil und -umstände können Krebs auslösen. Sicherlich kann man auch hier etwas tun, beispielsweise auf Rauchen verzichten, sich beim Sonnenbaden schützen, sich gesund ernähren und versuchen, glücklich und stressfrei zu leben, aber all das wird keinen 100%igen Schutz vor Krebs bieten.

Das Deutsche Krebsforschungszentrum veröffentliche 2012 die 20 häufigsten Krebstodesursachen (DKFZ 2012). Es gibt dabei Unterschiede zwischen Männern und Frauen; und natürlich ist das altersabhängig. Die fünf häufigsten tödlichen Krebsformen beim Mann waren Lungenkrebs (32%), Dick- und Enddarmkrebs (14%), Prostatakrebs (11%), Bauchspeicheldrüsenkrebs (8%) und Magenkrebs (6%). Die fünf häufigsten tödlichen Krebsformen bei der Frau waren Brustkrebs (16%), Lungenkrebs (15%), Dick- und Enddarmkrebs (8%), Bauchspeicheldrüsenkrebs (6%) und Krebs der Eierstöcke (5%).

Es ist eine reizvolle Frage, was die häufigsten Todesursachen in 100 Jahren sein werden. Hat die UN bis dahin ihre Millenniumsziele verwirklicht? Haben wir den Krebs endlich besiegt? Gibt es vielleicht vollkommen neue Lebensbedrohungen, die wir heute noch gar nicht auf dem Schirm haben, weil sie erst künftig entwickelt werden? Sollte sich z. B. der Kurztrip auf den Mond (Abschn. 4.7) zum Trend entwickeln, wären die Reisenden einer höheren kosmischen Strahlung ausgesetzt, die Krebs fördern würde.

Aber vielleicht gelingt es der Menschheit, bis zum Jahr 2100 den Krebs zu besiegen. Ich bin da ganz optimistisch. Denn die Diagnostik wird auf jeden Fall besser werden. Krebs wird früher erkannt und noch präziser lokalisiert werden können. Damit werden die Ärzte künftig besser verhindern können, dass sich Krebs ausbildet und im Körper durch die Bildung von Metastasen ausbreitet.

Die Therapieformen werden besser werden, und neue Behandlungsmethoden werden dazukommen. Die sehr belastende Chemotherapie wird in einigen Jahrzehnten abgeschafft und durch subtilere Methoden ersetzt werden können. Gegenwärtige Chemotherapeutika können kaum zwischen Gut und Böse unterscheiden und greifen somit auch gesunde Zellen an. Rettung naht aus dem Mikrokosmos. Mittlerweile werden in Japan und den USA Nanofähren erforscht, bei denen die Medikamente huckepack beispielsweise auf einem winzigen Virus in die Tumorzelle eindringen. Die Nanotherapie funktioniert schon heute gut bei der Bekämpfung von Brust- oder Prostatakrebs und wird künftig breitere Anwendungsbereiche finden. Dabei kommen auch Antikörper zum Einsatz, die an der Oberfläche der Krebszelle andocken und den Wirkstoff ausschütten (Greenemeier 2015; Maron 2015).

2013 gelang es sogar, Goldnanopartikel, die mit RNA-Strängen – also genetischem Material – verbunden waren, ins Gehirn einzuschleusen. Die Blut-Hirn-Schranke wurde hierbei überwunden. Im Gehirn konnten die mittransportierten RNA-Stränge Krebs auslösende Gene ausschalten.

Die **Nanowissenschaft** ist schon heute sehr weit. Später wird es die Pikowissenschaft (Abschn. 4.7) erlauben, noch präzisere Eingriffe vorzunehmen, um Krebszellen (Tumore) zu zerstören. Die Prozedur ist sozusagen minimalinvasiv und beeinträchtigt kaum gesundes Gewebe und Körperzellen. Durch die Fortschritte in der Genetik werden Ärzte frühzeitig die Prädisposition ihrer Patienten für Krebsformen erkennen und rechtzeitig Gegenmaßnahmen ergreifen können. Aufgrund der Komplexität der Ursachen für Krebs wird es allerdings auch in 100 Jahren kein Allheilmittel geben.

Die Nanoforschung kann schon heute viel. Winzige Roboter, **Nanobots**, werden in den menschlichen Körper eingebracht, um dort gezielt Medikamente zu verabreichen (s. oben) oder Gewebedaten zu sammeln. Das gezielte Steuern der Nanobots durch den Körper gestaltet sich heutzutage noch schwierig. Die Forscher schaffen es in Tierversuchen, eisen- oder nickelhaltige Nanoteilchen mit Magnetfeldern abzulenken und so zum Zielort zu bringen. Besser wären winzige Motoren, die auf dem Nanobot verankert sind. Die Motoren könnten chemisch funktionieren. Noch befindet sich die Technologie in einer frühen Startphase, aber der Siegeszug der Nanobots hat bereits begonnen.

Wie können wir einen alternden Körper in Schuss halten? Heute gelingt das durch eine gesunde, ausgewogene Ernährung, durch Bewegung, aber auch durch eine moderne Medizin. Sie verfügt über Methoden wie die Organtransplantation. Das Problem ist derzeit, dass nur etwa halb so viele Organe verfügbar sind, wie benötigt werden. In Europa hoffen 80.000 Patienten auf ein Spenderorgan, und 4100 starben in 2013, bevor sie es erhielten (Bilardo 2015). Diese Situation schreit geradezu nach Alternativen – und zum Glück gibt es sie. Denn die moderne Medizin bietet mittlerweile ein großes Ersatzteillager und Hilfsgeräte an. Nierenpatienten nutzen beispielsweise ein Dialysegerät zum Filtern und Reinigen ihres Blutes. Die Kunstniere ist das älteste Ersatzorgan und wurde 1943 von Willem Kolff erfunden. Sie ist allerdings noch viel zu groß, als dass man sie in den Körper implantieren könnte. Es gibt außerdem mechanische Organe, z. B. ein Hörgerät oder ein Kunstherz. Künstliche Körperteile wie Roboterbeine, eine Kunsthand, Hüftknochen, Augenlinsen oder sogar Netzhautimplantate sowie weitere Hilfsmittel wie Brillen runden die

Palette ab. Diese technologischen Errungenschaften sind teuer und bestehen aus körperfremdem Material.

Die Gen- und Stammzellenforschung machte in den letzten Jahren so große Fortschritte, dass es absehbar erscheint, dass sämtliche Gewebe wie Fleisch, Muskeln, Knochen und ganze Organe nach Wunsch künstlich erzeugt und modelliert werden können. Insbesondere die embryonalen **Stammzellen**, die sich zu unterschiedlichsten Körperzellen und Geweben formen lassen, sind dabei besonders attraktiv. Solche Zellen können aber nicht künstlich hergestellt werden, sondern man muss sie sich beschaffen: von menschlichen Embryos. Daher ist die embryonale Stammzellenforschung ethisch sehr bedenklich und umstritten. In einigen europäischen Ländern ist sie sogar verboten und wird bestraft. In Deutschland ist die Forschung an importierten, embryonalen Stammzellen erlaubt. Besonders freizügig ist die derzeitige Regelung in Großbritannien. Dort dürfen Embryos zu Forschungszwecken erzeugt und geklont werden.

Wie sich dieses medizinische Spezialgebiet bis zum Jahr 2100 weiterentwickelt, lässt sich schwer vorhersagen. Nach meiner Einschätzung ist der Nutzen dieser Technologien – ein verlängertes Leben und eine gesteigerte Lebensqualität – so hoch, dass es trotz ethischer Bedenken zu einer fortschreitenden Nutzung von embryonalen Stammzellen kommen wird. Falls diese Forschung im Heimatland umstritten oder sogar verboten ist, führt man sie eben anderswo durch, wo die gesetzlichen Regelungen nicht so streng sind. Vielleicht gibt es auch einen Durchbruch in der adulten Stammzellenforschung, sodass eine ethische Auseinandersetzung vermieden werden kann. Adulte Stammzellen kommen im Lebewesen auch nach der Geburt noch vor. Diese Körperzellen haben jedoch im Gegensatz zu den embryonalen Stammzellen (die nur im Embryo auftreten) eine geringere Fähigkeit zur Selbsterneuerung und sind bei der Differenzierung viel stärker eingeschränkt.

Die medizinischen, genetischen und physiologischen Erkenntnisse haben auch Einfluss auf die Lebensmittelproduktion. Schon 2013 wurde einigen Testessern Laborfleisch vorgesetzt. Es entstand ohne Nutztier nur durch die künstliche Züchtung von Muskelfasern im Labor. Die Lebensmitteltechniker arbeiten daran, ein ganzes Stück Fleisch, also Gewebe inklusive Sauerstoff- und Nährstoffzufuhr, zu züchten. Der Physiologe Mark Post von der Universität Maastricht schätzt optimistisch, dass im Jahr 2020 Laborfleisch auf unseren Tellern liegen wird (Lange 2014).

Die Testesser von 2013 reagierten meist positiv auf den exklusiven Labor-Burger, der rund 250.000 € kostete. Was uns an dem Laborfleisch besonders schmecken sollte, ist die Tatsache, dass es die Ernährungssituation einer rasch anwachsenden Weltbevölkerung zu verbessern hilft (Abschn. 4.1).

Im Bereich der Gehirn-Computer-Schnittstellen sind wir schon heute in der Welt der Science-Fiction angekommen. So gelang es Ingenieuren der TU München, dass ein Pilot nur mit der Kraft seiner Gedanken ein Flugzeug im Flugsimulator landen konnte (Behrens 2014). Dazu wurde ihm eine schicke Elektrodenkopfbedeckung angefertigt, die per **Elektroenzephalografie (EEG)** die Gedanken aus den Hirnströmen filtert. Der Pilot muss nur an einfache Befehle denken, und nach kurzer Zeit werden sie ausgeführt.

Nachteil des Verfahrens ist aktuell, dass die Methode sehr anstrengend ist, weil sich der Pilot sehr konzentrieren muss.

Fassen wir diese Entwicklungen zu einer Vision zusammen. Ich würde vermuten, dass wir schon im Jahr 2025 tatsächlich von den Technologien der modernen Lebensmittelindustrie profitieren werden. Das Laborsteak wird direkt neben der Labortomate liegen. Dieser Trend wird kommen müssen, einfach weil wir keine Wahl haben werden, wenn wir so viele Menschen versorgen müssen. Im Jahr 2100 haben wir dann vielleicht tatsächlich ein Gerät wie den **Replikator** von *Star Trek* in der Küche: Auf Knopfdruck stellt er wahlweise „Earl Grey heiß" oder „Zürcher Geschnetzeltes süß-sauer" her. Das Kochen der Zukunft wird jedem zugänglich sein, was den angenehmen Nebeneffekt hat, dass wir uns nie mehr eine dieser unsäglichen Koch-Shows im Fernsehen anschauen müssen.

Weiterhin werden wir 2100 ohne künstliches Hüftgelenk, ohne Brille und Hörgerät auskommen. In die Jahre gekommene, schlechter gewordene oder sogar defekte Organe werden von einer Stammzellenindustrie reproduziert und ersetzt. Der Clou: Da die neuen Organe aus körpereigenen Zellen gezüchtet werden, kommt es zu keinerlei Abstoßungsreaktionen. Diese Technologie ist allerdings aufwendig und teuer. Sie wird nicht allen Nationen zur Verfügung stehen, sodass der Organhandel in Schwellenländern und unterentwickelten Ländern nach wie vor ein massives Problem darstellen wird.

Kybernetische Teile kommen dann hier und da zum Einsatz: zum einen in der rekonstruktiven Medizin, z. B. wenn durch Unfälle Extremitäten oder Organe zerstört wurden, zum anderen, um übermenschliche Fähigkeiten zu entwickeln. Ähnlich wie im Science-Fiction-Film *Iron Man* können Spezialanzüge mit Hightechzubehör aus einem Menschen einen Supersoldaten für Spezialeinsätze machen. Das muss aber nicht nur zur militärischen Nutzung sein; in der archäologischen, geologischen und Weltraumforschung wird derartiges Hightech ebenfalls eingesetzt. Im Alltag gibt es die erschwinglichen **Wearables**, miniaturisierte Helferlein wie Kameras, Mess- und Anzeigegeräte, die man am oder im Körper tragen kann – ein Trend, der bereits begonnen hat und sich rasant entwickeln wird.

Auch die *Pränatalmedizin* erlebt einen enormen Schub durch die neuen Möglichkeiten. Nachdem die ethischen Bedenkenträger in einer jahrzehntelangen Diskussion unterlagen, können Eltern gezielt ihr Wunschbaby mittels gentechnischem Eingriff in die befruchtete Eizelle „bestellen". Geschlecht, Haar- und Augenfarbe, Körpergröße, Statur und Intelligenz können bestimmt werden. AKs (zur Begriffserklärung siehe Michael Mittermeier) gehören damit genauso der Vergangenheit an wie Naturblöde. Die Leute sind von Geburt an schlau, sogar superschlau: Verglichen mit dem mittleren Intelligenzquotienten (IQ) von 2014 wird er in 100 Jahren dank Gentechnik im Durchschnitt bei 130 liegen.

Fortschritte in der Genetik machen den Menschen älter, leistungsfähiger und weniger anfällig für Krankheiten. Erfolge in der Neurowissenschaft erlauben die Stimulation des Gehirns durch Medikamente oder direkt durch geeignete elektromagnetische Wellen, um Glückszustände oder Leistungsbereitschaft herzustellen.

Bis zum Jahr 2100 können einige erfreuliche Erfolgsmeldungen im Bereich Medizin vermeldet werden. Im Jahr

2055 glückt die erste Gehirntransplantation. Albert Einsteins Gehirn, das genau 100 Jahre zuvor, im Jahr 1955, von dem Pathologen Thomas Harvey gestohlen wurde, wurde geklont und dem 62-jährigen Joey, dem Dschungelkönig von 2013, eingesetzt. Der Eingriff konnte live im Internet in der Sendung *Pimp my Brain* verfolgt werden. Als der Patient Wochen nach dem Eingriff zu sich kommt, faselt er seine ersten vier Worte: „Führerschein und Fahrzeugschein bitte." Er erholt sich jedoch zusehends, und seine Ärzte erkennen schnell sein mathematisches und naturwissenschaftliches Talent. Schließlich gelingt Joey mit diesem Hirn-Tuning im Jahr 2055 die Lösung eines physikalischen Jahrtausendproblems: Er formuliert die neuen Naturgesetze der Quantengravitationstheorie, indem er die Tensorfelder einer dritten Quantisierung unterzieht (Abschn. 4.9).

4.7 Technik und Verkehr

Visionen und Science-Fiction beschäftigen sich sehr häufig mit neuen Technologien. Wenn wir zurückschauen, welche Möglichkeiten sich allein in den letzten 100 Jahren aufgetan haben (Kap. 5), ist das schon sehr faszinierend. Umso verlockender ist es, sich zu fragen, welche Errungenschaften uns bevorstehen. Herausforderungen an Gesellschaft, Verkehr und Wissenschaft gibt es genug, sodass ein eklatanter Bedarf an technologischen Lösungen besteht. Was da auf uns zukommen könnte, soll Thema dieses Kapitels sein.

Im Bereich Technik und Architektur ist ein guter Gradmesser für das technisch Machbare der Bau von Türmen. Schon in der Bibel ist der Turm zu Babel eine Metapher für den technisch aufstrebenden Menschen. Den Turm soll es in der Stadt Babylon – die im heutigen Irak, etwa 90 km südlich von Bagdad lag – tatsächlich gegeben haben. Er soll eine Kubusform gehabt haben und rund 90 m hoch gewesen sein. Die Geschichte kennt seither eine Vielzahl von Bauwerken, die zur Zeit ihrer Errichtung die höchsten der Welt waren. So ist die Cheops-Pyramide die älteste und größte der drei Pyramiden von Gizeh in Ägypten. Sie wurde um 2600 vor Christus vom ägyptischen Pharao Cheops errichtet und war ursprünglich knapp 147 m hoch. Der Eiffelturm wurde anlässlich der Weltausstellung im Jahr 1889 errichtet – mehr als 4000 Jahre nach den ägyptischen Pyramiden. Das Wahrzeichen von Paris war damals mit 324 m das höchste Bauwerk der Welt. 1931 wurde in New York das berühmte Empire State Building eröffnet. Es war dann mit 381 m Höhe (bis zum Dach, ohne Antenne) das höchste Gebäude der Welt.

Die 400-m-Marke wurde im Jahr 1972 vom Nordturm des World Trade Center in New York geknackt. Der (bis zum Dach) 417 m hohe Turm sowie sein Zwillingsturm wurden durch den Terroranschlag am 11. September 2001 zerstört. Der Burj Khalifa in Dubai (Vereinigte Arabische Emirate) ist aktuell das höchste Gebäude der Welt. Bis zur Spitze misst der im Jahr 2010 eröffnete Gebäudeturm knapp 830 m. Die höchste Etage befindet sich in schwindelerregenden 638 m Höhe. Der Turm, in dem sich Wohnungen, Hotels und Büros befinden, hat rund 1 Mrd. € gekostet, was vergleichbar ist mit den Kosten für das Weltraumteleskop Hubble oder der Rosetta-Mission, die einen fernen Kometenkern erforscht. Abbildung 4.10 zeigt einige der höchsten Gebäude aller Zeiten im Vergleich.

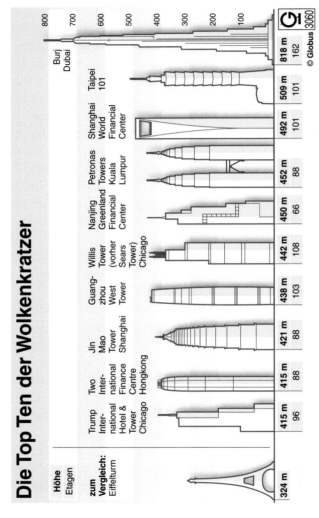

Abb. 4.10   Die höchsten Gebäude der Welt. © dpa-infografik/picture-alliance

Offenbar strebt die Menschheit danach, immer höhere Gebäude zu errichten. Architekten und Ingenieure wollen sich mit diesen technischen Höchstleistungen zumindest zeitweise ein Denkmal setzen. Und natürlich geht von derartigen Giganten eine große Faszination aus. Der nächste Superlativ ist bereits fest eingeplant: Im Jahr 2019 soll der Kingdom Tower in Dschidda (Saudi-Arabien) eröffnet werden und die magische 1-km-Marke überwinden.

In meiner Vision vom Jahr 2100 gehe ich davon aus, dass sich der Turmbautrend fortsetzt wie in den letzten Jahrtausenden. Der Turm Babylonia wird im Jahr 2100 mit 3,2 km Höhe das höchste Gebäude der Welt sein und in Neu-Delhi stehen. Wetten?

Mobilität ist und bleibt eine Sache, die uns immer wesentlich sein wird. Dazu gehört insbesondere die selbstbestimmte Bewegungsfreiheit. Das Auto, wie wir es als „des Deutschen liebstes Kind" kennen, wird es daher sicherlich auch noch im Jahr 2100 geben. Ich erwarte nicht, dass selbstfahrende Autos (aktuell z. B. *Googles Driverless Car*) den herkömmlichen Fahrer ablösen werden. Ein normales Auto bedient Fahrspaß und das erhebende Gefühl, eine komplexe Maschine zu steuern. Aber wie könnte das Auto der Zukunft aussehen – so wie in Abb. 4.11? Futuristische Designstudien sind uns da nicht fremd, können wir doch auf der Internationalen Automobilausstellung (IAA) immer wieder neue Designstudien des fahrbaren Untersatzes bestaunen. Das Aussehen ist nur ein Aspekt vom Auto der Zukunft. Wir können uns weiterhin Gedanken machen, welche technischen Raffinessen wir künftig erwarten dürfen. Der Markt dafür ist auf jeden Fall da, und er entwickelt sich

Abb. 4.11   Das Auto der Zukunft. © oliman1st/Fotolia

in einem unaufhaltbaren Tempo. Heutzutage sind Navigationssystem, Antiblockiersystem (ABS), Antriebsschlupfregelung (ASR), Tempomat, Kameras, Abstandswarner, Brems- und Parkassistent serienmäßig zu bekommen. Das Smartphone ist zum Partner des Automobils geworden und bietet über Apps viele nützliche Ergänzungen. Im Auto von Morgen werden standardmäßig Dinge zu haben sein, die aktuell schon getestet werden:

• Das **Head-up-Display (HUD)** ist ein Anzeigesystem, bei dem der Fahrer die wichtigsten Informationen direkt in sein Sichtfeld projiziert bekommt. Für Jetpiloten ist das schon lange ein Standard, in dessen Genuss schon bald jeder Autofahrer kommen wird. Die Windschutzscheibe und eventuell auch Seiten- und Heckfenster werden dynamisch erzeugte Informationen, z. B. über Momentangeschwindigkeit, Navigations- und Verkehrsinformationen, Straßenzustand oder besondere Gefahren vor Ort darstellen.

- Damit einher geht eine deutlich verbesserte Sensorik. Gegenwärtig erkennen schon Regensensoren die Wassertropfen auf der Scheibe und steuern die Scheibenwischer. Infrarotsensoren, im Prinzip Wärmebildkameras, gibt es ebenfalls bereits heute. Sie werden den Fahrer bei schlechten Sichtverhältnissen vor warmen Hindernissen warnen, z. B. wenn sich Passanten oder Wild bei Dunkelheit auf der Fahrbahn befinden. Restlichtverstärker wie bei Nachtsichtgeräten wären ebenfalls eine denkbare Ergänzung im Auto der Zukunft.
- Ein „Prevent-from-Crash-Assistent" könnte in brenzligen Situationen wie drohenden Unfällen eingreifen und dem Fahrer schnelle Abbrems- oder Ausweichmanöver abnehmen. Ein derartiges System würde die Reaktionszeit verkürzen. Es könnte auch die autonome Fahrzeugkontrolle übernehmen, wenn der Fahrer etwa bei einem Herzinfarkt plötzlich die Gewalt über das Auto verliert.
- Kameras sind schon jetzt ein sehr wertvoller Standard, z. B. die Heckkamera, die das Rückwärtseinparken sehr erleichtert. Künftig ist es denkbar, dass eine Gesichtskamera fortwährend den Fahrer filmt und eine Software Ermüdungserscheinungen frühzeitig erkennt, um den Fahrer zur Pause zu ermahnen.
- Das HUD wird gekoppelt mit einem Eye-Tracking-System. Dabei tastet eine Kamera das Auge des Fahrers ab und der Bordcomputer berechnet in Echtzeit die Blickrichtung und Gesichtsfeld. Genau dorthin werden dann z. B. die Frontscheinwerfer und andere Sensorik gerichtet.

Wie könnte das Auto der Zukunft angetrieben werden? Bei der Erörterung der Energiefragen in Abschn. 4.4 bin ich auf die begrenzten Vorkommen der fossilen Brennstoffe eingegangen. Wenn Erdöl versiegt, werden wir auch Abschied vom mit Benzin oder Diesel angetriebenen Fahrzeugen nehmen müssen. Solar- und Elektroautos gibt es schon heute, allerdings stellen sie noch eine Randerscheinung dar. Das muss und das wird sich ändern, weil wir einfach keine andere Wahl haben werden. Wann das sein wird, ist noch unsicher, aber vielleicht wird es schon in 50 Jahren eng werden. Noch lange bevor der letzte Tropfen Erdöl gefördert sein wird, wird Autofahren mit Benzin oder Diesel für die meisten unbezahlbar sein. Das schreit nach einem Plan B für die nächsten 10 bis 20 Jahre!

Stichwort Elektromobilität: Ein Elektroauto leidet aktuell noch sehr an der Reichweite. Je nach Modell kommt man um die 100 km weit und muss dann an die nächste Steckdose. Das ist natürlich noch nicht wirklich eine Alternative, aber die Energiespeicherzellentechnologie wird sich schnell verbessern (müssen). Dann werden extrem leistungsfähige Batterien das Auto der Zukunft antreiben. Auch der Verkehrslärm lässt sich dadurch deutlich reduzieren. Schon heute sind Batterien extrem platzsparend und deformierbar, sodass sie bequem Platz in der Autokarosserie finden.

Mobilität kann man aber auch ganz passiv durch die Nutzung eines Zuges bekommen. Hat die Bahn eine Zukunft? Man ist versucht, diese Frage aktuell angesichts immer teurer werdenden Bahntickets und immer häufigerer Zugausfälle durch Gewerkschaftsstreiks oder weiß der Kuckuck was zu verneinen, aber lassen wir die Polemik mal beiseite. Wer Zug fährt, hat ja mindestens einen großen Vorteil: Man kann bei der Fahrt anderen Aktivitäten nach-

Abb. 4.12 So könnte der Zug im Jahr 2100 aussehen. © Kovalenko Inna/Fotolia

gehen. Vielleicht nutzt man sogar die Gelegenheit, sehr effizient zu arbeiten, und verliert keine wertvolle Zeit, weil man selbst ein Fahrzeug steuert. Moderne Hochgeschwindigkeitszüge sind unglaublich schnell, deutlich schneller als ein Auto auf der Autobahn. Der deutsche ICE erreicht rund 300 km/h, der französische TGV 320 km/h und der deutsche Transrapid in China sogar bis zu 500 km/h. Dieser Trend wird sich fortsetzen. Meine Vision: Es ist gut vorstellbar, dass die Züge der Zukunft nur noch in unterirdischen Röhren verkehren (Abb. 4.12). Dort können sie auf kerzengeraden Strecken unglaubliche Geschwindigkeiten bis zu 2000 km/h erreichen, sodass man in einer halben Stunde von München nach Marseille fahren kann. Um keine Probleme mit der Schallgeschwindigkeit und einem Überschallknall in der Röhre zu bekommen, werden die Röhren mit Turbovakuumpumpen evakuiert. Allerdings muss kein Hochvakuum erreicht werden. In einem Mammutbauprojekt, das erst nach 2100 realisiert sein wird, sollen Transkontinentalröhren durch den Pazifik Asien mit Amerika verbinden.

Für den modernen Mensch ist der Flugverkehr unverzichtbar geworden: Urlaub auf Malle, Shopping-Trip nach New York, Konferenz in Sydney. Als Kosmopolit ist man polyglott unterwegs und omnipräsent an allen Locations dieser Erde. Aktuell leisten wir alle einen großen Beitrag dazu, dass die Flugmaschinen allein in Deutschland Millionen Tonnen an Kerosin in die Erdatmosphäre blasen, denn diese Form des Petroleums treibt die Gasturbinentriebwerke an. Aber Kerosin wird über Raffination aus Erdöl gewonnen, sodass auch hier in wenigen Jahrzehnten ein Kollaps droht. Was könnte also den Flieger des Jahres 2100 antreiben? Wir dürfen hoffen, dass die Kernfusion unser aktuelles Energieproblem auf diesem Planeten lösen wird (Abschn. 4.4). Bis zum Jahr 2100 sind Fusionsreaktoren vielleicht so klein konstruierbar, dass sie in einem Passagierflugzeug Platz finden. Ein bisschen erinnert das an die russischen U-Boote, die einen Kernreaktor an Bord haben, der auf der Kernspaltung beruht. Warum sollte also die Fusion in 100 Jahren nicht blinder Passagier sein? Falls nicht, ist hoffentlich die Energiespeicherzellentechnologie so weit, dass man große, leistungsfähige Energiezellen an Bord unterbringen kann.

Moderner Verkehr wird erst im Jahr 2199 revolutioniert werden, würde ich spekulieren, und zwar wenn das Beamen von Personen möglich sein wird. Der Prototyp des Transporters zum Beamen hört auf den Namen *Scotty*.

Die Menschheit erobert im 21. Jahrhundert endgültig den Weltraum. Die NASA führte Ende 2014 den ersten unbemannten Testflug mit der neuen Raumkapsel *Orion* durch (nicht zu verwechseln mit *Raumpatrouille Orion*, der deutschen Science-Fiction-Serie aus den 1960er-Jahren). Nach zwei Erdumrundungen wasserte die Kapsel im Pazifik. *Orion* soll ab 2020 für bemannte Missionen, z. B. zum Besuch von Asteroiden oder von Mars, eingesetzt werden.

Meine Vision: Schon im Jahr 2045 ist auf dem Mond die Internationale Mondstation (IMS) in einer multinationalen Anstrengung errichtet. Bis 2050 ist die Mondstation stark ausgebaut, sodass ständig 350 Menschen auf dem Mond leben können. Sie haben die Stadt *Luna City* errichtet, die vor allem von Wissenschaftlern, Technikern und Medizinern bevölkert wird. Diese halten sich 14 Wölfe, die auf der Mondstation den ganzen Tag heulen vor Glück. Über einen Zeitraum von fast 20 Jahren werden viele Tonnen an Einzelteilen der Mission *Mars Rendezvous 1* zum Mond geflogen. Dort bauen sie Raketeningenieure und Techniker zusammen. Teil dieser Mission ist auch die Landeeinheit *Ares*, die zehn Marsonauten vom Marsorbit auf die Oberfläche des roten Planeten bringen soll. 2068 startet *Mars Rendezvous 1* auf dem Mond. Der Raumflug zum Mars dauert etwa ein halbes Jahr, und zwar nur dann, wenn der Mars nahe zur Erde steht (Hohmann-Transfer). Diese Flugzeit vertreibt sich die Besatzung mit dem Training von Martial-Arts-Techniken. Im Jahr 2069, genau 100 Jahre nach der Mondlandung, ist es dann endlich soweit: Den US-Ame-

Abb. 4.13   Mars City, erste Stadt auf dem Mars. © Peter Kirschner/ Fotolia

rikanern glückt zusammen mit den Chinesen und den Indern die erste bemannte Landung auf dem Mars. Der erste Mensch auf dem Mars ist die tänzerisch begabte Inderin Bolli Woud Shankaranayanyanyanyanyan aus Neu-Delhi. Wenn sie das Tanzbein auf den roten Planeten setzt, spricht sie die legendären Worte: „That's one small step for a woman's high heel, but where the f*** is the shoe shop?"

Die Lebensbedingungen auf dem Mars sind viel besser, als es unbemannte Raumsonden erwarten ließen. Die Besiedlung des Mars geht schnell voran. Heftige Marsstürme sorgen immer wieder für Probleme und Zerstörungen, doch die Pioniere lassen sich nicht entmutigen. Schließlich wird die erste Stadt auf dem Mars gegründet: *Mars City* (Abb. 4.13). Im späten 21. Jahrhundert wird der Mars als Zwischenstation für weitere Flüge in den tiefen, interplanetaren Raum ausgebaut. Auch deutsche Astronauten nehmen an diesem Unternehmen unter dem Motto „Mars macht mobil" teil.

Die Internationale Raumstation ISS ist mittlerweile recht betagt. Immer wieder wurde sie gewartet und repariert, und alte Module wurden durch neue ausgetauscht. Die neuen Weltraummächte China und Indien bauen in meiner Vision zusammen mit den USA und Europa, NASA und ESA, fünf weitere Raumstationen. Die *ISS-6 Berlin* wird im Jahr 2089 installiert und erhält ihren Namen anlässlich des 100-jährigen Jubiläums des Falls der Berliner Mauer. 2095 wird bekannt, dass die NSA ohne Wissen der Weltöffentlichkeit einen Zwilling der ISS-2 betrieben hatte, um dort im Geheimen Pikobots (s. unten) herzustellen und um von dort das Geschehen auf der Erde auszuspionieren. Daraufhin tritt die amtierende US-Präsidentin Carla Schwarzenegger, Enkelin eines gewissen Arnold S. aus Ö., zurück. Sie widmet sich fortan ganz ihrem Fitness-Center-Imperium und bricht 2097 den Weltrekord im Bizepsumfang der Frauen.

In den Raumstationen wird wertvolle Grundlagenforschung in der Schwerelosigkeit und unter Weltraumbedingungen durchgeführt, die von großem Nutzen für die Siedlungen auf Mond und Mars sind. Im Erdorbit gibt es rund zehn Weltraumteleskope, die in allen Wellenbereichen empfindlich sind.

Zurück in die Gegenwart. Technologien finden wir in allen Lebensbereichen, nicht nur im Verkehr. In der Industrie spielen Roboter eine immer wichtigere Rolle. Der Philosoph und Wissenschaftstheoretiker Klaus Mainzer von der TU München äußerte sich Ende 2014 in einem sehr lesenswerten Interview zum Thema „Industrie 4.0" (Stalinski 2014). Was ist damit gemeint? Diese Bezeichnung reiht sich folgerichtig ein und nimmt Bezug auf die *Industrie 1.0*, die die industrielle Revolution im 19. Jahrhundert mit der Erfindung der Dampfmaschine (Abschn. 5.3) markiert. *Industrie 2.0* bezieht sich auf die Fließbandarbeit und Massenproduktion, eingeführt von Henry Ford Anfang des 20. Jahrhunderts. *Industrie 3.0* kennzeichnet die Entwicklung, bei der Fließbandarbeiter maschinell unterstützt werden und als Industrieroboter im ausgehenden 20. Jahrhundert aufkamen. *Industrie 4.0* bezieht sich schließlich auf eine On-Demand-Produktion, die sogar individuell ganz auf den Wunsch des Kunden abgestimmt ist. Außerdem können Werkstücke miteinander und mit Robotern kommunizieren und über ihren Fertigungszustand Auskunft geben. Somit kann der richtige Produktionsschritt autonom, ohne Einfluss des Menschen, getätigt werden. Das entlastet den Menschen und kann ihn sogar überflüssig machen. Sobald die Systeme mit mehr Intelligenz ausgestattet werden, ist es denkbar, dass die Maschinen auch selbst die Entscheidungen treffen – sicherlich eine etwas unheimliche Vorstellung für uns Menschen, aber die Produktion kann damit enorm beschleunigt und effizienter werden. Natürlich darf dies nicht so weit führen wie beispielsweise im Science-Fiction-Film *Terminator*, in dem die Roboter mit so viel Autonomie und Intelligenz ausgestattet wurden, dass sie die Herrschaft über die Menschheit übernehmen konnten.

Mainzer prognostiziert, dass mit dem Ersetzen des Menschen durch Maschinen in der Industrie keine Arbeitslosigkeit einhergehen wird. Weil die Innovationszyklen von Technologien schneller sind als von der Ausbildung, werden sich die Menschen allerdings ständig fortbilden müssen, um auf dem aktuellen Stand des Wissens zu bleiben.

In der Computer-Neurowissenschaft gewinnt ein neuer Begriff an Bedeutung: **Deep Learning**. Eigentlich gibt es die Bezeichnung schon seit 30 Jahren, aber erst durch die rapide wachsende Rechenleistung und Speicherkapazität neuer Computer erlebte sie eine Renaissance. Es handelt sich um eine Weiterentwicklung künstlicher, neuronaler Netze. In ihnen kommunizieren vereinfacht gesagt Neuronen in einem Netzwerk nach dem Vorbild des menschlichen Gehirns miteinander. Es ist eine neue Methode des Maschinenlernens.

Der Internetkonzern Google investiert große Summen in diese Zukunftstechnologie. Bei dem Projekt *Google Brain* sind 1 Mio. Neuronen über 1 Mrd. Verbindungen miteinander verknüpft (Jones 2014). Dieses Netzwerk lernt aus Erfahrung. Die Stärke der Verbindungen wird durch Lernen verstärkt – wie in unserem Gehirn. Die Technik kann auf sehr komplexe Probleme angewendet werden wie das Verstehen von Sprache oder das Erkennen von Objekten und Gesichtern. Deep Learning hat das Potenzial, die Entwicklung der künstlichen Intelligenz (KI) zu revolutionieren. Der Schlüssel zum Erfolg ist, dass die neuronalen Netze selbstständig lernen, d. h., sie erkennen selbst Regeln und Gesetzmäßigkeiten in Daten, mit denen sie gefüttert werden. Im Falle der Objekterkennung beispielsweise machen sie zunächst Pixel gleicher Helligkeit aus. In einem weiteren Schritt werden diese Pixel zu Linien und Kanten verbunden. Die Linien können zu selbstähnlichen Strukturen zusammengebaut und schließlich kategorisiert werden. In dem Gewirr von Linien entsteht eine Ordnung. Das System erkennt schließlich, ob es sich um ein Gesicht handelt oder nicht und ob es eventuell dasselbe Gesicht ist.

Mittlerweile sind die Erfolge von Deep Learning so überzeugend, dass Weltkonzerne wie Google, Apple, Microsoft, Facebook und IBM darauf aufmerksam wurden und sich die weltweit führenden Experten einkauften. Moderne Smartphones basieren auf Deep-Learning-Technologie, so beispielsweise Apples Spracherkennungssoftware Siri. Deep Learning wird mittlerweile sogar eingesetzt, um wissenschaftliche Probleme zu knacken, z. B. die Wirkung von Pharmazeutika oder die Kartierung des menschlichen Gehirns. Deep Learning wird sicherlich eine große Rolle in den kommenden Entwicklungen der Computerindustrie, der Neurowissenschaft und vielleicht sogar in den Naturwissenschaften spielen.

Auch künstliche Personen, die **Avatare**, gewinnen zunehmend an Bedeutung. Heute kennen wir Avatare vor allem als unsere Stellvertreter, wenn wir in der virtuellen Welt unterwegs sind. Selbst in Nachrichtensendungen im Fernsehen kommen die Avatare zum Einsatz und entlasten damit den Sprecher im Studio oder den Korrespondenten im Ausland. Hier sind Avatare jedoch Stellvertreter im engeren Sinne, eine texturierte und animierte Hülle einer Person, aber ohne eigene Handlungsfreiheit oder gar Intelligenz.

Doch die Avatare werden cleverer und betreten mehr und mehr die Realwelt. Für meine Vision der nächsten 100 Jahre halte ich es für realistisch, dass dreidimensionale virtuelle Personen mittels Laserholografie in die wirkliche Welt projiziert werden. Die Interaktionen mit solchen Avataren werden immer komplexer. Man kann beim Joggen gegen seinen Avatar antreten, der die eigene Bestzeit läuft, und so versuchen, sich im Wettbewerb zu steigern. Genauso kann man zu Hause einen Avatar vom Chef generieren und den Rollentausch im Privaten genießen.

Interessant wird es, wenn Avatare intelligenter und damit menschlicher werden und komplex auf ihr menschliches Gegenüber reagieren können. Der Science-Fiction-Film *Ex machina* (2015) demonstriert, was schon bald Wirklichkeit werden könnte. Der weibliche Roboter *Ava* wird mit künstlicher Intelligenz ausgestattet, und ihr wird ein künstliches Bewusstsein eingehaucht.

In der Reihe *Star Trek – Das nächste Jahrhundert* mir Captain Jean-Luc Picard & Co., die ab dem Jahr 2363 spielt, gibt es das sogenannte Holodeck. Dort können sich Besatzungsmitglieder in einer dreidimensionalen, virtuellen Welt vollkommen frei bewegen. Sie treffen dort auch auf vom Computer gesteuerte, virtuelle Personen, mit denen sie interagieren können. Diese haben allerdings (bis auf Professor James Moriarty, der in zwei Folgen auftritt) kein eigenes Bewusstsein. In *Star Trek – Raumschiff Voyager* kommt das Medizinisch-Holografische Notfallprogramm (MHN, der „Holo-Doc") vor, eine holografische Projektion eines Schiffarztes, der von der gewöhnlichen, menschlichen Besatzung kaum zu unterscheiden ist. Ihm ist es sogar möglich, eigenständig zu handeln, und er entwickelt auch ein Selbstbewusstsein.

Wie weit sind wir von einer solchen Entwicklung entfernt? Der Mathematiker und Informatiker Alan Turing prophezeite im Jahr 1950, dass es im Jahr 2000 gelingen würde, künstliche Intelligenz zu erschaffen. Damit lag er offensichtlich falsch. Unklar ist bis heute, was menschliches Bewusstsein eigentlich ausmacht. Dennoch halte ich es angesichts der gegenwärtigen Entwicklungen der Computer-, Projektions- und Neurotechnik für sehr realistisch, dass wir schon in etwa 100 Jahren selbstbewussten Avataren begegnen und mit ihnen komplex kommunizieren und interagieren können. Schon in den nächsten Jahrzehnten werden sie Einzug in sämtliche Lebensbereiche finden. Diese Entwicklung hat bereits begonnen. Das wird uns auf der einen Seite das Leben erleichtern und bereichern, jedoch auf der anderen Seite neue Probleme schaffen, an die wir heute noch gar nicht denken.

Ältere Menschen, die keine Angehörigen mehr haben, könnten von intelligenten Avataren betreut werden (Abschn. 4.1). Der Holo-Pförtner öffnet uns die Tür zum Firmengelände. Die Holo-Empfangsdame begrüßt uns in der Hotelrezeption. Es könnte so weit gehen, dass sich einsame Menschen ohne Partner eine Holo-Ehefrau oder einen Holo-Ehemann zulegen. Sie könnten Zungenbrechernamen wie Holoholly oder Holoholger bekommen. Die avatarische Gespielin in Bayern hätte selbstverständlich Holoholz vor der Hütt'n. Experten würden das den Lara-Croft-Effekt nennen.

Sollte es tatsächlich wie bei *Ex Machina* gelingen, dass einer virtuellen Person ein Bewusstsein verliehen werden kann, hätte der Mensch selbst eine neue Lebensform erschaffen: Holo-Menschen. Wenn das passiert, werden wir uns fragen müssen: Was ist eigentlich ein Mensch, wenn es künstliches Leben in dieser Form gibt? Hat ein Mensch das Recht, einen selbst denkenden Holo-Menschen abzuschalten? Ist das „Halten" von Holo-Menschen eine neue Form von Sklaverei? Sind Holo-Menschen die besseren Menschen, weil sie nicht krank werden können und nicht altern? Ist das die nächste menschliche Entwicklungsstufe zum *Homo holo*?

Zu ähnlichen Fragen wird die Menschheit kommen, wenn sie virtuelle Personen nicht als Hologramme, also Projektionen, erschafft, sondern als Maschinen wie die Roboter. In der Reihe *Star Trek* wurde der **Android** *Data* erschaffen, der dank eines positronischen Gehirns zu selbstständigem Denken fähig ist und ein Bewusstsein besitzt. Er ist zunächst nur nicht fähig zu fühlen und strebt an, menschenähnlich zu werden. Tatsächlich kommt es zu einem Gerichtsprozess, in dem der Status von *Data* geklärt werden soll: Ist er eine Maschine, die man kontrollieren und abschalten darf? Oder ist er ein selbstbewusstes, freies Wesen, das über sein eigenes Schicksal bestimmen darf? Das Gericht entschied sich in der Serie für Letzteres und stellte damit das künstlich geschaffene Leben auf die gleiche Stufe wie den Menschen.

Es ist schon interessant, sich auszumalen, wie eine künftige Gesellschaft mit Menschen und intelligenten, selbst handelnden und selbstbewussten Maschinen funktionieren könnte. Wie sich hier bereits andeutet, steckt in dem Thema einiges an Brisanz. Ich bin mir sicher, dass wir uns diesen Fragen früher oder später stellen müssen.

Wie wird es um die Welt im Kleinen bestellt sein? Die Mikro- und Nanotechnologien des späten 20. und frühen 21. Jahrhunderts werden im Jahr 2100 abgelöst von der **Pikowissenschaft** (ein Pikometer entspricht einem Billionstel Meter): Winzigste optomechanische und optoelektronische, intelligente Bauteile (**Pikobots**, *smart pico robots*) kommen in vielen Industriebereichen, in der Computertechnik und Medizin zum Einsatz – sogar im menschlichen

Körper. Schon zu Beginn des 21. Jahrhunderts überschritten Nanofähren die Blut-Hirn-Schranke. Diese Barriere entspricht im Prinzip einem stark selektiven Filter, der verhindert, dass Krankheitserreger, Schadstoffe und Gifte vom Blutkreislauf in das Gehirn übertreten können. Aufgrund ihrer Winzigkeit können die Nano- und später auch die Pikobots die Blut-Hirn-Schranke überwinden. Dies wird gezielt ausgenutzt, um in der Medizin Hirnschäden zu heilen, aber auch von Geheimdiensten, um das Gehirn einer Person zu manipulieren.

Ausgelöst durch einen spektakulären Fall, bei dem die mittlerweile 90-jährige US-Präsidentin Chelsea Clinton durch Pikobots zu einer Affäre mit einem Praktikanten gezwungen wurde, kommt es um das Jahr 2071 zu heftigen Protesten von Gegnern der Piko-Robotik. Eine viele Monate dauernde Auseinandersetzung führt schließlich dazu, dass im Weltparlament ein Hirn-Schutz-Gesetz verabschiedet wird, das den Einsatz von Pikobots im menschlichen Körper verbietet. Das hält natürlich die Geheimdienste nicht davon ab, diese Technologie zu nutzen.

Informationstechnologien, Computer und Internet durchdringen im 22. Jahrhundert alle Lebensbereiche des Menschen. In den seltenen Fällen, in denen der künftige Mensch die Einkäufe nicht durch Roboter oder seinen persönlichen Avatar erledigen lässt, macht er das selbst online. Die Redewendung „mit einem Klick" ist schnell veraltet, weil es seit 2020 kaum noch Computermäuse gibt. Die Bedienung der Computer geschieht mittels sprach- oder gestengesteuerter Datenbrille (Virtual-Reality-Brille) – ab dem Jahr 2041 sogar ohne Datenbrille (Abschn. 4.8).

Ab 2024 gibt es einen gesetzlichen Anspruch auf einen weltweit überall verfügbaren Internetzugang für alle. Internetverbindungen werden über Glasfaser, Laser und Ultrafunk ermöglicht mit Übertragungsraten bis zu 100 Exabit pro Sekunde, also 100 Bill. Megabit pro Sekunde. Im Jahr 2100 ist Surfen im Internet um den Faktor 1 Bill. schneller als noch 2014.

Natürlich gibt es in 100 Jahren auch Quantencomputer. Sie funktionieren nicht mehr elektronisch, sondern photonisch, also im Prinzip mit Licht. Durch das quantenphysikalische Phänomen der Verschränkung können Quantenzustände (*Bell states*, *Qbits*) genutzt werden, die die Rechenleistung eines Computers um ein Vielfaches erhöht haben. Heimcomputer gibt es nicht mehr. Denn sämtliche IT-Services in einem Haushalt werden durch eine Weiterentwicklung des **Cloud Computing** bewerkstelligt. Dabei laufen in jedem Haushalt in einem einzigen zentralen Server alle Informationen zusammen: Per Ultrafunk greift der User auf sein Heimnetzwerk zu. Das geschieht weder mit einem Endgerät noch mit einer Datenbrille, sondern per Head-Link wird direkt eine Verbindung zu den Sinnen und zum Gehirn des Users etabliert.

Die Cloud-Server haben keine klassischen Festplatten mehr, sondern Kristalle, in denen optisch große Datenmengen bis zu einem Yottabyte, also 1 Bill. Terabyte, gespeichert werden können. Die Computerleistung wird von typischerweise 100 Prozessoren, jeweils mit Taktraten im Exahertzbereich (1 Mrd. Gigahertz) erzeugt.

Die 3D-Drucker wurden schon in den 1980er-Jahren zum Patent angemeldet. Diese Geräte unterscheiden sich deutlich von einem herkömmlichen Drucker, denn sie bauen schichtweise dreidimensionale Werkstücke aus Metallen oder Kunststoffen auf. Ein Computer steuert den allmählichen Aufbau präzise nach den Vorgaben. Solche Fertigungsverfahren werden in der Zukunft perfektioniert und erlauben die Herstellung immer komplexerer Gebilde. Von dem Replikator in *Star Trek* war bereits die Rede. Im Jahr 2100 werden wir von einer derartigen Maschine nicht mehr weit entfernt sein. Die Herstellung von Nahrungsmitteln mit diesen neuen Technologien wird die Lebensmittelwirtschaft revolutionieren.

4.8 Unterhaltung und Trivia

Sport, Musik und Unterhaltung sind Konstanten der menschlichen Zivilisation. All das existiert selbstverständlich auch noch im Jahr 2100, aber natürlich gibt es hier ebenfalls Veränderungen und Weiterentwicklungen.

In der elektronischen Unterhaltungsindustrie setzen sich virtuelle Realitäten (*virtual reality*, VR) durch. VR-Brille und **CAVE** waren die Hilfsmittel, um zu Beginn des 21. Jahrhunderts virtuelle Welten zu betreten. Im Jahr 2015 gibt es *Mixed Reality*, die u. a. in der Architektur zum Einsatz kommt. Dabei werden analoge Entwurfswerkzeuge mit digitalen VR-Darstellungen verknüpft. Ein Multitouch-Tisch erlaubt eine direkte Interaktion und Manipulation mit 3D-Objekten und deren 3D-Scan in Echtzeit. Dies wiederum wird in der CAVE, einer Art „Datenhöhle", in der der Anwender steht, visualisiert. Diese Technologien wurden immer mehr verbessert.

Im Jahr 2100 wird es möglich sein, dass die von Computern erzeugte Welt direkt per Head-Link in das Gehirn des Anwenders „gefunkt" wird (Abschn. 4.7). Der User kann sich vollkommen frei in einer komplett künstlich erzeug-

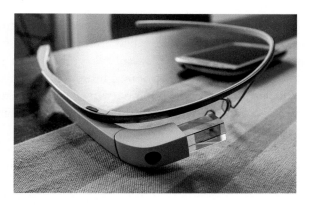

Abb. 4.14   Datenbrille Google Glass. © R. Goldmann/picture alliance

ten, vierdimensionalen Scheinwirklichkeit bewegen. Eine Stimulation der richtigen Empfindungszentren im Gehirn vermitteln ihm das Gefühl von Druck, Berührung, Drehung, von oben und unten. Spielekonsolen wie die Playstation, Xbox oder Wii gibt es nicht mehr. Der Cloud-Server im Heimnetzwerk generiert die virtuelle Realität mithilfe der Software Xcape. Viele Menschen flüchten sich in die schöne, neue Scheinwelt ihres Computers und sind darin jung, schön und erfolgreich. Rund 11 % der Weltbevölkerung sind computergeschädigt und befinden sich in psychotherapeutischer Behandlung.

Anfang des 21. Jahrhunderts lagen iPod, iPhone und iPad voll im Trend. Danach kamen die Datenbrillen wie Google Glass (Abb. 4.14), die ab 2030 deutlich weiterentwickelt wurden. Ähnlich wie der Visor von Geordi La Forge in *Star Trek* ist die Datenbrille nun ein Empfänger für ein breites Spektrum elektromagnetischer Wellen. Das gestattet

dem Träger, nicht nur sichtbares Licht, sondern auch In-
frarot-, Ultraviolett- und Röntgenstrahlung aus seiner Umgebung wahrzunehmen. Die Datenbrille enthält auch eine
Kamera-, Mikroskop-, Teleskop- und Internetbrowserfunk-
tion. Im Jahr 2038 leiden 13 % der Visor-User an einem
nervösen Augenzwinkern. 66 % dieser Betroffenen haben
durch diesen Tic ihren Partner kennen gelernt.

Ab dem Jahr 2041 ist die Nanotronik auf dem Vor-
marsch. Sie gestattet eine Miniaturisierung vieler Alltags-
gegenstände, sodass auch die Datenbrillen obsolet werden.
Die „Brille" befindet sich als Nanoimplantat direkt im
Auge. Ein Head-up-Display (Abschn. 4.7) wird direkt in
den Sehbereich des Auges projiziert und bietet dynamisch
generierte Zusatzinformationen zu den gerade betrachteten
Objekten. Der Anwender kann auch festlegen, welche Informationen ständig verfügbar in sein Auge projiziert werden sollen. Im Ohr gibt es ein Nanoimplantat, das akustische Informationen direkt an den Hörnerv abgibt – unhör-
bar für die Umgebung des Trägers. Ein weiteres Implantat
ist eine Empfangs- und Sendeeinheit für Ultrafunk, das
WLAN der Zukunft. Der Träger benötigt keine weiteren
Empfangsgeräte mehr, sondern kann dank implantierter
Wearables selbst empfangen, senden und seine Sinne mit
vielen Zusatzinformationen versorgen.

Die großen Sportereignisse bleiben der Menschheit erhalten: Die Olympischen Spiele, die Fußball-Welt- und
-Europameisterschaften sowie die Tour de France gibt es
auch noch im Jahr 2100. Die Tour de France ist immer
noch nicht dopingfrei, weil mittlerweile Nano- und Pikobots mit leistungssteigernden Mitteln in den Körper des
Sportlers injiziert werden und kaum nachgewiesen werden

können. Darüber hinaus machen gentechnisch manipulierte Superradler mit einem Wadenumfang von 63 cm Probleme. Besonders drollig anzuschauen sind sie beim Radeln, weil der Pedalabstand stark verbreitert werden musste. Im Jahr 2098 gewinnen übrigens die *Viking Kings* die Fußball-WM. Es ist die erste Nationalmannschaft, die zum inzwischen besiedelten Planeten Mars gehört.

In der Musik hat sich vom Angebot her nicht viel verändert: Von der klassischen Musik bis zu den modernen Elektrobeats ist alles vertreten. Die Urheberrechtsverletzungen bei Musikstücken sind endgültig überwunden, weil jedes Musikstück eine einzigartige, optoelektronische Signatur erhält, die eindeutig erkannt und registriert werden kann, egal, wo das Stück auf der Welt gespielt wird. Jeder Nutzer zahlt pro Musikstück eine faire Nutzungsgebühr an den Produzenten oder nutzt Anbieter, die eine ganze Palette von Musikangeboten gegen eine Flatrate zur Verfügung stellen. Ähnlich wird mit Filmen, Videos und Animationen verfahren.

Wikipedia enthält den Wissensschatz der Menschheit, der ganz der Philosophie des Open Access folgend jedermann kostenfrei zur Verfügung steht. Wissenschaftliche Fachpublikationen sind – anders als heute – ebenfalls frei für alle und kostenlos zugänglich. Die Fachartikel sind direkt in Wikipedia verlinkt und können vertiefend zum Eintrag gelesen werden.

Anfang des 21. Jahrhunderts waren noch viele Online-Plattformen wie Facebook verbreitet, um ein soziales Netzwerk (*social network*) aufzubauen und zu pflegen. Solche Plattformen gibt es auch noch im Jahr 2100, da Kommunikation und gemeinsame Nutzung von IT-Angeboten nach wie vor wichtig sind. Die Services sind kostenfrei. Derlei Netzwerke werden von 8,5 Mrd. Nutzern verwendet. Damit geht alles Mögliche: surfen im Internet, E-Mails lesen und schreiben, telefonieren mit Videoverbindung, chatten, Kalenderfunktion und direkte Terminvereinbarung nutzen, fernsehen, Tickets buchen oder sich für den nächsten Job bewerben. Die Medienweltministerin im Jahr 2100 ist übrigens die indisch-italienische Politikerin Nirvana Berlusconi.

Das Fernsehen bleibt uns erhalten. Da die Intelligenz verglichen mit den Menschen des beginnenden 21. Jahrhunderts deutlich gestiegen ist (Abschn. 4.6), musste das Fernsehen sein Angebot stark aufwerten. Die beliebtesten Fernsehsendungen in Deutschland heißen *Germany's Next Top Nerd* und *Schlauer sucht Frau*. Der Blockbuster im Jahr 2090 heißt *Mars Cars*, eine Fernsehshow, bei der wagemutige Rennfahrer mit ihren Marsautos gegeneinander antreten.

4.9 Naturwissenschaften

Die naturwissenschaftliche Grundlagenforschung ist und bleibt wichtig, auch in der fernen Zukunft. Sie ist ein Technologietreiber, weil aus neuen Erkenntnissen wichtige Anwendungen werden. Eine mögliche Anwendung allein sollte jedoch nicht ausschlaggebend sein, um zur Grundlagenforschung zu motivieren. Denn natürlich ist auch der Zugewinn von rein ideellem Wissen selbst ein ganz wichtiger Faktor: Wir erkennen dadurch, wie die Welt funktioniert, und enträtseln ein weiteres Geheimnis der Natur. Dieses Wissen ist ein Kulturgut. Wie eine Betrachtung der Geschichte naturwissenschaftlicher Erkenntnisse klarmacht, wird uns das früher oder später nützlich sein. Welches Rätsel der Natur könnte bis 2100 gelöst werden? Hier folgt ein durchaus möglicher Abriss, der sich auf die Teilgebiete Physik und Astronomie beschränkt.

Im Jahr 2016 entdecken Teilchenphysiker am CERN mit dem leistungsstärksten Teilchenbeschleuniger der Welt, dem LHC, eine neues Teilchen. Es handelt sich dabei um den schon jahrzehntelang gesuchten Kandidaten für Dunkle Materie. Astronomen konnten schon lange diese merkwürdige Materieform in einzelnen Galaxien und Galaxienhaufen sowie der kosmischen Hintergrundstrahlung nachweisen. Sie fanden bereits im 20. Jahrhundert, dass Dunkle Materie viel häufiger im Kosmos anzutreffen ist als die uns vertraute normale Materie. Aber niemand wusste, was sich physikalisch hinter der Dunklen Materie verbarg. In 2016 ist das Geheimnis endlich gelüftet. Das Teilchen ist das lange gesuchte *Neutralino*, ein elektrisch neutrales, supersymmetrisches Teilchen mit halbzahligem **Spin**. Es ist das leichteste supersymmetrische Teilchen. Damit kann es nicht zerfallen und ist stabil. Das Neutralino entzog sich den bisherigen Beobachtungen, weil es ein sehr schweres und schwach wechselwirkendes Teilchen ist. Seine Masse, ausgedrückt als Energieäquivalent, beträgt 311 GeV (**Gigaelektronenvolt**, 1 Mrd. eV). Somit ist es ungefähr 300-mal schwerer als ein Proton und fast doppelt so schwer wie das 2012 entdeckte Higgs-Teilchen. Bei den Kosmologen und Astronomen bricht Jubel aus; aber auch die Stringtheoretiker sind sehr erleichtert, weil mit dem Fund auch die Richtigkeit der **Supersymmetrie** bestätigt werden konnte. Die Stringtheorie erfordert diese Art Spiegelsymmetrie zwischen

Teilchen mit halbzahligem Spin (**Fermionen**) und ganzzahligem Spin (**Bosonen**), damit das Auftreten von **Tachyonen** (überlichtschnellen Teilchen) vermieden werden kann.

Die Kosmologie des 20. und frühen 21. Jahrhunderts kannte eine ungleich größere Kuriosität als die Dunkle Materie, nämlich die **Dunkle Energie**. 1998 entdeckten Astronomen durch geschickte Entfernungsmessung mit Sternexplosionen vom Supernovae Typ Ia, dass sich das Universum beschleunigt ausdehnt. Der Kosmos wird immer schneller immer größer. Dafür wurde die Dunkle Energie, eine mysteriöse Energieform mit einem negativen Druck, verantwortlich gemacht. Jahrzehntelang war die favorisierte Form der Dunklen Energie die kosmologische Konstante, die Albert Einstein schon im Jahr 1917 einführte. Sie ändert sich zeitlich nicht und dünnt auch nicht mit dem expandierenden Universum aus. Wie bei der Dunklen Materie war aber sehr lange vollkommen unklar, was sich physikalisch hinter der Dunklen Energie verbirgt. Sie besitzt einen negativen Druck und wirkt daher antigravitativ. Damit bläst sie den Raum selbst, das ganze Universum, auf wie einen Luftballon. Aber es ist eine substanzlose Energieform und etwas vollkommen anderes als Materie.

Im Jahr 2023 wird auf der Basis der Messdaten des ESA-Satelliten *Euclid* das Geheimnis der Dunklen Energie gelüftet. Es gibt sie gar nicht! Der theoretische Ansatz, eine Dunkle Energie überhaupt einzuführen, war falsch. Die von Einstein selbst zurückgenommene kosmologische Konstante Lambda hätte nie im späten 20. Jahrhundert wiederbelebt werden dürfen. Der neue Weltäther der Kosmologie war ein Phantom. Mit *Euclids* Daten wird klar, dass die beschleunigte Expansion nur ein rein lokaler Effekt ist, der demnach nicht im ganzen Kosmos gilt. Die Bewohner des Sonnensystems und der Milchstraße beobachten diesen scheinbaren Effekt, weil sie sich an einem kosmologisch ausgezeichneten Ort befinden, an dem die mittlere Materiedichte viel größer ist. Die Entdeckung, dass Dunkle Energie gar nicht existiert, revolutioniert die moderne Kosmologie. Sie warnt die Forschergemeinde, dass man sich nicht zu sehr auf eine Mainstream-Wissenschaft einschießen und immer offen für Alternativen bleiben sollte.

Die Entdeckung der Supersymmetrie entfacht ab 2016 ein Wettrennen bei der Erforschung der Higgs-Physik. Das 2012 entdeckte Higgs-Teilchen war offenbar nicht das einzige! Es war nicht das *eine* Higgs-Teilchen des Standardmodells der Teilchenphysik, sondern es gibt insgesamt fünf supersymmetrische Varianten davon.

Leider werden viele Jahre keine weiteren Entdeckungen mehr am LHC gemacht. Trotz weiterer Upgrades und Ausbaustufen zu noch höheren Energien der beschleunigten Teilchen kommt die experimentelle Teilchenphysik nach den großen Erfolgen des frühen 21. Jahrhunderts in eine Krise. Im Jahr 2035 wird der LHC am CERN abgeschaltet. Der Trend geht sogar so weit, dass sich die Wissenschaftspolitiker von den teuren Teilchenbeschleunigern abwenden und auf andere Experimente setzen. Der International Linear Collider (ILC) wurde nicht gebaut wie ursprünglich geplant. Diese nächste Generation des Teilchenbeschleunigers hat eine andere Funktionsweise. Es ist kein Ringbeschleuniger wie der LHC, sondern ein kerzengerader Linearbeschleuniger. Außerdem werden in ihm keine Protonen oder schwere Ionen wie Bleiionen beschleunigt, sondern Elektronen und Positronen. Die Krise der experimentellen Teilchenphysik stürzt das ILC-Konsortium in fatale Finanzierungsnöte. Schließlich wird der ILC doch gebaut, aber erst im Jahr 2041. Tatsächlich entdecken die Teilchenphysiker damit auch weitere supersymmetrische Higgs-Teilchen – insgesamt weitere vier in den Jahren 2043, 2046 und 2050.

In der Gravitationsforschung gibt es ebenfalls Durchbrüche. Nach vielen Jahrzehnten der erfolglosen Versuche, Gravitationswellen direkt nachzuweisen, werden sie im Jahr 2036 endlich mit dem Projekt eLISA gefunden. Gravitationswellen sind eine Vorhersage von Einsteins allgemeiner Relativitätstheorie. Einstein selbst leitete ihre Existenz schon 1916 aus der Feldgleichung ab. Es handelt sich dabei um sich wellenförmig ausbreitende Verzerrungen der Raumzeit, die sich mit Vakuumlichtgeschwindigkeit fortpflanzen. Die Wellen werden erzeugt, sobald Massen beschleunigt werden, also auch, wenn sie sich auf einer kreisförmigen Bahn bewegen. Stärkere Gravitationswellen werden bei der Beschleunigung kompakter Massen erzeugt, so u. a. bei Sternexplosionen, sich umkreisenden Neutronensternen oder Schwarzen Löchern.

Indirekt wurden die Gravitationswellen bereits nachgewiesen. Denn die beiden Neutronensterne im Doppelsternsystem PSR 1913 + 16 kommen sich aufgrund des Verlusts von Rotationsenergie durch Abstrahlung von Gravitationswellen immer näher und umkreisen sich somit immer enger. Diese Entdeckung brachte den Astronomen Russel A. Hulse und Joseph H. Taylor 1993 den Nobelpreis für Physik ein.

Mit dem direkten Nachweis der Gravitationswellen wird Einsteins Theorie zum wiederholten Male erfolgreich getestet und beschreibt offenbar die Gravitation am besten. Doch ist die Gravitation mit der Quantenphysik vereinbar? Jahrzehntelang bissen sich die brillantesten Theoretiker der Welt an dieser härtesten Nuss der modernen Physik die Zähne aus, bis ein unscheinbarer Zeitgenosse zum Jahrhundertgenie vom Kaliber Albert Einsteins aufstieg. Wie bereits beschrieben, gelingt im Jahr 2055 die erste Gehirntransplantation (Abschn. 4.6). Das Gehirn von Albert Einstein wird geklont und Joey eingepflanzt. Unmittelbar nach dem Eingriff löst er ein Jahrtausendproblem der Physik, nämlich wie man die Gravitation geeignet quantisieren kann. Im Jahr 2055 führt Joey die dritte Quantisierung ein und formuliert die Grundgleichungen der Quantengravitation, die quantisierte Tensorfelder enthält. Außer ihm versteht allerdings niemand diese Theorie!

Der *Durchbruch des Jahrtausends* ist allerdings ein ganz anderer. Die Menschheit schickte ja im Jahr 1977 die beiden Raumsonden *Voyager 1* und *Voyager 2* auf eine interplanetare Langzeitreise ohne Wiederkehr. Im Jahr 1990 fotografierte die Kamera an Bord von *Voyager 1* die Erde (Abb. 4.15).

Die NASA schickte damals auch eine interstellare Flaschenpost mit. *Voyager 1* und *Voyager 2* (wie zuvor schon die Sonden *Pioneer 10* und *Pioneer 11*) transportieren auch jeweils eine Goldene Schallplatte, eine vergoldete Schallplatte aus Kupfer mit diversen Bild- und Toninformationen über die Menschheit. Auf der einen Seite befindet sich die Schallplattenrille, u. a. mit einer Ansprache des damaligen UN-Generalsekretärs Kurt Waldheim und US-Präsidenten Jimmy Carter sowie mit Naturgeräuschen und klassischer Musik. Auf der anderen Seite gibt es eine Bauanleitung für

Abb. 4.15 Der berühmte blasse, *blaue* Punkt, kaum zu erkennen im *orangefarbenen* Streifen *rechts*. Dieses Foto von der Erde
schoss die unbemannte Sonde *Voyager 1* aus rund 6 Mrd. km oder
5,6 Lichtstunden Entfernung von der Erde. © NASA

einen Plattenspieler (Abb. 4.16) – klar, denn es ist nicht davon auszugehen, dass ein Alien gerade einen zur Hand hat.
Außerdem zeigt die Goldplatte die Positionen der nächsten
14 Pulsare relativ zur Sonne (sternförmige Struktur links
unten) und gibt somit Auskunft über die kosmische Position des Sonnensystems.

Weiterhin dargestellt sind die beiden möglichen Zustän-
de des Wasserstoffatoms, des häufigsten Atoms im Kosmos
(hantelförmiges Symbol rechts unten). Die Spins vom
Proton im Atomkern und dem Elektron in der Atomscha-
le können antiparallel (linker Kreis) oder parallel (rechter
Kreis) sein. Mit der Absorption eines Photons mit einer

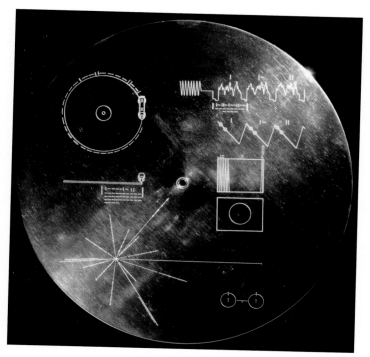

Abb. 4.16 Die Rückseite der Goldenen Schallplatte, die als Botschaft an Bord der Sonden *Voyager 1* und *Voyager 2* mitfliegt und eine Botschaft für Außerirdische darstellt. © NASA

Wellenlänge von 21 cm wird das Wasserstoffatom aus dem Grundzustand mit antiparallelen Spins von Proton und Elektron angeregt und „klappt den Spin um". Radioastronomen kartieren mithilfe der 21-cm-Linie die kosmische Verteilung von neutralem Wasserstoff und können damit auch die Rotation der Milchstraße messen. Die Informationen sind auf der Platte im Binärcode codiert. Übrigens war der Astronom Carl Sagan, Autor von *Contact*, der Leiter des Teams, das verantwortlich für die Inhalte der Goldenen Schallplatte war. Bis heute besteht noch Kontakt mit beiden Sonden.

Voyager 1 soll noch eine gewichtige Rolle für die Menschheit spielen. Denn im Jahr 2099 finden tatsächlich intelligente Außerirdische die Sonde in einer Entfernung von 2,5 Lichttagen von der Sonde. Nachdem sie erst einmal den Schallplattenspieler gebaut und zu den Klängen von Chuck Berry abgerockt haben, entscheiden sie sich, den Musiker persönlich zu besuchen. Zweieinhalb Tage nach dieser verhängnisvollen interplanetaren Begegnung regnet es auf der Erde grünen Schleim.

5

Rückschau 1910 – Zeitreise in die Vergangenheit

5.1 Gesellschaft

Im Folgenden möchte ich die gleichen Rubriken wie in Kap. 4 vorstellen, nun allerdings bezogen auf das Jahr 1910 – die Welt vor 100 Jahren. Wie wir sehen werden, ist eine direkte Gegenüberstellung sehr aufschlussreich. Nach einem umfangreichen Überblick werde ich versuchen, uns auf den Wissensstand und in die Gemütslage der Menschen der damaligen Zeit zu versetzen und die Frage zu beantworten: Hätten sie sich damals eine vernünftige Vorstellung von unserer Gegenwart machen können?

Fangen wir mit den Zahlen zur *Weltbevölkerung* an. Im Jahr 1650 betrug die Verdoppelungszeit noch 250 Jahre, d. h., nach einer Wartezeit von 250 Jahren hatte sich die Anzahl der Weltbevölkerung verdoppelt. Im Jahr 1970 waren das nur noch 33 Jahre. Ein solches über alle Maße steigendes Wachstumsverhalten nennt man *superexponentiell* (vgl. dazu auch Meadows 1972). Es ist wirklich erstaunlich, sich vorzustellen, dass am Anfang des 17. Jahrhunderts – zu Lebzeiten Galileo Galileis – gerade einmal eine halbe Milliarde Menschen lebten. Wie sich das in den Jahrhunderten danach weiterentwickelte, zeigt Tab. 5.1.

Tab. 5.1 Weltbevölkerung der letzten 400 Jahre (UN 2011)

Jahr	Weltbevölkerung (in Mio.)
1600	545
1800	980
1850	1260
1900	1650
1910	1750
1950	2400
2014	7200

Wir entnehmen der Tabelle auch, dass heute mehr als
viermal so viele Menschen auf der Erde als vor 100 Jahren leben. Die Zahlen vermitteln ein Gefühl, was super-
exponentielles Wachstum bedeutet. Diese Entwicklung ist
wirklich besorgniserregend angesichts der zur Verfügung
stehenden Ressourcen und des vorhandenen Lebensraums.

In diesem Zusammenhang sollten wir uns auch eine weitere Größe anschauen, nämlich den Trend für die Lebenserwartung. Diese Zahl gibt an, wie alt im Durchschnitt ein
Mensch bezogen auf den Tag seiner Geburt wird. Laut Sta-
tistischem Bundesamt lag die Lebenserwartung in Deutschland um das Jahr 1910 herum für Jungen bei 47 und für
Mädchen bei 51 Jahren. Und heute? Wir werden natürlich
durchschnittlich viel älter als damals, und zwar um satte
30 Jahre! Bei Jungen liegt die Lebenserwartung bei 78 und
bei Mädchen bei 83 Jahren (bezogen auf 2011). Dass die
Menschen in Deutschland älter werden, stellt uns vor große
Herausforderungen: Die Alterspyramide stellt sich auf den
Kopf; das Rentensystem wird stark belastet, zumal junge
Menschen, die durch ihre Arbeit in die Rentenkassen ein-

Abb. 5.1 In der Nähe des penicillinproduzierenden Schimmelpilzes werden Bakterien abgetötet. © Scharvik/Getty Images/iStock/Thinkstock

zahlen, weniger werden; das Renteneintrittsalter muss angepasst und heraufgesetzt werden; der Arbeitsmarkt muss sich anpassen und älteren Menschen eine berufliche Perspektive bieten – um ein paar der Probleme zu nennen. Woher kommt aber diese „Explosion hin zum Älterwerden"? Das verdanken wir vor allem dem medizinischen Fortschritt und der besseren Ernährungs- und Versorgungssituation. Ein Beispiel: 1928 wurde durch einen Zufall das bakterienabtötende Penicillin entdeckt. Alexander Fleming, damals Arzt im St. Mary's Hospital in London, fand, dass ein Schimmelpilz namens *Penicillium notatum* auf einem Nährboden wuchs, aber die Bakterien in seiner direkten Nachbarschaft sich nicht vermehrt hatten (Abb. 5.1). Zu Geld machte er diese Entdeckung jedoch nicht; rund zehn Jahre später entwickelten andere daraus ein Medikament, das bis heute ein Riesenverkaufsschlager in jeder Apotheke ist.

Diese Zufallsentdeckung war nicht vorhersehbar! Es handelt sich um einen Erkenntnissprung in der Medizin, der auch das menschliche Leben verlängerte – sicherlich einer von vielen Faktoren, die die Lebenserwartung deutlich erhöhten.

5.2 Politik und Wirtschaft

Noch spannender, besser gesagt angespannter, war die politische und wirtschaftliche Situation um das Jahr 1910. Die Welt stand am Abgrund. Denn heute wissen wir, dass damals zwei verheerende Weltkriege kurz bevorstanden. War das absehbar?

Der *Erste Weltkrieg* brach 1914 aus. Verschiedene Mächte der Welt waren auf Konfrontationskurs und kämpften schließlich um die Vormachtstellung. 40 Staaten waren im Krieg involviert, und rund 70 Mio. Menschen standen sich bewaffnet gegenüber. Wie war die politische Großwetterlage um 1910?

Nun, die USA waren schon lange entdeckt (1492), für unabhängig erklärt (1776) und vom *Wilden Westen* befreit (1890) worden. Das berühmte Attentat auf den US-Präsidenten Abraham Lincoln lag bereits 45 Jahre zurück. Die USA erfreuten sich großer Zuwanderungszahlen, die dank großer Dampfschiffe vor allem aus Europa eingeschippert wurden. Am 6. Februar 1911 kam der spätere Schauspieler und US-Präsident der 1980er-Jahre, Ronald Reagan, zur Welt.

In Deutschland herrschte zu dieser Zeit der letzte deutsche Kaiser, Wilhelm II. (Abb. 5.2), der übrigens ein Enkel

Abb. 5.2 Deutschlands letzter Kaiser: Wilhelm II. © Prisma Archi-
vo/picture alliance

der britischen Queen Victoria war. Seine Herrschaft wurde
von der Verfassung eingeschränkt, eine sogenannte konstitutionelle Monarchie.

Und sonst in Europa? Großbritannien war die führende
Seemacht, die im Zeitalter des Kolonialismus viele Län-
der in Asien und Afrika einheimste (Abb. 5.3). Über die
Triple-Entente war das British Empire mit Russland und
Frankreich verbunden. Dem gegenüber stand der Block
aus Deutschem Reich, der Doppelmonarchie Österreich-
Ungarn, dem Königreich Italien und dem Osmanischen
Reich.

Abb. 5.3 Imperialismus in Afrika. © Prisma Archivo/picture alliance

Als Auslöser des Ersten Weltkriegs wird das Attentat von Sarajevo angesehen, das sich am 28. Juni 1914 ereignete. Der österreichisch-ungarische Thronfolger Franz Ferdinand von Österreich-Este und seine Gattin Sophie, Fürstin von Hohenberg, wurden von Aktivisten ermordet, die dem serbischen Geheimbund *Schwarze Hand* nahestanden. Die Attentäter waren die beiden erst 19-Jährigen Gavrilo Princip und Nedeljko Čabrinović. Čabrinovićs Handgranate verfehlte den Erzherzog (Schulte von Drach 2014). Princip erschoss den Thronfolger und seine Frau, als sie im offenen Auto an ihm vorbeifuhren. Was brachte so junge Menschen zu so einer grauenvollen Tat?

Betrachtet man die Umstände genauer, werden die Motive klar. Sie sahen sich selbst im Recht und als Befreier, denn ihre Heimat Bosnien-Herzegowina stand zunächst seit 1878 unter der Verwaltungshoheit von Österreich-Ungarn und wurde sogar 1908 von der Doppelmonarchie annektiert. Zuvor unterstanden die bosnischen Serben dem Osmanischen Reich. Die Unterdrückung nahm ihren Anfang, als die Osmanen 1389 die Serben besiegten. So waren z. B. serbische Bauern von ihren muslimischen Pächtern abhängig. Mit den österreichisch-ungarischen Besatzern wurden die Lebensumstände in Bosnien-Herzegowina nicht besser. Es entwickelten sich dort im Wesentlichen zwei von Nationalbewusstsein geprägte Strömungen: eine serbische und eine serbokroatische, südslawische. Letzterer verdankt Jugoslawien übrigens seinen Namen, denn *jugoslawisch* bedeutet wörtlich *südslawisch*.

In den serbokroatischen Geheimbünden nahmen sich die Anhänger russische Revolutionäre zum Vorbild, die gegen den russischen Zaren aufbegehrten. Somit hatte die *Schwarze Hand* zum Ziel, sich von der Besatzung der Doppelmonarchie zu befreien und ein Großserbisches Reich – bestehend aus Serbien, Kroatien und Bosnien-Herzegowina – zu gründen, das mit Russland verbunden sein sollte.

Die jahrhundertelange Fremdbestimmung eines stolzen Volkes entlud sich in Attentaten wie diesem. Direkt nach der Ermordung konnte verhindert werden, dass Princip sich selbst richtete. Beiden Attentätern wurde der Prozess gemacht. Da Princip noch minderjährig war, wurde er zu 20 Jahren Gefängnishaft verurteilt – eine Zeit, in der er seinem Psychiater viel über seine Motive erzählt.

Aber war ein einziges Attentat wirklich der Auslöser des Ersten Weltkriegs? Das darf bezweifelt werden; vermutlich wäre es auch ohne die Ermordung von Franz Ferdinand zum Weltkrieg gekommen. Es war vielleicht der Tropfen, der das Fass zum Überlaufen brachte. Die Bereitschaft zum Krieg war einfach bei vielen Nationen da.

Als direkte Folge dieses Anschlags griff Österreich-Ungarn das Königreich Serbien an. Durch die zahlreichen Bündnisverflechtungen schalteten sich Deutschland und Russland in den Konflikt ein, und schließlich kam es wegen der Bündnisverflechtungen zu einer verhängnisvollen, weltweiten Auseinandersetzung.

Vergessen wir mal den fernen Osten nicht. Das Chinesische Kaiserreich hatte Mitte des 18. Jahrhunderts seine maximale Ausdehnung und war damals sogar größer als heute. Es war die einflussreichste wirtschaftliche und politische Macht Asiens und produzierte rund die Hälfte aller Weltwirtschaftsgüter. Vor allem die Landwirtschaft Chinas war stark. Das Kaiserreich schottete sich vom Rest der Welt ab und betrieb bis Mitte des 19. Jahrhunderts einen sehr effizienten Wirtschaftsprotektionismus. Die Handelsbeziehungen, insbesondere zu Großbritannien, waren einseitig und in der Regel zum Vorteil der Chinesen. Die Chinesen verkauften sehr erfolgreich Tee, Porzellan und Seide ins Ausland, insbesondere nach Großbritannien. Aber die Briten hatten kaum Handelsgüter, die sie im Tausch anbieten konnten. Sie bezahlten mit Silber, was schließlich zu einer merklichen Verknappung von Silber in Europa führte – die Auswirkung auf die europäische Volkswirtschaft war fatal.

Die Briten fanden schließlich ein Handelsgut, das sie China anboten: Opium. Doch die süchtig machende Substanz war bald nicht mehr gern gesehen im Chinesischen Kaiserreich, weil sie große gesundheitliche und soziale

Probleme verursachte. Der Widerstand gegen das Opium führte zum Ersten **Opiumkrieg** (1839–1842) und zum Zweiten Opiumkrieg (1856–1860). Die Briten gewannen die Kriege und erkämpften sich so eine Öffnung der chinesischen Märkte. Als Folge des Ersten Opiumkriegs musste China 1842 im Vertrag von Nanking Hongkong an die Briten abtreten. Nach dem Zweiten Opiumkrieg war China gezwungen, weitere Häfen zu öffnen, sodass neben den Briten nun auch die Franzosen, Russen und US-Amerikaner vom Handel mit China profitierten. Die Wirtschaft des Kaiserreichs nahm großen Schaden, und eine Massenarmut brach aus. Das wiederum schürte Revolten.

Eine skurrile Randnotiz: Die Briten eroberten im Zweiten Opiumkrieg Pekinesenhunde, die eigentlich nur dem kaiserlichen Herrscherhaus vorbehalten waren. Die Kläffer wurden die Stammeltern der europäischen Pekinesenhunde. Hätten die Briten damals verloren, wäre uns so manch nervige Fußhupe erspart geblieben.

Zusammenfassend lässt sich sagen, dass auch in China die Zeit vor 100 Jahren besonders war, denn am Ende des Jahres 1911 führten die vielen Konflikte mit dem Ausland und die Aufstände des Volkes zum Ende des Kaiserreichs in China. Am 1. Januar 1912 wurde die Republik China gegründet – nach dem deutschen Kaiser noch ein Herrscher, der gehen musste (Abb. 5.4).

Vor 100 Jahren war es politisch betrachtet eine unstete Zeit. Die moderne Globalisierung gab es noch nicht in dem Ausmaß, wie wir sie heute kennen. Die Länder trieben den Imperialismus und Kolonialismus voran und scheuten keine kriegerischen Auseinandersetzungen.

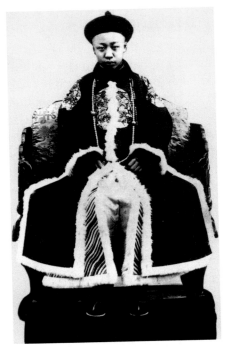

Abb. 5.4   Der letzte Kaiser von China. © CPA Media Co. Ltd/picture alliance

Die Folgen des Ersten Weltkriegs waren katastrophal: Fast 10 Mio. Todesopfer, rund 20 Mio. Verwundete und schätzungsweise 7 Mio. zivile Opfer. Insgesamt waren also fast 2 % der Weltbevölkerung (Tab. 5.1) unmittelbar betroffen.

Die Konflikte wurden durch diesen Weltkrieg jedoch nicht gelöst, ebnete er doch dem Faschismus in Italien und Deutschland den Weg. Diese fatale Entwicklung führte zum *Zweiten Weltkrieg* (1939–1945).

Unmittelbar nach dem Ersten Weltkrieg bis ins Jahr 1918 war Deutschland geprägt von der konstitutionellen Monarchie. In dieser Staatsform war die Macht des deutschen Kaisers von der Verfassung eingeschränkt – faktisch hatte er jedoch das Sagen. Die konstitutionelle Monarchie läutete den Übergang in die parlamentarische Demokratie in Deutschland ein. Nach 1918 wurde nämlich die Macht des Reichskanzlers und des Reichstags in der **Weimarer Republik** (1918–1933) deutlich gestärkt. Mit der Abdankung des letzten deutschen Kaisers erhielt der Reichskanzler die Regierungsmacht. Diese Struktur war der Vorläufer unseres heutigen Bundestags mit dem Bundeskanzler, wie der Regierungschef ab 1949 genannt wurde. Übrigens durften erst seit 1919 auch Frauen in Deutschland wählen gehen – einen weiblichen Kanzler sollte es erst ab 2005 geben – an die Macht gekommen ganz ohne Quote, nur mit dem Charme hängender Mundwinkel.

Wie sah es sonst außerhalb Europas aus? Im Jahr 1917 tobte in Russland die Oktoberrevolution. Es kam zur gewaltsamen Machtübernahme durch die russischen Bolschewisten und die Diktatur des Proletariats. In dessen Folge wurde die Sowjetunion (Union der Sozialistischen Sowjetrepubliken, UdSSR) im Dezember 1922 gegründet, die von 1922 bis 1953 vom Diktator Stalin regiert wurde. Im Zweiten Weltkrieg wehrte die UdSSR Hitlers 1941 gestarteten Angriff in der *Schlacht von Stalingrad* im Jahr 1943 ab. Viel später, nämlich 1990/1991, zerfiel die UdSSR.

Im Fernen Osten kriselte es auch gewaltig: Das Expansionsstreben Russlands nach Sibirien und das Japans nach Korea beschwor in der zweiten Hälfte des 19. Jahrhunderts einen Konflikt um die Mandschurei, gelegen im Nordosten

Chinas, herauf. Gegenstand des Interesses waren u. a. die Rohstoffe der Mandschurei und die Erweiterung des Einflussgebiets. Der russisch-japanische Krieg brach 1904 aus und wurde 1905 von Japan gewonnen. In dessen Folge fiel die Mandschurei zwar zurück an China, aber der Einfluss Japans blieb hoch. In der Folgezeit entwickelte sich der Streit um die Mandschurei zum größeren Konflikt zwischen China und Japan. Damit war die Basis für die Auseinandersetzungen da, die in letzter Konsequenz den Zweiten Weltkrieg im asiatischen Raum ebnete. Japan begann im Jahr 1937 den Pazifikkrieg gegen China. 1941 kam es zum Angriff der Japaner auf Pearl Harbour (Hawaii), sodass sich die USA in den Pazifikkrieg einschalteten.

Verlagern wir nun den Fokus von Südostasien nach Zentralasien. Von der Geschichte Indiens haben wir Europäer meistens wenig Ahnung, auch weil es ein vollkommen anderer Kulturkreis ist. Der Strom Indus gab dem Land seinen Namen. Schon im Jahr 2500 vor Christus bildete sich im Indus-Tal eine frühe Hochkultur aus. Zwischen Nord- und Südindien gab es große Unterschiede: Während der Süden noch recht unterentwickelt war, gab es im Norden bereits Seehäfen, Kanalisation und Bäder. In der Vedischen Epoche (1500–500 vor Christus) bildeten sich die Grundlagen der heutigen indischen Kultur aus. Im 8. Jahrhundert brachten arabische Eroberer den Islam nach Indien. Von Norden her kam es ebenfalls zu Übergriffen, und im Jahr 1398 fielen die Mongolen ein.

Dann folgte die Neuzeit. 1498 fand der portugiesische Seefahrer Vasco Da Gama den Seeweg nach Indien. Eigentlich war das ja der Job des italienischen Seefahrers Kolumbus gewesen, der im Dienst des Königreichs Kastilien (ab

1516 zum Königreich Spanien gehörig) die Weltmeere beschipperte. Aber der hatte sich ja verlaufen und 1492 Amerika entdeckt – das passiert eben, wenn Männer ohne Navi unterwegs sind.

Da Gamas Entdeckung führte zu Portugiesisch-Indien an den Küsten. Ab 1756 rissen sich die Briten Indien unter den Nagel und beseitigten den Einfluss anderer europäischer Kolonialmächte. Als der Erste Weltkrieg tobte, verhielt sich Indien neutral. Denn ab 1910 stieg Mahatma Gandhi zum Anführer der indischen Widerstandsbewegung gegen die britischen Kolonialherren auf. Der gewaltfreie Widerstand führte schließlich zur Befreiung des Landes: Im Jahr 1947 wurde Indien unabhängig. Es kam dabei allerdings zur Teilung des Landes in die säkulare Indische Union im Süden und die kleinere islamische Republik Pakistan im Nordwesten. Nicht zu vergessen ist, dass es durch die Teilung zu massiven Flüchtlingsbewegungen und Vertreibungskämpfen kam, die 1 Mio. Menschenleben forderten.

Und wie lief es ökonomisch um das Jahr 1910? In der Wirtschaftsgeschichte wimmelt es von Weltwirtschaftskrisen, die seit Jahrhunderten immer wieder in unterschiedlichem Ausmaß auftreten. Um das Jahr 1910 herum gab es da auch in Deutschland ein paar nennenswerte Ereignisse.

Im Jahr 1873 trat die Gründerkrise auf. Sie war eine Konsequenz der sogenannten Boomjahre, in denen hohe Wachstumsraten erzielt wurden. Da ein solcher Trend nicht ewig andauern kann, kam es zum korrigierenden Crash. Firmen waren zu überhöhten Preisen gegründet oder übernommen worden. Als der wirtschaftliche Erfolg ausblieb und diese Investitionen nicht mehr ausgeglichen werden konnten, gingen mehr als 50 Banken in Deutschland und

Österreich in die Insolvenz. In der Folgezeit traten weltweit Wachstumsstörungen auf, die bis 1896 andauerten. Das war die Zeit der *Großen Depression*.

Das Führen eines Weltkriegs war für alle Beteiligten ein teures Unterfangen. Für Deutschland kam es noch teurer, denn es wurde im Friedensvertrag von Versailles im Jahr 1919 zu hohen Reparationszahlungen verpflichtet. Die Finanzierung dieser Kriegskosten war ein Desaster. Der Staat druckte einfach das Geld, das er so dringend benötigte, ohne einen materiellen Gegenwert zu haben. In der Konsequenz fiel der Geldwert ins Bodenlose und führte zu der *deutschen Inflation* in den Jahren 1914 bis 1923. Deutschland war auch nicht in der Lage, die Schulden durch materielle Güter wie Kohle zu bezahlen. Daher wurde das Ruhrgebiet von französischem und belgischem Militär besetzt. Den Höhepunkt der deutschen Inflation markierte die **Hyperinflation** im Jahr 1923 zur Zeit der Weimarer Republik: 1 US-$ war damals rund 4 Bill. Mark wert! Das deutsche Wirtschafts- und Bankenwesen kollabierte.

Wie konnte sich Deutschland von diesem totalen Kollaps erholen? Bevor die Kommunistische Partei Deutschlands durch die zunehmende Arbeitslosigkeit die Macht übernehmen konnte, gelang den Siegermächten eine Stabilisierung der deutschen Währung im sogenannten *Dawes-Plan*. Die Reparationszahlungen wurden hierin an das angepasst, was die deutsche Wirtschaft leisten konnte. Außerdem wurde es mit internationalen Anleihen möglich, dass deutsche Unternehmer Kredite aufnehmen konnten. Die Wirtschaftskrise war beigelegt.

Hierzu sei ein Kommentar zum aktuellen Geschehen in Europa erlaubt. Vor 90 Jahren war Deutschland also ökonomisch und finanziell am Boden. Heute ist es Europas stärkste Wirtschaftsmacht. Könnte die Strategie, die damals zu Deutschlands Rettung führte, in irgendeiner Form auf die aktuelle Situation Griechenlands übertragen werden? Vielleicht vergleiche ich hier Äpfel mit Birnen, aber sicherlich lässt sich der ein oder andere Aspekt des Dawes-Plans in die heutige Wirtschaftswelt übertragen. Ausländische Kommissare sollten beispielsweise damals darauf achten, dass Deutschland seine Währung u. a. mit Goldreserven decken konnte. Es stände den Banken gut zu Gesicht, wenn sie in ähnlicher Weise über genug Eigenkapital verfügten, um eine erneute Bankenkrise zu verhindern. Zu einem guten Teil verdankt Griechenland die gegenwärtige Krise der Übernahme des Risikos, das eigentlich die Banken hätten übernehmen müssen, durch den griechischen Staat.

5.3 Klima und Energie

Vor 100 Jahren war die Einflussnahme des Menschen auf das Weltklima noch kein Thema. Mit Begriffen wie *Treibhauseffekt*, *CO_2* oder *Ozonloch* konnte man damals wenig anfangen. Kohlendioxid (CO_2) war natürlich bekannt, denn es wurde schon 1754 entdeckt. Es war sogar schon gelungen, dieses Gas in seine flüssige oder feste Form zu verwandeln. Doch von Kohlendioxid als Klimakiller war damals noch keine Rede. Nun könnte man meinen, dass daher die Luft um 1910 wirklich rein war. Wirklich? Um das erörtern zu können, schauen wir uns die damals verfügbaren Energiequellen an. Energie bezog man aus der

- Verbrennung von Holz,
- Verbrennung von Erdgas (schon seit 1825 in den USA),
- Verbrennung von Erdöl seit 1855 (Patent für die Herstellung von Kerosin aus Kohle und Erdöl),
- Windkraft (Windmühlen),
- Wasserkraft (Wassermühlen) und
- Dampfkraft.

Ende des 19. Jahrhunderts überflügelte die Leistungsfähigkeit der Dampfkraft sowohl die Wind- als auch die Wasserkraft. Vor dem Hintergrund weiterer industrieller Durchbrüche wird dies heutzutage mit dem Begriff *Industrie 1.0* apostrophiert (Abschn. 4.7). In einem Dampfkessel wird Wasserdampf durch die Verbrennung konventioneller Brennstoffe wie Kohle, Öl oder Erdgas erzeugt. Der Dampf trieb dann in den ersten Varianten von Dampfmaschinen einen Kolben an, der sich in einem Zylinder befindet. Damit wird thermodynamische Energie umgesetzt in mechanische Rotationsenergie. In späteren Varianten triebt der Dampf eine Turbine an, aus deren Drehung elektrischer Strom erzeugt werden konnte. Im Jahr 1907 waren Dampfkraftmaschinen rund 50-mal leistungsfähiger als Wassermühlen und 2000-mal leistungsfähiger als Windmühlen (Bayerl 1989). Vor 1914 hatten Dampfkraftwerke eine Leistung von 30 MW (Megawatt). Im Vergleich dazu hat ein Kernkraftwerk des 20. Jahrhunderts die 35-fache Leistung: rund 1 GW (Gigawatt), also 1000 MW. Das erste zivile Kernkraftwerk (KKW) gab es übrigens 1954 in Obninsk (Russland) mit einer elektrischen Leistung von 5 MW. 1955 hatte das KKW in Calder Hall (England) bereits 55 MW.

Der elektrische Strom wurde schon im 19. Jahrhundert entdeckt und erforscht. James Clerk Maxwell gelang in den 1860er-Jahren ein Durchbruch im theoretischen Verständnis der Elektrizität. Er formulierte die Grundgleichungen der klassischen Elektrodynamik, die Elektrizität und Magnetismus als verwandte Phänomene entlarvte. Maxwells Theorie erklärt auch die elektromagnetischen Wellen. Übrigens war es nicht der US-Amerikaner Thomas A. Edison (1847–1931), der die Glühbirne erfand, sondern der Brite Joseph W. Swan (1828–1914). Edisons Idee war jedoch diejenige Birne, die praktisch von besserem Nutzen war. Die beiden Erfinder verbündeten sich sogar und gründeten Ende des 19. Jahrhunderts gemeinsam eine Firma.

Zu dieser Zeit kam die Elektrizität auch als wichtige neue Energieform dazu, die schon bald aus dem Alltag nicht mehr wegzudenken war. Die **Elektrifizierung** wurde vorangetrieben und führte um die Jahrhundertwende zur elektrischen Straßenbeleuchtung und zu elektrischen Straßenbahnen und Zügen. 1895 fuhr zwischen Meckenbeuren und Tettnang am Bodensee die erste elektrisch betriebene Vollbahn. Bereits im Jahr 1913 gab es in Deutschland rund 4000 Elektrizitätswerke. Damals erreichte ein E-Werk eine Leistung von ungefähr 2100 MW, was dem 70-fachen der Leistung eines Dampfkraftwerks der damaligen Zeit entsprach.

Auch in ganz anderen Bereichen wurden um die Jahrhundertwende Entdeckungen gemacht, die die Energiewirtschaft und die Rüstungsindustrie in ganz neue Richtungen lenken sollten: Seit 1890 führten Antoine-Henri Becquerel und das Ehepaar Marie und Pierre Curie Experimente mit **Radioaktivität** durch. Sie entdeckten die Kernenergie (dazu später mehr in Abschn. 5.8).

Im Jahr 1910 waren das Geheimnis der Kernfusion und der Ursprung der leichten chemischen Elemente (**Nukleosynthese**) noch komplett unverstanden. Erst im Jahr 1948 veröffentlichten Ralph Alpher, Hans Bethe (der eigentlich nicht wirklich an der Publikation beteiligt war) und George Gamow eine wissenschaftliche Arbeit mit dem Titel *The Origin of Chemical Elements*, die diesen Ursprung aufklärte (Alpher 1948). In den 1950er-Jahren wurde die unkontrollierte Freisetzung von Energie durch Kernfusion in Gestalt der Wasserstoffbombe Realität.

Im Jahr 1914 nahm das erste Braunkohlekraftwerk in Nordrhein-Westfalen seinen Betrieb auf: Das Kraftwerk Weisweiler, das sich zwischen Köln und Aachen befindet, hatte damals schon eine Leistung von 12 MW – etwa die Hälfte von Dampfkraftwerken der damaligen Zeit. Heutige Kraftwerksblöcke sind fast um den Faktor 100 leistungsfähiger. Damit begann das Zeitalter der Kohlekraftwerke im Ruhrgebiet, die mit ihren markanten Schloten das Erscheinungsbild der Industrialisierung prägten.

Kohlekraftwerke sind sehr klimaschädlich, da sie große Mengen an Kohlendioxid freisetzen. Die rapide ansteigende Emission dieses Treibhausgases seit der Industriellen Revolution wird als Hauptfaktor für die globale Erwärmung angesehen. Kohlekraftwerke erzeugen nicht nur Unmengen an CO_2, sondern auch Schwefeldioxide, Stickstoffoxide und gesundheitsschädliche Feinstäube. Sie setzen ebenfalls krebserregende Schwermetalle wie Blei oder Cadmium in der Atmosphäre frei, die zuvor an die Kohle gebunden waren. Rückblickend lässt sich sagen, dass Kohlekraftwerke

Abb. 5.5 Smog in London. © 1999 Topham Picturepoint/United Archives/TopFoto/picture alliance

(und später Kernkraftwerke) die Energieversorgung einer technisch aufstrebenden und zahlreicher werdenden Bevölkerung lösten; gleichermaßen jedoch brachten diese Technologien schwerwiegende Probleme in die Welt, mit denen die Menschheit 100 Jahre später kämpft und die sie vor große Herausforderungen stellt: globale Erwärmung und Endlagerung von radioaktivem Müll.

Die industriell bedingte Luftverpestung in Form von **Smog**, einem Kunstwort aus *smoke* („Rauch") und *fog* („Nebel"), die wir in der heutigen Zeit nur zu gut kennen, gab es tatsächlich schon im London (Abb. 5.5). Die große Smog-Katastrophe (*The Great Smog*) im Jahre 1952 war dabei ein trauriger Höhepunkt. Ähnlich dramatische Bilder von Menschen mit Atemmasken in von Rauch getrübten Städten kennen wir heutzutage aus den Industriemetropolen Chinas.

Das Weltklima war immer starken Schwankungen unterworfen. Von der Kleinen Eiszeit war bereits in Abschn. 4.6 die Rede. Vor 12.000 Jahren gab es die letzte große Eiszeit in Europa. Damals gab es ja schon Menschen, und sie mussten sich auf Dauerfrost ab Oktober einstellen. Mammuts grasten auf dem vereisten Ärmelkanal, und Skandinavien sowie die Britischen Inseln lagen unter kilometerdickem Eis. Diese Gletscher waren etwa 20-mal größer als Deutschland. Im Prinzip hätten Sie damals nach London laufen können, nur gab es die Metropole damals noch nicht. Da das Eis auf dem Land lag, war der Meeresspiegel damals 120 m tiefer als heute. Die Temperatur war im weltweiten Jahresdurchschnitt seinerzeit 5 °C niedriger. So war der Januar im Raum Hamburg damals mit – 20 °C deutlich kühler als heute mit rund 0 °C. Funde in der Schwäbischen Alp belegen, dass sie vor rund 40.000 Jahren eisfrei war und Platz für viele Höhlen bot. Unbestätigten Quellen zufolge muss damals die Redewendung „Schaffe, schaffe, Häusle baue und net nach de Mädle schaue" entstanden sein.

Die Ursache für die Weichsel-Würm-Eiszeit, die vor 115.000 Jahren anfing und vor etwa 11.000 Jahren endete, war die Sonneneinstrahlung. Die ellipsenförmige Erdbahn plus Neigung der Erdachse gegenüber der Erdbahnebene („Schiefe der Ekliptik") plus Kreiselbewegung der Erdachse (Präzession) wirkten dermaßen ungünstig zusammen, dass sie die Eiszeiten der letzten Jahrmillionen periodisch auslösten, in **Milankovich-Zyklen**. Diese Zyklen sind benannt nach dem serbischen Mathematiker Milutin Milankovich (1879–1958), der 1920 diesen Zusammenhang fand. Seit 11.000 Jahren befinden wir uns in einer Zwischeneiszeit, dem Holozän (Staeger 2014). Auf lange Sicht gesehen wird es also auf jeden Fall zu natürlichen, kosmisch bedingten Klimaveränderungen kommen.

Schauen wir uns doch nochmal Abb. 4.5 an, die die globale Erwärmung der letzten gut 150 Jahre wiedergibt. Wenn wir auf der horizontalen Achse das Jahr 1910 anpeilen, erkennen wir, dass damals der Trend einer verhängnisvollen Temperaturerhöhung seinen Anfang nahm. Statistisch bedingt zappelt die Kurve um einen Mittelwert, sodass Vorhersagen über kurze Zeiträume von zehn bis 15 Jahren sehr schwierig sind. Aber die Entwicklung über 100 Jahre spricht eine recht eindeutige Sprache: In der Blütezeit moderner Industrieformen legte die Menschheit den Grundstein für die gravierenden Probleme unserer heutigen Zeit! Die Welt vor 100 Jahren war sorglos und kurzsichtig, was Klima- und Energiefragen angeht.

5.4 Katastrophen

Vor rund 100 Jahren geschah etwas, das wir ohne Übertreibung als Jahrhundertkatastrophe bezeichnen dürfen. Es geschah in Sibirien, meint aber nicht die Geburt von Helene Fischer – keine Behauptung läge mir ferner. Es ging unter dem Namen **Tunguska-Ereignis** in die Geschichte ein. Tunguska ist eine Region in Sibirien, also in Russlands eisigem Norden. Am schönen Sommertag des 30. Juni 1908 ereignete sich eine heftige Explosion am Himmel. Rund 6000 km^2 Wald wurden förmlich umgemäht (Abb. 5.6). Wie durch ein Wunder forderte dieses Ereignis keine Menschenleben, weil es über extrem dünn besiedeltem Gebiet geschah. Im 65 km entfernten Wanawara

Abb. 5.6 Ausmaß der Zerstörung durch das Tunguska-Ereignis von 1908. © dpa-Report/picture alliance

gingen Fensterscheiben zu Bruch. Die Explosion war rund 1000 km weit zu hören. Die Schallwellen, die sich durch die Erde ausbreiteten, wurden sogar im entfernten Washington registriert. 30 h nach dem Ereignis verzeichnete man sie in Potsdam, nachdem die Schallwellen die Erde einmal umrundet hatten. Was war geschehen?

Erstaunlicherweise wurde erst im Jahr 1921 eine Expedition von der sowjetischen Regierung entsandt, um der Sache auf den Grund zu gehen. Unter der Leitung des russischen Mineralogen Leonid Kulik fand das Expeditionsteam erst 1927 den Ort der Explosion. Kulik und seine Leute entdeckten verheerende Zerstörungen rund um den Explosionsort, aber keinen Krater. Tatsächlich ist es bis heute ungeklärt, was genau passierte. Als wahrscheinlichstes Szenario wird angesehen, dass ein kosmischer Himmelskörper – ein Kleinkörper oder Asteroid –, der durch das Sonnensystem vagabundierte, auf Kollisionskurs mit der Erde geriet. Der Körper drang in die Erdatmosphäre ein und zerplatzte schließlich unter der enormen Hitzeentwicklung, ohne dass große Trümmerteile Krater hinterließen. Die Zerstörungen des Gebiets und die wahrgenommene Druckwelle erlauben die Abschätzung, dass der Körper ungefähr 30–80 m Durchmesser und ein Explosionsäquivalent von 10–20 MT (Megatonnen) des Sprengstoffs TNT gehabt haben muss. Das entspricht der Vernichtungswirkung von rund 185 Hiroshima-Bomben. Oder anders gesagt: Mit der frei gewordenen Explosionsenergie hätten man den Energieverbrauch des LHC mindestens zwölf Jahre decken können!

Am 15. Februar 2013 hatten die Russen wohl so eine Art Déjà-vu, denn in der Nähe der Stadt Celjabinsk explodierte schon wieder ein Himmelskörper – diesmal vor den Augen vieler Beobachter und vor vielen Kameras. Denn viele russische Autos sind mit Minikameras – sogenannten „Dashcams" – ausgestattet, die ständig filmen, was geschieht. Die Russen wollen so den Verkehr dokumentieren, um ggf. bei Verkehrsunfällen oder Polizeikontrollen, Videobeweismaterial zu haben. Diese Marotte führte dazu, dass es vom Celjabinsk-Meteor unglaublich viele Videofilme gibt, die im Internet kursieren. In der Tat sind die Filme sehr beeindruckend, bezeugen sie doch ein gleißend helles Himmelsphänomen, das die Helligkeit der Sonne kurzzeitig deutlich übertrumpfte. Das Ereignis zeigt, dass wir nicht gefeit sind und dass der Einschlag eines kosmischen Vagabunden jederzeit wieder geschehen kann (Abschn. 4.5).

Die Häufigkeit solcher Einschläge ist beunruhigend, und in der Tat muss man aus astronomischer Sicht leider sagen, dass wir nicht gefeit sind vor derlei vernichtenden, kosmischen Ereignissen. Auch die Dinosaurier können ein Klagelied davon singen. Im Sonnensystem wimmelt es von Kleinkörpern. In der Nähe der Erde befinden sich ungefähr 2000 mögliche Erdbahnkreuzer, die NEOs (Abschn. 4.5). Von diesen sind rund 400 potenziell gefährliche Asteroiden (PAHs, *potentially hazardous asteroids*). Durch die gravitativen Störungen anderer Planeten – allen voran des Gasgiganten Jupiter – kann es passieren, dass ein Kleinkörper auf eine neue Bahn gebracht wird, die ihn ins Innere des Sonnensystems führt – vielleicht bis zur Erde. Wenn wir dann zur falschen Zeit am falschen Ort sind, wird uns auch Bruce Willis nicht mehr helfen können.

Das narbenreiche Mondgesicht, das von unzähligen Kratern übersät ist, belegt, dass es immer wieder zu Impakten kommen kann. Die Natur würfelt gewissermaßen. Es ist nur eine Frage der Zeit, bis erneut ein Himmelskörper Kurs auf die Erde nimmt. Die Wahrscheinlichkeit, dass es im 21. Jahrhundert erneut zu einem Tunguska-ähnlichen Ereignis mit einem Brocken von 30–80 m Durchmesser kommt, beträgt etwa 30 % (Abschn. 4.5). Statistisch betrachtet schlägt alle 1000 Jahre ein 100-m-Brocken ein, der ein regionaler Zerstörer ist. Die globalen Killer mit etwa 1 km Durchmesser und maximaler Gefahr für irdisches Leben schlagen einmal in 1 Mio. Jahren ein. Der Killer, der vor 65 Mio. Jahren den Dinos den Garaus gemacht haben soll, muss sogar 10–15 km groß gewesen sein. Das ist eine Explosionsenergie von 100 Mio. MT (Megatonnen) TNT, also mehr als das Zehnmillionenfache von Tunguska!

Kommen wir wieder zurück zum Thema Katastrophen vor 100 Jahren. Bestimmt denken Sie da noch an ein

Abb. 5.7 Das Prachtschiff *Titanic*. © Geisler-Fotopress/picture alliance

weiteres Ereignis, das mit Wasser und einem Eisberg zu tun hatte: Der *Untergang der Titanic*. Ja, auch das geschah ziemlich genau vor 100 Jahren. Denn am 10. April 1912 fand die Jungfernfahrt des ganzen Stolzes der Seefahrt statt. Die *RMS Titanic*, damals mit 269 m Länge das größte Schiff der Welt (Abb. 5.7), lief aus. Wenn Sie drei Flugzeuge vom Typ Airbus A380 hintereinander parken, bekommen Sie ein Gefühl für die Länge dieses Schiffsgiganten. An Bord hatten 2200 Personen Platz: 1300 Passagiere und 900 Besatzungsmitglieder. Die Seefahrtsroute startete in Southampton (Großbritannien) und sollte in New York (USA) enden. Doch schon vier Tage nach dem Start, nämlich am 14. April 1912, sank die Titanic, weil sie 300 Seemeilen vor Neufundland einen Eisberg rammte. 2 h und 40 min später war das Prachtschiff gesunken. Bei dem historischen

Unglück kamen 1500 Menschen ums Leben, u. a. weil es zu wenig Rettungsboote gab und auch weil die Mannschaft nicht erfahren im Umgang mit einer solch heiklen Situation war.

5.5 Medizin

Was war überhaupt der Stand der Medizin vor 100 Jahren? Kurios: Die erste Herztransplantation fand bereits früher statt, und zwar 1905 in Wien. Der Patient war allerdings kein Mensch, sondern ein Hund. Der Fiffi überlebte nur wenige Stunden. Die erfolgreiche Herztransplantation am Menschen gelang erst 1967 – nicht in den USA, nicht in Europa, sondern in Kapstadt. „Erfolgreich" ist auch hier ein sehr dehnbarer Begriff, weil der Patient 18 Tage später an einer Lungenentzündung verstarb.

Seuchen wie die Pest beherrschten Europa im Mittelalter. Zum Glück ist das Auftreten der *Geißel der Menschheit* hierzulande schon lange her. Denn die letzte Pestepidemie in Europa datiert auf das 18. Jahrhundert. Aber auch in Bezug auf Seuchen gibt es eine Besonderheit zu vermelden, die sich vor etwa 100 Jahren ereignete: Im Winter 1910/1911 suchte eine Lungenpestepidemie die Mandschurei, also China (Abschn. 5.2), heim und forderte ca. 60.000 Menschenleben. Die Pest flammte in der Neuzeit nochmals auf.

Nur wenige Jahre später, nämlich von 1918 bis 1929, hielt eine neue Pandemie die Welt in Atem: die **Spanische Grippe**, ausgelöst durch eine besonders tödliche Form des Influenzavirus. Experten schätzen, dass sie weltweit mindestens 25 Mio. Todesopfer forderte. Damals entsprach das 1 % der Menschheit!

Zwischen Gesundheit und Familien gibt es einen Zusammenhang. Typisch für die Lebensgemeinschaften vor 100 Jahren war es, eine monogame Beziehung in der Ehe zu führen und eine Familie zu gründen. Im Vergleich zu heute waren die Familien viel kinderreicher – ein Umstand, der sicher auch an der hohen Kindersterblichkeit lag. Kein schönes Thema, aber schauen wir uns das einmal genauer an: Im Mittelalter wurde nur knapp die Hälfte der Kinder älter als 14 Jahre alt. Damals war die Pubertät wirklich tödlich – heute fühlt sie sich nur noch so an. Noch im Jahr 1870 betrug die Kindersterblichkeit in Deutschland 250 pro 1000 Lebendgeburten. Im Jahr 1910 waren es dann 160 von 1000, im Jahr 1970 schon nur noch 25 von 1000 und im Jahr 2006 nur 3,8 pro 1000. Was uns modernen Menschen zu denken geben sollte, ist, dass im afrikanischen Angola die Kindersterblichkeit auch heute noch bei 180 liegt – also bei dem Zahlenwert von Deutschland vor ungefähr 100 Jahren! Wie kann die Situation dort auch heute noch so gravierend sein? Nun, die Gründe sind vor allem Unterernährung, Durchfall, Malaria und Tuberkulose – gar nicht mal so sehr wegen AIDS. Die durchschnittliche Lebenserwartung in Angola liegt bei 38,2 Jahren. Das ist nicht einmal die Hälfte des aktuellen deutschen Werts und noch weit unterhalb des deutschen Werts von 1911.

Die **Tuberkulose** ist eine bakterielle Infektionskrankheit und steht bei der weltweiten Statistik der tödlichen Infektionskrankheiten nach wie vor auf dem traurigen Platz 1. Die WHO gibt an, dass im Jahr 2013 rund 1,5 Mio. Menschen an ihr starben (WHO 2014). Bei der Tuberkulose befallen stäbchenförmige Mykobakterien den Körper, vor allem die Lungen. Unterscheiden muss man zwischen der Tuberkuloseinfektion, bei der der Betroffene die Erreger in sich trägt und über Tröpfcheninfektion weitergeben kann, und der Tuberkulosekrankheit, bei der beim Betroffenen die Symptome der Krankheit zum Ausbruch kommen. Etwa ein Zehntel der Infizierten erkrankt tatsächlich an der Tuberkulose. Den Namen verdankt die Tuberkulose den Tuberkeln, kleinen Entzündungsherden, die zu Knötchen abkapseln. Das kann sogar zu Formen der latenten Tuberkulose führen, bei der die Krankheitserreger nicht freigesetzt werden und mitunter jahrelang im Körper überleben können. Die durch Mikroorganismen verursachte Infektionskrankheit kann mit Antibiotika behandelt werden. Zunehmend entwickeln die Erreger aber Multiresistenzen, sodass die Tuberkulose sogar in Osteuropa ein Problem darstellt. Rinder können über nichtpasteurisierte Rohmilch die Tuberkulose auf den Menschen übertragen. Sehr kritisch ist die Kombination der Krankheit mit AIDS. Die Immunschwächekrankheit macht einen Ausbruch der Tuberkulosekrankheit sehr wahrscheinlich. Genau deshalb wütet dieses tödliche Duo besonders gravierend auf dem afrikanischen Kontinent.

Der Mediziner und Mikrobiologe Robert Koch war einer der Pioniere der Tuberkuloseforschung und beschrieb 1882 erstmals den Erreger. 1905 erhielt er für die Entdeckung den Nobelpreis für Medizin. Koch starb übrigens im Jahr 1910. Das nach ihm benannte Robert-Koch-Institut in Berlin verzeichnete 2013 mehr als 4000 Tuberkulosekranke in Deutschland; im gleichen Jahr wurden offiziell 145 Tuberkulosetote bekannt.

Die Tuberkulose hält die Menschheit schon seit Jahrtausenden in Schach. Der 500.000 Jahre alte Fund des Frühmenschen *Homo erectus* in der Türkei wies Spuren der Tuberkulosekrankheit auf. Hippokrates beschreibt im 5. Jahrhundert vor Christus die damals als „Schwindsucht" bezeichnete Tuberkulose als Epidemie, die meist tödlich endete. In Europa erreichte die Tuberkulose ihren Höhepunkt im 18. Jahrhundert. Nach Kochs wegweisenden Forschungen wurde 1906 ein Tuberkuloseimpfstoff entwickelt, der einem Menschen erstmals 1921 verabreicht wurde. Bessere Hygieneverhältnisse und Einführung der Meldepflicht halfen schon vor der Verbreitung des Impfstoffs, die Tuberkulose stark einzugrenzen Um das Jahr 1880 war jeder zweite Todesfall bei 15- bis 40-Jährigen auf die Tuberkulose zurückzuführen. Das erklärt zumindest teilweise, warum man in dieser Zeit Familien mit vielen Kindern hatte. Kinderreichtum garantierte, dass man wenigstens einen Teil des Nachwuchses durchbringen konnte. Auch der Attentäter von Sarajevo, Gavrilo Princip, erkrankte als Kind an der Tuberkulose. In seiner Familie starben sechs von neun Kindern noch vor dem zehnten Lebensjahr. Die Tuberkulose war demnach vor 100 Jahren eine tödliche Bedrohung – und sie ist es paradoxerweise bis heute, zwar nicht in den westlichen Industrieländern, aber in den Entwicklungsländern.

Wenn wir nochmals einen Blick auf die Entwicklung der Körpergröße bei Mann und Frau werfen (Abb. 4.8), dann stellen wir fest, dass vor 100 Jahren beide Geschlechter jeweils rund 10 cm kleiner waren als heute. Es ist klar, dass sich Einflussfaktoren wie Ernährung, medizinische Versorgung und Klima positiv auf die mittlere Körpergröße auswirkten. Diesen historischen Verlauf konnte jedoch niemand vorausberechnen, weil der Verlauf der Kurve offenbar nichtlinearen Gesetzen unterliegt.

Wie stand es damals mit modernen Medizintechnologien? Die *Gentechnik* war um 1910 natürlich noch kein Thema, denn sie begann professionell erst in den 1970er-Jahren. Der Begriff „Gen" stammt allerdings witzigerweise genau aus der Zeit um 1911.

Die Grundlagen der Vererbungslehre stammen natürlich von Gregor Mendel (1822–1884), der schon um 1850 die ersten Erbsen miteinander kuscheln ließ. Dabei gibt es eine wunderschöne Pointe, wie sie nur das Leben schreiben kann: Mendel war katholischer Priester – nicht auszudenken, was heute los wäre, wenn der Mann Protestant gewesen wäre.

Der Schöpfer der *Gene* war ein Däne. Der Mann war gut zu Blumen und hörte auf den Namen Wilhelm Johannsen (1857–1927). Er erfand 1909 das Wort „Gen". Ihm ist es zu verdanken, dass wir uns seitdem flache Kalauer anhören müssen: Frauen beispielsweise verfügen über das *Einkaufen-Gen* oder das *Denganzentagvielsa-Gen*; nur noch sehr rudimentär vorhanden ist das *Rückwärtseinpar-Gen*. Männer hingegen sind natürlich viel einfacher gestrickt und benötigen gar nicht so viele Gene. Bei ihnen sind archaische Gene besonders ausgeprägt, so beispielsweise das *Bauchvollschla-Gen*, das *Aufsklo-Gen* oder das *Gen-Lassen*.

Es fällt mir nicht schwer, dieses Niveau noch zu unterbieten. Sie mögen Brüste? Dann wird Sie das folgende Thema sehr faszinieren. Man könnte meinen, dass es Brustimplantate erst seit dem späten 20. Jahrhundert gibt. Von wegen! Schon 1895 wurde einer Frau eine Fettgeschwulst in die

Brust verpasst, allerdings klappte es seinerzeit noch nicht mit der Durchblutung. Die heftigen Abstoßungsreaktionen – gemeint sind selbstverständlich die medizinischen und nicht die des Gatten – bekamen die Ärzte erst nach 1950 in den Griff, als feste Implantate zum Einsatz kamen. Das ebnete den Siegeszug der Silikonbrust, wie sie besonders schön in Kombination mit einer roten Rettungsboje anzusehen ist. Übrigens, die doch seltener in Anspruch genommene Alternative zur Brustvergrößerung bei der Frau ist die Handverkleinerung beim Mann.

Zu den Fragen, die die Welt nicht braucht, gehört vielleicht die Frage, ob es vor 100 Jahren schon eine Krankenversicherung gab. Interessiert Sie nicht? Egal, die Antwort gibt es trotzdem. Wie man sich vage aus dem schulischen Geschichtsunterricht erinnern mag, führte Reichskanzler Bismarck die Sozialversicherungsgesetze in Deutschland schon ab 1883 ein. In der Tat wurde im Jahr 1911 dieser Versicherungsschutz ausgebaut und im Deutschen Reich gesetzlich verankert. Dass man sich 100 Jahre später mit einer Zwei-Klassen-Versorgung in *gesetzlich* und *privat* herumärgern muss, hatte selbst der gute, alte Bismarck nicht voraussehen können.

5.6 Technik und Verkehr

Starten wir mit der *Kommunikationstechnik.* Bis ins 17. Jahrhundert existierte nur eine rein akustische Übertragung von Sprache. Erst im 19. Jahrhundert gab es die Sprechrohrleitung. Im Jahr 1837 erfand der US-Amerikaner

Samuel Morse den *Morsetelegrafen*. Damit war es erstmals möglich, die Signale elektrisch zu übertragen.

1876 hatte Alexander G. Bell die Idee für das erste Telefon. Und erst im Jahr 1911 kamen in den USA und in Deutschland die Nummernscheiben zum Einsatz – endlich wählen.

Schall war auch das Thema bei einer anderen Art von Geräten. 1887 wurden *Grammophon* und *Schallplatte* von Emil Berliner entwickelt. Das war der mechanische Vorläufer des Plattenspielers. Schon 1892 stieg die Schallplattenindustrie ein, und 1895 wurden Schallplatten aus Schellack eingeführt. In den 1920er-Jahren kam der Durchbruch mit dem elektrischen Schallplattenspieler.

Die *Fotografie* hatte schon frühe Anfänge im 11. Jahrhundert, war jedoch auch noch recht einfach gestrickt. Die *Camera obscura* hatte nur ein Loch als Objektiv, durch das das Licht des abzubildenden Objekts fiel, um auf der Rückwand der Kamera ein Bild zu erzeugen. Im 13. Jahrhundert wurde die Sonnenprojektion erstmals in der Astronomie angewandt. Erst im Jahr 1826 gelang Joseph Nièpce die erste Fotografie der Welt. Etwa zehn Jahre später waren das Negativ-Positiv-Verfahren von W. Talbot (1835) und die chemische Fotoentwicklung von Louis Mandé Daguerre (1837) eingeführt worden. Alte Kameras waren noch recht klobig, wurden aber immer kleiner. Keine 100 Jahre alt ist die erste Kleinbildkamera, die mit einem Rollfilm funktionierte (Leitz-Werke 1924). Erst zur Jahrtausendwende erfolgte der Übergang zur Digitalfotografie.

Wie stand es um die Verkehrsmittel vor 100 Jahren? Nun, Schifffahrt wurde damals noch mit zwei „f" geschrieben. Im Jahr 1707 wurde die Dampfschifffahrt eingeführt. Der

Österreicher Josef Ressel erfand 1836 den Schiffspropeller. Im Jahr 1816 fuhr in Deutschland die erste Dampflokomotive. Anfang des 20. Jahrhunderts gab es einige Tausend Dampflokomotiven in Deutschland. Werner von Siemens erfand im Jahr 1879 die erste Lokomotive mit Elektroantrieb.

Die Entwicklungen von Lokomotive und Auto gingen sozusagen Hand in Hand. Noch im 18. Jahrhundert gab es Dampfwagen. 1885 erfand Carl Benz den ersten Motorwagen in Mannheim, den er auch gleich zum Patent anmeldete. Damit begann die bis heute andauernde Erfolgsgeschichte der selbstbestimmten Mobilität mit dem Automobil. Im Jahr 1910 fuhren grob geschätzt einige Tausend Autos in Deutschland; 1975 waren es schon 20 Mio. und im Jahr 2005 46 Mio.! Mehr als jeder zweite Deutsche hat heutzutage ein Auto. Das ist eine faszinierende Entwicklung, insbesondere wenn man sich an das Zitat des deutschen Kaisers Wilhelm II. erinnert, der damals gesagt haben soll: „Ich glaube an das Pferd. Das Automobil ist nur eine vorübergehende Erscheinung."

Der Rennwagen *Blitzen-Benz* war im Jahr 1911 das schnellste Räderfahrzeug und erreichte satte 228 km/h. Im gleichen Jahr wurde der typisch deutsche Mercedes-Stern zum Erkennungszeichen bei den Autos von Daimler. Seit 1926 gibt es den Markennamen *Mercedes-Benz* – das Wort „Mercedes" geht dabei zurück auf den Geschäftsmann Emil Jellinek, der den Namen seiner Tochter Mercédès bei der Daimler-Motoren-Gesellschaft einführte.

Die neue Motorentechnik fand auch Einzug in den Zugverkehr. Seit 1900 fuhren Loks auch mit Otto- oder Dieselmotoren. Die letzte Dampflokomotive im regulären Dienst fuhr in Westdeutschland übrigens Ende der 1970er-Jahre und in Ostdeutschland sogar noch im Jahr 1988, ein Jahr vor der Wende.

Das Grundprinzip der Magnetschwebebahn ist übrigens schon recht alt. Der Franzose Emile Bachelet erfand das Konzept der räderlosen Schnellbahn ohne Gleise bereits 1914. Er demonstrierte die Funktion an einem knapp 2 m langen Modell. Dabei stoßen starke Magnete die Bahn in die Höhe und in Fahrtrichtung angeordnete Magnete ziehen sie nach vorn. Schaltet man die Elektromagnete nacheinander ein und aus, entsteht so eine Vorwärtsbewegung, die aufgrund der nahezu verschwindenden Reibung und das rasche An- und Ausschalten der Magnete, die Bahn äußerst schnell machen kann. Vom Transrapid wäre Bachelet sicherlich begeistert gewesen.

Zeit abzuheben. Die Geschichte des Fliegens ist mit Sicherheit sehr komplex, muss man doch die ersten Versuche von chinesischen Flugpionieren berücksichtigen, die schon vor 2000 Jahren stattfanden. Hierbei kamen Flugdrachen zum Einsatz, die einen Menschen tragen sollten. Wenn man allerdings die Messlatte höher legt und mit Fliegen den freien und kontrollierten Flug eines Menschen meint, dann liegt die Zeit der Flugpioniere noch gar nicht allzu lange zurück. Anfang des 19. Jahrhunderts gab es viele Flugversuche von Europäern und US-Amerikanern. Gerne wird Otto Lilienthal (1848–1896) als erster Flieger der Menschheit apostrophiert. Das kann man durchaus so sehen, führte er doch 1894 den ersten erfolgreichen Gleitflug durch. Dies gelang ihm wiederholt, und er publizierte auch darüber. Das war eine Glanzleistung, erst recht vor dem Hintergrund, dass sich brillante Physiker der damaligen Zeit recht pessimistisch über das Fliegen äußerten. So soll der berühmte Lord Kelvin im Jahr 1895 gesagt haben: „Schwerer als Luft? Solche Flugmaschinen sind unmöglich."

Der erste Motorflug fand allerdings schon früher statt und wurde 1890 von dem französischen Flugpionier Clément Ader durchgeführt. Aders Fluggerät, die *Éole*, war ein Nurflügel-Eindecker, der mit einer Luftschraube angetrieben wurde. Mit an Bord war eine Dampfmaschine, die ihrerseits die Schraube in Drehung versetzte. Dieser Flug war jedoch unkontrolliert, führte nur 50 m weit und war eine echte Bruchlandung. Auch schön: Ader führte seinerzeit den Begriff *avion* („Flugzeug") in die französische Sprache ein – heute ein geflügeltes Wort.

Wenige Jahre später gelang den Gebrüdern Wright im Jahr 1903 der erste gesteuerte Motorflug. Im Jahr 1909 überquerte Louis Blériot den Ärmelkanal in einem 37-min-Flug. Dem Mann mit dem Zungenbrechernamen Pierre Prier gelang im Jahr 1911 der erste Flug von London in das rund 400 km entfernte Paris. Im gleichen Jahr gab es erstmals Luftkrieg. Ein italienischer Pilot griff ein türkisches Militärlager mit Bomben an. Kurz danach wurden im Ersten Weltkrieg Luftangriffe im großen Stil geflogen. Es kam demnach alles ganz anders, als es sich der Marschall Ferdinand Foch im Jahr 1911 ausgemalt hatte, denn er sagte: „Flugzeuge sind interessante Spielzeuge, aber ohne militärischen Wert."

Im 19. und 20. Jahrhundert schrieb auch Jules Verne seine fiktiven Geschichten. Berühmt sind *Die Reise zum Mittelpunkt der Erde* (1864), *20.000 Meilen unter dem Meer* (1869), *Reise um die Erde in 80 Tagen* (1873) sowie *Von der Erde zum Mond* (1873). Davon wurde Konstantin

E. Ziolkowski (1857–1935) inspiriert. Er schrieb Geschichte in der interplanetaren Raumfahrt, denn er entdeckte im Jahr 1903 die **Raketengleichung**. Sie beschreibt physikalisch, wie durch die Verbrennung von Treibstoffen der Ausstoß von Gasmassen zu einem Rückstoß führt, der die Rakete beschleunigt. Das funktioniert (aufgrund des Impulserhaltungssatzes der Physik) sogar im luftleeren Raum. Ziolkowski machte sich damals schon Gedanken über mehrstufige Raketensysteme und Raumstationen, sodass er als einer der großen Vordenker der Raumfahrt gelten darf.

Der deutsche Konstrukteur Wernher von Braun baute im Dienste der Nazis die Rakete *Aggregat 4* (kurz *A4*, später *Vergeltungswaffe V2*) im Jahr 1939. Die Großrakete funktionierte mit Flüssigtreibstoff, einer Technologie, die von Braun nach Kriegsende im US-amerikanischen Raketenprogramm der NASA weiterentwickelte.

Mitten im Kalten Krieg kam dann der *Sputnik*-Schock: Der Sowjetunion gelang es am 4. Oktober 1957 den ersten künstlichen Satelliten *Sputnik* in eine Erdumlaufbahn zu schießen. Kurz danach, im Jahr 1961, war die Raketentechnik so weit, dass sie einen Menschen ins All befördern konnte. Damals flog Yuri A. Gagarin als erster Mensch mit der Rakete *Vostok* ins All. Dies war erneut ein Beweis für die den Amerikanern überlegene Raketentechnik der Russen. Schließlich gewannen die Amerikaner den Wettlauf ins All. Am 21. Juli 1969 betrat der US-Astronaut Neil Armstrong als erster Mensch den Mond.

Heutzutage ist die *Computertechnologie* allgegenwärtig. Computer erleichtern, beschleunigen oder versüßen unseren Alltag. Sie sind gleichermaßen Rechen-, Arbeits-, Fernseh- und Spielgerät. Und es gibt natürlich Vorgänge, die ohne Computer gar nicht erst möglich sind. Noch vor 100 Jahren gab es überhaupt keine Computer. Konrad Zuses Z3, der heute als der erste vollautomatische, funktionstüchtige Computer gilt, wurde erst viel später, im Jahr 1941, fertig gestellt.

Robotik gab es um 1910 ebenfalls noch nicht. Der Begriff „Roboter" wurde erst 1920 vom Schriftsteller Karel Capek für einen Androiden erfunden. Zuvor war vielmehr von *Automaten* die Rede. Pioniere auf diesem Gebiet waren arabische Ingenieure, die schon ab 1200 erstaunliche mechanische Apparaturen entwarfen. Sie inspirierten sogar den berühmten Leonardo da Vinci im 15. Jahrhundert zu seinen Androidenskizzen.

Im Jahr 1910 stand das höchste Gebäude der Welt in New York, der Metropolitan Life Tower. Das turmartige Bauwerk war 213 m hoch und hatte 50 Stockwerke. Der Eiffelturm war zwar damals schon höher, ist aber kein Gebäude mit Zimmern oder Büros. Der aktuelle Rekordhalter Burj Khalifa ist fast viermal höher.

5.7 Unterhaltung und Trivia

Sport, Musik und Unterhaltung können als Konstanten menschlicher Zivilisation angesehen werden. Selbstverständlich gab es das schon vor 100 Jahren (und viel früher), aber es hatte eine andere Qualität als heute. Sehr aufschlussreich ist es, sich zu vergegenwärtigen, was alles vor ziemlich genau 100 Jahren seinen Anfang nahm.

Da wäre zunächst einmal die *Rallye Monte Carlo*. Der Inbegriff des Autorennens wurde erstmals im Januar 1911 veranstaltet. Auch die *Tour de France* war nicht viel älter. 1903 fand das erste dieser legendären Radrennen statt. 1911 ging es dabei erstmals in die Alpen. Die Durchschnittsgeschwindigkeit der Radler lag um 1910 noch bei schlaffen 27 km/h und im Jahr 2006 bei flotten 42 km/h – ein Schelm, wer Böses dabei denkt und vermutet, dass Doping etwas damit zu tun haben könnte. Ganz bestimmt waren die Räder der Jahrhundertwende viel schwerer und schwergängiger.

Fußball, des Deutschen liebstes Kind, gab es natürlich schon. Die Engländer sollen das runde Leder schon Mitte des 19. Jahrhunderts gekickt haben. Der Weltfußballverband FIFA wurde aber erst 1904 in Zürich gegründet. Das WM-Fieber war allerdings eine noch unbekannte Volkskrankheit, denn die erste Weltmeisterschaft fand erst 1930 in Uruguay statt. Vor diesem Ereignis wurden die Turniere zusammen mit den Olympischen Spielen veranstaltet. Die erste Fußball-Europameisterschaft fand sogar erst 1960 statt.

Der Begriff „elektronische Unterhaltungsindustrie" war 1910 noch ein zusammengesetztes Fremdwort, aber die Weichen, dass das kommen würde, waren schon gestellt. Die Elektrifizierung lief auf Hochtouren. Und im Jahr 1907 gelang dem Russen Boris Rosing (1869–1933) die erste Übertragung eines Fernsehbildes. Dazu benutzte er eine Braun'sche Kathodenstrahlröhre und meldete diese Idee auch zum Patent an. Wurde er mit der Idee reich? Erstaunlicherweise nicht. Die ersten Gehversuche des Fernsehens waren noch zu primitiv. Es war danach Vladimir K. Zworykin, ein Schüler Rosings, der die Fernsehtechnik weiterentwickelte. Sie kam schließlich 1935 nach Deutschland und wurde von den Nazis 1936 erstmals zur Übertragung der Olympischen Spiele in Berlin eingesetzt.

Abb. 5.8   Damenmode um 1910. © lynea/Fotolia

Im Jahr 1923 startete der öffentliche Rundfunk in Deutschland. Anfangs waren Radiogeräte noch teuer, aber die Nazis wollten sie für ihre Propaganda einsetzen. Das bezahl- und tragbare Radiogerät namens *Volksempfänger* war ab 1933 erhältlich.

Auf das Internet musste die Menschheit freilich noch lange warten. Erst 1989 wurde das World Wide Web (WWW) von Tim Berners-Lee am Kernforschungszentrum CERN erfunden. Es erfuhr Anfang der 1990er-Jahre einen rasanten Aufstieg.

Zur Mode. Was trugen die Dame und der Herr von Welt vor 100 Jahren? Ein paar Impressionen zeigen Abb. 5.8 und 5.9.

Abb. 5.9   Herrenmode um 1910. © lynea/Fotolia

Seit 1911 haben die Frauen die Hosen an. Denn damals trug erstmals eine Frau eine sogenannte Rockhose, die sehr weit und bodenlang war.

5.8 Naturwissenschaften

Aus heutiger Sicht kaum vorstellbar ist, welches naturwissenschaftliche Weltbild noch vor 100 Jahren vorherrschte. Verglichen mit heute war das Wissen sowohl im Mikroskopischen als auch im Makroskopischen sehr rudimentär. Das Standardmodell der Teilchenphysik gab es in der Form noch gar nicht. Quarks und Neutrinos kannte man nicht. Man wusste auch nicht, ob es da draußen eine einzige Riesengalaxie gab oder sehr, sehr viele davon. Ganz zu schweigen von den kosmologischen Kenntnissen. Damals war das statische Universum angesagt; von einem sich ausdehnenden Kosmos hatte man vor 100 Jahren noch nie etwas gehört.

Anfang des 20. Jahrhunderts führte der neuseeländische Physiker Ernest Rutherford Streuexperimente mit radioaktiven Quellen durch. Die Quellen emittierten im **Alphazerfall** Teilchen – im Prinzip Heliumatomkerne –, mit denen Rutherford eine Goldfolie beschoss. Die meisten dieser Teilchen flogen ungehindert durch die Folie hindurch, aber manche von ihnen wurden heftig zurückgestreut. Offenbar hatten die rückgestreuten Alphateilchen irgendetwas Massives in der Folie getroffen und prallten zurück. Auf der Basis dieser Versuche entwickelte Rutherford ein *Atommodell*, das er im Mai 1911 vorstellte. Nach diesem Modell besteht ein Atom aus einer Hülle und einem Kern. Damit widerlegte er das Thomson'sche Atommodell, nach dem die Massenverteilung im Atom gleichmäßig sein sollte. Auf Rutherford geht auch die Teilung der Radioaktivität in *Alpha-, Beta-* und *Gammazerfall* zurück, je nachdem, wie die Strahlung in einem Magnetfeld abgelenkt (links, rechts, gar nicht) wurde. Er erfand auch das Wort „Halbwertszeit" und bekam 1908 den Nobelpreis für Chemie.

Im Jahr 1911 fand auch die berühmte Solvay-Konferenz zur *Theorie der Strahlung und Quanten* zum ersten Mal statt. Gesponsert wurde diese Konferenz von dem Unternehmer Ernest Solvay. Dort trafen sich viele berühmte und kompetente Physiker ihrer Zeit: von Max Planck, Ernest Rutherford und Arnold Sommerfeld über Maurice de Broglie,

Marie Curie bis Albert Einstein und Henri Poincaré. Inhaltlicher Schwerpunkt war die Quantenphysik, insbesondere Plancks um die Jahrhundertwende gemachte Entdeckung von der Quantisierung der Wärmestrahlung. 1900 bis 1915 – das waren fantastische Gründerjahre für die bislang erfolgreichsten und berühmtesten, physikalischen Theorien, nämlich der *Quantentheorie* und der *Relativitätstheorie*.

Der niederländische Physiker Heike Kamerlingh Onnes war auch bei der Solvay-Konferenz dabei. Er entdeckte 1911 die **Supraleitung**, nachdem er 1908 als Erster *flüssiges Helium*, das entsprechende Kühlmittel, hergestellt hatte. Für diese erstaunlichen Entdeckungen gab es 1913 den Nobelpreis für Physik. Was hätte Onnes dazu gesagt, hätte er absehen können, dass etwa 100 Jahre später seine Entdeckung der Supraleitung wichtige Anwendungen in Wissenschaft und Technik findet: vom Supermagneten im LHC am CERN über den Kernspintomografen bis zum Kernfusionsreaktor, der all unsere Energieprobleme lösen könnte?

Der britische Physiker Joseph J. Thomson (1856–1940) baute 1911 den ersten **Massenspektrografen**, ein Gerät zur präzisen Bestimmung der Massen kleinster Teilchen. Heute wird dieses Verfahren in der Medizin, Materialanalyse und sogar Kriminalistik angewandt.

Am 11. Januar 1911 wurde in Berlin die *Kaiser-Wilhelm-Gesellschaft e. V.* gegründet, aus der später die Max-Planck-Gesellschaft (MPG) hervorging. Heute gibt es rund 80 Max-Planck-Institute (MPIs) mit verschiedenen Schwerpunkten aus Natur- und Geisteswissenschaften, die weltweit wichtige außeruniversitäre Forschungsbeiträge liefern.

Am 9. Juli 1911 kam der spätere Physiker und Relativitätstheoretiker John Archibald Wheeler auf die Welt. Sein

Einfluss auf die Erforschung und Anwendung der Relativitätstheorie – insbesondere nach Einsteins Tod – war immens. Gut bekannt ist Wheeler als das „W" in „MTW", dem dicksten Buch über *Gravitation* gleichen Titels, das von den Relativisten Misner, Thorne und Wheeler (daher „MTW") verfasst wurde (Misner 1973). Wheeler, dem wir auch die Begriffe „Wurmloch" (*wormhole*; Abschn. 2.4) und „Schwarzes Loch" (*black hole*) verdanken, verstarb 2008.

Wie schon in Abschn. 5.3 erwähnt, war die Zeit um die Jahrhundertwende geprägt von der Entdeckung der **Radioaktivität** durch Antoine-Henri Becquerel sowie das Ehepaar Marie und Pierre Curie. Die Curies entdeckten darüber hinaus zwei neue, schwere, chemische Elemente, nämlich *Polonium* und *Radium*. Marie Curie war ein Genie der Naturwissenschaften. Als bislang einzige Frau wurde sie mit zwei Nobelpreisen ausgezeichnet: 1903 in Physik (ebenso ihr Mann Pierre) und 1911 in Chemie. Das Wort „Radioaktivität" hatte sie erfunden. Das Ehepaar Curie bezahlte ihre Pionierarbeiten mit dem Leben, denn sie erforschten ungeschützt die lebensgefährliche Radioaktivität.

Welche *Planeten des Sonnensystems* waren um 1910 bekannt? Es waren nur acht, weil Pluto erst 1930 entdeckt wurde. Nette Anekdote am Rande: Disneys Hund Pluto, der ebenfalls 1930 erfunden wurde und seinen ersten Auftritt hatte, wurde tatsächlich nach dem Planeten Pluto benannt. 76 Jahre lang war er dann einer der klassischen Planeten, bis ihm die Internationale Astronomische Union 2006 diesen Status aberkannte und zum *Zwergplaneten* degradierte. Dies geschah vor dem Eindruck neu entdeckter Himmelskörper jenseits von Pluto, die man sonst hätte zu Planeten machen müssen.

Vor 120 Jahren war die Extragalaktik noch nicht bekannt. Der Potsdamer Astronom Johannes Scheiner entdeckte 1899, dass sich der Andromeda-Nebel (heute Andromeda-Galaxie) außerhalb der Milchstraße befindet.

Albert Einsteins berühmte Relativitätstheorie wurde zur Jahrhundertwende entwickelt. Im Jahr 1905 veröffentlichte er die *spezielle Relativitätstheorie*, an der viele Physiker und Mathematiker beteiligt waren. Offenbar war die Zeit einfach reif, dass dieses neue Verständnis über die Natur von Raum, Zeit, Energie und Licht der Natur entlockt wird.

Danach arbeitete Einstein jahrelang an der Verallgemeinerung dieser Theorie – vor allem mit dem befreundeten Mathematiker Marcel Grossmann. Der Durchbruch gelang, und in seinem heute legendären Vortrag vor der Preußischen Akademie der Wissenschaften stellte Einstein am 25. November 1915 die *allgemeine Relativitätstheorie* vor (Einstein 1915). Es war eine neue Theorie der Gravitation, die Newtons alte Theorie von der Schwerkraft ablöste. Bis heute ist Einsteins Theorie das Beste, was wir haben, um Neutronensterne, Schwarze Löcher, die Dynamik des Universums und das Phänomen Gravitation an sich zu beschreiben.

„Teilchenbeschleuniger" ist vermeintlich ein Begriff des späten 20. Jahrhunderts. Tatsächlich gab es schon 1929 den sogenannten Van-de-Graaff-Generator, einen Bandgenerator zum Erzeugen extrem hoher, elektrischer Spannung. Daraus ging 1930 der Van-de-Graaff-Beschleuniger hervor, der erste Teilchenbeschleuniger überhaupt.

Wenn wir schon von Teilchenbeschleunigern reden: Was war eigentlich der *Stand der Teilchenphysik* vor 100 Jahren? *Elektronen* waren schon bekannt, denn der oben erwähnte

J. J. Thomson konnte diese elektrisch negativ geladenen, nicht weiter teilbaren Teilchen 1897 experimentell nachweisen. *Protonen* wurden 1898 als Bestandteil von Ionenstrahlen in Gasentladungsröhren entdeckt. Es war der bereits erwähnte Rutherford, der 1919 das Proton als Bestandteil des (Wasserstoff-)Atomkerns identifizierte.

Noch länger hat es beim *Neutron* gedauert, das im Entdeckungsjahr von Pluto (1930) gefunden wurde. Zunächst sprach man von *Berylliumstrahlung*, weil die rätselhafte Strahlungsform bei der Bestrahlung des Elements Beryllium mit Alphateilchen freigesetzt wurde. Rutherfords Schüler James Chadwick war es schließlich, der erkannte, dass die Berylliumstrahlung aus Teilchen bestehen musste, die elektrisch neutral, aber ungefähr so schwer wie Protonen sein mussten. Er nannte sie 1932 Neutronen, d. h., sie waren 1910 ebenfalls noch nicht bekannt. Dass Proton und Neutron aus noch fundamentaleren Teilchen, den *Quarks*, bestehen könnten, lag damals nicht auf der Hand. Dieses Wissen erarbeiteten sich die Teilchenphysiker erst in den 1960er-Jahren. Erst 1995 gelang der experimentelle Nachweis des sechsten und schwersten Quarks, des *Top-Quarks*. Es ist mit rund 174 GeV das schwerste Elementarteilchen überhaupt und sogar schwerer als das 2012 nachgewiesene Higgs-Teilchen (125 GeV Masse).

Die Nobelpreise gibt es ebenfalls erst seit gut 100 Jahren. Die Nobelpreise – zu Ehren des Erfinders Alfred Nobel (1833–1896) – wurden erstmalig 1901 verliehen. Nobelpreise gibt es ja nur in den Kategorien Physik, Chemie, Medizin und Literatur – außerdem gibt es den Friedensnobelpreis. Der allererste Nobelpreis für Physik ging 1901 an niemand Geringeren als Wilhelm Conrad Röntgen für seine Entdeckung der *X-Strahlen*, heute Röntgenstrahlung genannt.

Zur *Kosmologie*: Den Begriff „Dunkle Energie" gab es damals noch nicht, aber kurz nachdem Einstein seine allgemeine Relativitätstheorie 1915 verkündete, erfand er 1917 seine *kosmologische Konstante*. In der Feldgleichung seiner Theorie führte er sie als das berühmte Λ (Lambda, der griechische Buchstabe Λ) ein. Heute wissen wir, dass es sich dabei um eine von vielen möglichen Formen der Dunklen Energie handelt. Diese mysteriöse Energieform erklärt die erst 1998 beobachtete beschleunigte Expansion des Universums am besten. Einsteins Einführung von Lambda war jedoch gänzlich anders motiviert, denn damals wusste man gar nichts von einer Dynamik des Universums! Die Kosmologie, die vor 100 Jahren als sexy empfunden wurde, war ganz anders als heute. Damals favorisierten die Kosmologen ein statisches Universum, d. h., der Kosmos war schon immer da, sah schon immer so aus und sollte auch ewig so bleiben.

Danach, in den 1920er-Jahren, wurden allerdings astronomische Beobachtungen gemacht, die ein dynamisches Universum nahelegten. Denn alle sehr weit entfernten Galaxien fliegen von uns weg. Der belgische Priester Georges Lemaître war der Erste, der dieses Auseinanderstreben des Kosmos kühn in der Zeit zurück extrapolierte: hin zu einer *Geburt des Raums*, wie er es 1931 nannte. Er war damit der Erfinder der Urknalltheorie, obwohl er es nicht so nannte. Der Begriff „Big Bang" bzw. „Urknall" geht zurück auf Sir Fred Hoyle, der Big Bang 1947 in einem Radiointerview nannte. Hoyle war eigentlich Gegner der Urknalltheorie! Heute wissen wir aufgrund weiterer unabhängiger

Beobachtungen, dass es vor etwa 13,8 Mrd. Jahren offenbar wirklich einen Ursprung des ganzen Universums in einem extrem kleinen und heißen Anfangszustand gegeben haben muss. Ob dieser *Hot Big Bang* tatsächlich eine **Urknallsingularität** erfordert, also einen räumlich punktförmigen Anfang und eine Geburt der Zeit, ist bis heute unklar. Vielleicht haben die Kosmologen dafür noch nicht die richtige Theorie zur Hand.

Wie man die kosmologische Konstante physikalisch interpretieren muss und was die Natur der Dunklen Energie ist, wissen wir auch 100 Jahre nach Einsteins Erfindung einer neuen Naturkonstante nicht! War es wirklich ein Geniestreich, oder bringt uns die rätselhafte Energieform auf die falsche Spur? Die meisten Kosmologen befürworten die Dunkle Energie und wollen herausfinden, was sich dahinter verbergen könnte. Aber es gibt auch Skeptiker, die alternative Modelle ohne Dunkle Energie verfolgen.

Es gibt da noch eine weitere, ähnlich mysteriöse dunkle Komponente des Universums: die *Dunkle Materie*. Von Dunkler Materie hatten die Leute vor 100 Jahren noch keine blasse Ahnung. Es dauerte bis in die 1930er-Jahre, als der schweizerische Physiker und Astronom Fritz Zwicky die Existenz dieser rätselhaften, nicht leuchtenden Massenform anhand von Beobachtungen an Galaxienhaufen forderte. Der niederländische Astronom Jan Hendrik Oort (nach dem übrigens auch die Oort'sche Kometenwolke benannt wurde) fand zur gleichen Zeit anhand der Sternbewegungen in der Milchstraße auch Evidenz für eine dunkle Materieform.

Wissenschaftshistorisch gibt es da eine verblüffende Parallele: Zeitgleich zur Erfindung der Dunklen Materie durch

Zwicky und Oort auf dem Gebiet der makroskopischen Physik hatte ein anderer Physiker die Idee für ein neues Teilchen in der mikroskopischen Physik. Die Rede ist von dem österreichischen Quantenphysiker Wolfgang Pauli. In fast blindem Vertrauen auf die Erhaltungssätze für Energie und Impuls forderte Pauli, der den Betazerfall untersuchte, die Existenz des *Neutrinos*. So viel Kühnheit wurde belohnt, denn das Neutrino wurde tatsächlich entdeckt. Weil dieses Teilchen allerdings kaum mit Materie wechselwirkt, gelang sein Nachweis erst 1956. Wie sich später herausstellte, war dieses Neutrino ein erster Vertreter von drei möglichen. Das war ein Durchbruch in der Teilchenphysik. Der geniale Physiker Pauli erhielt vor der Entdeckung des Neutrinos den Physik-Nobelpreis 1945 für eine ganz andere Geschichte: Er fand ein Naturgesetz, das heute *Pauli-Prinzip* genannt wird. Es gilt für Teilchen mit halbzahligem Spin und ist ganz wesentlich für den Aufbau der Materie und die Stabilität von Sternen.

Zurück zur Dunklen Materie: Astronomische Beobachtungen an einzelnen Galaxien und Galaxienhaufen (erstmalig schon in den 1930er-Jahren) sowie die Eigenschaften der kosmischen Hintergrundstrahlung (die 1964 entdeckt wurde) legen nahe, dass es diese nicht leuchtende Materieform geben muss. Was verbirgt sich physikalisch dahinter? Bis heute weiß das keiner. Die beste Idee ist, dass es ein Dunkle-Materie-Teilchen gibt, das uns bislang auf der Erde entgangen ist. Ähnlich wie die Neutrinos unterläge dieses Teilchen nur der schwachen Wechselwirkung, was seinen Nachweis extrem erschweren würde. Zurzeit versuchen die Physiker mit Experimenten am LHC am CERN, aber auch mit CRESST, XENON100, DAMA, CoGeNT, LUX und anderen, das Dunkle-Materie-Teilchen direkt nachzuweisen – bislang ohne Erfolg.

Zu den Pionieren der mikroskopischen Welt müssen aber auch weitere Forscher gerechnet werden, die vor 100 Jahren bahnbrechende Entdeckungen machten. Zu ihnen gehört Max von Laue (Nobelpreis 1914). Er darf als derjenige gelten, der für die Menschheit das Tor in die *Nanowelt* aufstieß. Wie jeder weiß, der sich mit Mikroskopen auskennt: Je kleiner die Wellenlänge der Strahlung ist, umso kleiner sind die Strukturen, die damit aufgelöst werden können. Von Laue nahm die wenige Jahre zuvor entdeckte Röntgenstrahlung, die mit ungefähr 1 nm (Nanometer) eine 100-fach kleinere Wellenlänge als sichtbares Licht hat. Mithilfe der Methode *Röntgenkristallografie* gelang es ihm, die Mikrostruktur von Kochsalz aufzuklären. Natriumchlorid, wie die Chemiker die weißen Kristalle nennen, die unser Frühstücksei versüßen, Pardon, versalzen, hat eine besondere Kristallstruktur. Treffen auf dieses Kristallgitter Röntgenstrahlen, so werden sie in charakteristischer Weise gebeugt. Dies ist mit der Wellennatur der Strahlung erklärbar. Dieses Verfahren dient bis heute der Entschlüsselung von Kristallstrukturen im Nanokosmos.

Vom ganz Kleinen zum ganz Großen: Das *größte Teleskop der Welt* war ab 1845 das irische Leviathan-Teleskop mit einem Spiegeldurchmesser von 2 m. 1917 wurde Leviathan vom *100-Zöller* (2,5 m) auf dem 1742 m hohen Mount Wilson in Kalifornien abgelöst. Der 100-Zöller war dann 30 Jahre lang das größte Teleskop der Welt! Mit diesem Prachtstück erforschte Hubble die Welt außerhalb der Milchstraße (s. oben).

Und sonst? Viel Entdeckergeist. Der Norweger Roald Amundsen und seine vier Begleiter erreichten am 14. Dezember 1911 als erste Menschen den *Südpol* in der Antarktis. Amundsen war sofort klar: Wer sich von dort auf den Weg macht, geht auf jeden Fall nach Norden.

5.9 Vision versus Retrospektive

Kapitel 4 und 5 waren ein wilder Ritt durch 200 Jahre Menschheitsgeschichte. Tja, gewöhnen Sie sich daran, wenn Sie wirklich in eine der Zeitmaschinen einsteigen wollen, wie sie in Kap. 2 vorgestellt wurden. Zeitreisen sind anstrengend.

Wenn Sie wirklich zeitreisen, sollten Sie eine gute Portion Fingerspitzengefühl und Zurückhaltung mitbringen, wie die Diskussion in Kap. 3 nahelegt. Denn Ihr Besuch wird sehr wahrscheinlich Einfluss auf den Ablauf der Ereignisse haben. Falls Sie in die Vergangenheit reisen, sollten Sie fortgeschrittene Geschichtskenntnisse haben – Sie könnten sich sonst danebenbenehmen.

Zeitreisen hin oder her. Selbst wenn da vorerst nichts daraus werden sollte, so hat doch die direkte Gegenüberstellung der Welt vor 100 Jahren und einer möglichen Zukunft in 100 Jahren einen besonderen Reiz.

Hätten die Menschen von 1910 eine realistische Vision von unserer Gegenwart gehabt? Vermutlich nicht, aber wie wir gesehen haben, unterliegen viele Entwicklungen klaren, prognostizierbaren Gesetzmäßigkeiten. Historisch betrachtet wiederholen sich Ereignisse unter ähnlichen Umständen, weil die Menschheit nicht so ohne Weiteres aus ihrer

Haut kann bzw. nicht unbedingt aus ihren Fehlern lernt. Insgesamt ist die Prognose für die Welt in 100 Jahren wahrscheinlich zu komplex und zu sehr vom Zufall und nicht vorhersagbaren, doch bedeutsamen Einzelereignissen bestimmt. Die Lebensbereiche einer ganzen Zivilisation von Milliarden Menschen sind stark miteinander verschränkt und beeinflussen sich gegenseitig. Ich kann mir nicht vorstellen, dass die Menschen des Jahres 1910 beide Weltkriege hätten voraussehen können. Zwar standen sie zeitlich kurz davor, und aufgrund der Konstellationen, die sich aus dem 19. Jahrhundert heraus ergeben hatten, waren internationale Konflikte absehbar; aber dieses Ausmaß hätte sich wohl niemand ausmalen können.

Von fernen Errungenschaften wie dem modernen naturwissenschaftlichen Weltbild und daraus entstandenen Anwendungen wie dem Computerzeitalter und dem Internet dürften sie erst recht keine Vorahnung gehabt haben.

Faszinierend ist doch, dass sich bei unserem Blick aus der Vogelperspektive über die Grenzen von Raum und Zeit hinweg ein wunderbarer Gesamtzusammenhang auftut: Viele Entwicklungen sind auf wundersame Weise verzahnt, verlaufen parallel, bedingen und beflügeln sich gegenseitig. Viele alte Ideen werden wiedergefunden, wiedererfunden oder weitergesponnen und verbinden uns Menschen des 21. Jahrhunderts auf wundersame Weise mit unseren Vorfahren und Vordenkern aus dem Jahr 1910 und den vielen Epochen davor. Das hat mich sehr beglückt, und es passt dazu ein schönes Zitat des englischen Naturforschers Sir Isaac Newton, der sinngemäß sagte: „Wenn es einen Grund dafür gibt, weshalb ich weiter geschaut habe als andere, dann, weil ich auf den Schultern von Riesen stand."

Wir stehen immer noch auf den Schultern von Riesen, und bald werden andere auf unseren Schultern stehen. Und die Welt, die uns in 100, 1000 oder 10.000 Jahren hier auf der Erde und ganz bestimmt auch anderswo erwartet, wird vollkommen anders sein als das, was wir uns in den kühnsten Visionen heute ausmalen können.

Wir dürfen also gespannt sein, was unsere Zukunft für uns bereithält. Ist es deshalb komplett sinnlos, sich eine Vision zu machen? Ich meine nein. Denn die Vision in Kap. 4 in den verschiedenen Teilbereichen unseres Lebens und Wirkens hat sehr klargemacht, welchen Herausforderungen wir uns über kurz oder lang stellen müssen.

- *In der Politik*: Schon vor 100 Jahren gab es kriegerische Auseinandersetzungen, und die Lager standen sich unversöhnlich gegenüber. In Weltkriegen kam es zu Vernichtungsschlachten ungeahnten Ausmaßes mit unzähligen Opfern auf allen Seiten. Sie sollten uns eine Warnung sein, dass so etwas nie wieder geschieht. Die UN, die aus diesen Weltkriegserfahrungen hervorgegangen sind, haben der Welt gutgetan. Sie könnten aber noch schlagkräftiger sein. Wir könnten eine starke, internationale Staatengemeinschaft brauchen, die Druckmittel in der Hand hat, z. B. zur Lösung des Ukraine-Konflikts, im Kampf gegen die Terrorgruppe Islamischer Staat (IS) und vor allem zur Beseitigung des Nord-Süd-Konflikts, der uns in den kommenden Jahrzehnten zunehmend beschäftigen wird.
- *In der Wirtschaft*: Schon vor 100 Jahren gab es ernstzunehmende Wachstumsstörungen. Die Deutsche Inflation spukt immer noch als Schreckgespenst der Vergan-

genheit in den Köpfen deutscher Senioren. Auch heute passieren Bankenkrisen, und man fragt sich, ob die Menschheit eigentlich etwas dazugelernt hat. Offenbar verdienen zu viele zu gut an den Spekulationsgeschäften; die Rechnung zahlen wir alle, die als Steuerzahler das Risiko solcher Geschäfte tragen. Wir brauchen hier eine faire Verteilung: Wer die Aussicht auf Gewinne hat, sollte auch die Risiken tragen. Wir benötigen hier offenbar ebenfalls mehr staatliche und internationale Kontrollen, weil das System sich nicht selbst überwachen kann, wie die vielen Beispiele der Vergangenheit belegen.

- *Bei der Energiekrise*: Erdöl und Erdgas werden spätestens in der nächsten Generation erschöpft sein. Es ist klar, was da auf uns zurollt: Preissteigerungen, daran gekoppelt Wirtschaftskrisen und schließlich Versorgungskämpfe. Wir brauchen in der Energiefrage einen Plan B. Der deutsche Ausstieg aus der Kernenergie war langfristig richtig, aber angestoßen durch die Fukushima-Katastrophe übereilt. Damit entgeht uns eine Brückentechnologie, in der Deutschland weltweit ganz vorn dabei war. Eine Brückentechnologie ist jedoch notwendig bis uns die Fusionsenergie als ultimative Lösung der Energiekrise zur Verfügung steht. Wann wir über Energie aus der Kernfusion nach dem Vorbild der Sonne verfügen werden, ist unklar. Die Europäer haben gemäß ihrem Forschungsplan das Jahr 2050 angesagt. In der Zwischenzeit müssen wir global CO_2-emissionsstarke Technologien eindämmen, damit das Weltklima nicht aus dem Ruder läuft. Erdgas könnte dabei eine Option sein, weil es nur halb so viel CO_2 emittiert wie Kohle und dabei kaum andere Schadstoffe wie Schwefeloxide oder Quecksilber freigesetzt werden. Helfen können auch die Reserven in der Bioenergie.

- *Bei der Klimakrise*: Die IPCC-Prognosen sprechen eine klare Sprache. Die globale Erwärmung ist unausweichlich. Die Menschheit hat mit der rasanten Industrialisierung vor 100 Jahren das Klimaproblem selbst verschuldet. Nun geht es um Schadensbegrenzung. Der CO_2-Ausstoß muss unbedingt so gut es geht begrenzt werden. Ein deutscher Alleingang wäre aber sinnlos. Alle müssen mitmachen, insbesondere die Klimasünder von morgen, nämlich Schwellenländer wie China und Indien. Klimagipfel sind daher wichtig, aber es muss dabei auch zu einem verbindlichen Zugeständnis kommen, um die Emissionen zu begrenzen.

- *Zur Vermeidung von Katastrophen*: Den Dinos fiel der Himmel auf den Kopf. Lassen Sie uns etwas dagegen tun, dass Aliens in ein paar Millionen Jahren nicht nur noch Menschenskelette aus unserer Erde holen. Wir sollten nicht erst einen Plan aus der Tasche ziehen, wenn es zu spät ist, sondern vorbereitet und handlungsfähig sein. Jetzt. Zwei Strategien müssen verfolgt werden: Erstens die Sichtung sämtlicher Killerasteroiden durch astronomische Beobachtungen, was mit Surveys wie Pan-STARRS oder dem Radioteleskop in Arecibo derzeit schon im Ansatz praktiziert wird. Zweitens müssen wir im Ernstfall auch etwas tun können. Durchaus preisgünstige Lösungen für Raummissionen wie dem *Gravity Tractor* sind schon jetzt technisch machbar. Preisschild: rund 500 Mio. €. Eigentlich nicht so teuer, wenn wir uns damit das Überleben der Menschheit einkaufen können.

- *In der Medizin*: Das Leben ist kein Ponyhof, erst recht nicht, wenn man alt wird. Es ist schön alt zu werden, aber das sollte mit einer vernünftigen Lebensqualität und in Würde geschehen. Eine überalterte Gesellschaft birgt das Risiko neuer Krankheiten, wie Alzheimer und Parkinson, aber vor allem Krebserkrankungen belegen. Die Altersforschung und die Altersmedizin werden uns zunehmend beschäftigen. Neue medizinische Technologien wie die Gentechnik und Stammzellenforschung bieten große Chancen, aber auch Risiken. Diese Entwicklungen müssen ethisch und politisch begleitet werden, damit sie in geordneten Bahnen ablaufen. Nationale Alleingänge müssen durch internationale Regelungen, z. B für die embryonale Stammzellenforschung oder für das Klonen menschlichen Erbguts, unterbunden werden.

  Wir dürfen bei allen Errungenschaften der modernen Medizin und dem Wohlstand in der westlichen Welt nicht vergessen, dass es drängende Gesundheitsprobleme in Entwicklungsländern gibt. Das Beispiel der Tuberkulose hat gezeigt, dass es trotz Wissens, wie man sie bekämpfen kann, eine große Not in Afrika und anderen Orten der Welt gibt. Hier könnte leicht geholfen werden. Das Wiederaufflammen der Ebola-Epidemie in Westafrika in 2014/2015 hatte gezeigt, dass schnelle und gute Lösungen durchaus machbar sind, wenn der Druck zu handeln nur groß genug ist.

- *Bei der Technik*: Die absehbare Bevölkerungsexplosion wird zu Versorgungsengpässen, Wohnraumnot und neuen Zivilisationsstrukturen (u. a. Megacitys) führen. Technische Lösungen sind erforderlich, damit wir diese Herausforderungen in den Griff bekommen. Das Beispiel der Unterwasserstädte klingt sehr nach ferner Zukunftsmusik, aber wir sollten uns solche Optionen offenhalten. Bis es so weit kommt, sollten alle Möglichkeiten im Städtebau zu Lande ausgeschöpft werden.

Für die infrastrukturelle Weiterentwicklung und die Logistik werden neue Verkehrstechnologien entwickelt werden müssen. Das Verkehrsaufkommen wird weiter rapide zunehmen, erst recht in Ballungsgebieten. Die Mobilität des Einzelnen ist ein hohes Gut, das sicherlich Fortbestand haben wird. Dafür muss es jedoch technische Lösungen geben. Die Elektromobilität ist eine CO_2-freie Technologie, die sich in den nächsten Jahren rapide weiterentwickeln wird. Allerdings muss der Strom auch irgendwie in die Steckdose kommen – und Steckdosen müssen allerorts verfügbar sein. Es wäre gut, wenn der Strom nicht aufgrund der Verbrennung konventioneller, fossiler Brennstoffe erzeugt würde.

- *In den Naturwissenschaften*: Die Grundlagenforschung spielt dabei immer eine wichtige Rolle, denn mit neu entdeckten Effekten und Naturgesetzen tun sich neue Anwendungen und Lösungen auf. Sie ermöglichen neue Technologien und Innovationen, die auch unseren Alltag stark beeinflussen könnten. Medizinischer und wirtschaftlicher Fortschritt erfordert naturwissenschaftliche Entdeckungen. In der jüngeren Vergangenheit sind auch das Internet und die Computertechnologien Beispiele für solche Errungenschaften moderner Forschung. Konzepte wie Deep Learning könnten zu Schlüsseltechnologien heranreifen, die die großen Herausforderungen der Menschheit lösen könnten. Kontinuität ist daher immer wichtig, also eine fortlaufende und adäquate Förderung der Bildung an Schulen und Hochschulen, der Ausbildung in der Industrie und der Grundlagenforschung an universitären und außeruniversitären Einrichtungen.

Wer Visionen hat, hat auch ein Ziel, auf das er hinarbeiten kann. Wir brauchen Lösungen und Strategien, um zu wissen, wie wir aktiv unsere Zukunft gestalten können und sollen.

Wir haben Verantwortung – für uns, unsere Kinder und deren Nachkommen.

6

Eine persönliche Zeitreise

6.1 Wiedersehen mit Saint-Tropez

Im Jahr 1992 hatte ich ein unvergessliches Erlebnis. Ich stand ein Jahr vor dem Abitur und meine besten Freunde Jens, Sven, Boris und ich hatten beschlossen, mit dem Auto nach Saint-Tropez zu fahren, um dort unseren Sommerurlaub zu verbringen. Ich war gerade 18 Jahre alt, und für mich war das der erste richtige Urlaub als junger Erwachsener. Natürlich wollten wir vier da unten auch richtig auf den Putz hauen. Denn wir waren jung, schön und frei.

Zwischen uns im Rhein-Main-Gebiet und Sommer, Sonne, Strand und Meer lagen allerdings noch rund 1000 km, die es zu überwinden galt, denn Saint-Tropez liegt an der Côte d'Azur, in einer der schönsten Gegenden Südfrankreichs. Gesagt, getan. Wir packten die Kofferräume voll und nahmen neben einer Badehose vor allem Campingausrüstung zum Zelten mit. Zum einen waren Hotels für Schüler zu teuer, und zum anderen wollten wir lieber dort sein, wo richtig was los ist: auf einem Campingplatz direkt am Meer. Wir fuhren nachts los, und schon die Fahrt mit zwei Autos war ein Abenteuer. Wir ließen die Schweiz hinter uns, fuhren quer durch Frankreich und erreichten schließlich die bezaubernde Provence. Links und rechts bot sich eine atemberaubende Naturkulisse. Wir fuhren schwindelerregende Serpentinen in kargen Felsenlandschaften und bestaunten klare Wildwasserflüsse, die sich durch ein Kiesbett schlängelten. Alles war so wundervoll, und wir genossen das Gefühl der Freiheit.

In der südlichen Provence machten wir einen Zwischenstopp, um uns zu orientieren. Als wir dann weiterfahren wollten, unterbrach ein jähes „Kch brüüää", gefolgt von einem tiefen Brummen die Stille. „Was ist denn jetzt los?", durchfuhr es Jens und mich erschrocken. Wir stiegen aus und entdeckten, dass der Auspuff an einem Metallstück hängen geblieben war, das rund 15 cm aus einem Betonklumpen am Wegesrand ragte. Dieses unscheinbare, fast unsichtbare Stück Metall hatte doch tatsächlich beim Anfahren das Auspuffrohr von der Mitte des tiefer gelegten Citroen AX mit einem Ruck nach hinten geschoben. Uns bot sich ein Bild des Schreckens: Der hintere Stoßfänger hatte sich durch die Wucht des Auspuffrohrs nach außen und nach oben gebogen. Das hintere Auspuffrohr wurde vom mittleren Rohr gelöst, sodass der Motor nun in einem sportlich-tiefen „Rruumm Rrumm" gut hörbar vor sich hin grollte.

Uns war schnell klar, dass wir erst einmal gestrandet waren – und zwar lange vor dem Strand. Provence, Panne, Pech gehabt! Wir waren allerdings nicht nur in der Provence, sondern auch in der Provinz. Gut erschlossen war die Gegend nämlich nicht, und eine Werkstatt war weit und breit nicht in Sicht. Mit dem zweiten, intakten Auto von Sven suchten wir daher eine Werkstatt und fanden durch Herumfragen zum Glück ein paar französische Mechaniker, die uns den Wagen wieder flott machen konnten. Jens hatte glücklicherweise die Kreditkarte für solche Notfälle dabei. Nachdem der erste Schrecken verflogen war, konnten wir durchaus die Annehmlichkeiten der Provence genießen. Wir fanden in der Nähe einen kleinen Campingplatz, sodass auch die Übernachtung gesichert war. Unvergessen für uns ist das Schild, das die Camper am Eingang begrüßte: „Hunde litte an der Leinen."

Am nächsten Tag setzten wir im reparierten Auto unsere Anreise fort. Die malerischen Strandpromenaden mit den vielen Palmen sind mir gut in Erinnerung geblieben. Die Vorfreude auf den Sommerurlaub wuchs beträchtlich. Schließlich erreichten wir unser Urlaubsziel kurz hinter Saint-Tropez. Der Campingplatz war wirklich sehr nett und lag direkt am Strand. Viele junge Leute und Familien aus aller Welt verbrachten hier ihren Urlaub. Es waren besonders viele Holländer mit Anhänger da – klar, war ja auch ein Campingplatz.

Im August ist Südfrankreich wirklich extrem heiß. Genauso wollten wir es auch haben. Allerdings knallte schon morgens um sieben Uhr die Sonne unerbittlich auf das Zelt, und innen wurde es unerträglich stickig und heiß. Mir war es dann ohnehin recht aufzustehen, weil ich im Zelt auf meiner Luftmatratze dermaßen dämlich und verknotet dalag, dass mir regelmäßig beide Arme einschliefen. Wissen Sie, wie doof das ist? Man kann ja nicht einmal vernünftig aufstehen, weil man sich nicht aufstützen kann. Gut, es kann schlimmer kommen, nämlich wenn zusätzlich beide Beine einschlafen. Wenigstens das blieb mir erspart.

Das Leben auf dem Campingplatz war schon sehr angenehm. Morgens holten wir uns erst einmal ein paar

Baguettes im Supermarkt und frühstückten. Danach ging es direkt zum Strand. Unsere Aktivitäten bestanden aus Schwimmen im Meer, Faulenzen in der Sonne sowie natürlich Essen und Trinken. Ab und zu, meistens abends, wenn es abgekühlt hatte, waren wir auch sportlich aktiv und spielten vor allem American Football am Strand.

Der gesellschaftliche Mittelpunkt war mittags eine Imbissbude der besonderen Art: Wir nannten es das *Fässchen*, denn es war ein überdimensionales Fass von vielleicht 4 m Höhe und 3 m Durchmesser, in dem eine Imbissbude inklusive Theke eingebaut war (Abb. 6.1). Dort bekam der hungrige Camper und Schwimmer schmackhafte, französische Snacks vom belegten Baguette über Pommes frites bis zum Hot Dog. Wir mochten besonders die Baguettes, weil sie frisch belegt wirklich lecker waren und so eine französische Note hatten. Die Imbissbudenbesitzer waren wirklich drollig. Es war ein original französisches, älteres Ehepaar, beide braungebrannt und von mütterlicher bzw. väterlicher Ausstrahlung und trotz Arbeit komplett tiefenentspannt. Auch nicht von schlechten Eltern war ihre vielleicht 17-jährige Tochter, die sich fast täglich vor dem Fässchen zu unserer Verzückung sonnte. Ihr Anblick ließ keinen Zweifel daran, dass es einen lieben Gott geben musste.

Abends gingen wir in die Disco oder an die netten Strandbars. Bis tief in die Nacht konnte man dort vor der Kulisse der rauschenden Brandung bei einem gepflegten Bier neue Leute kennen lernen und nette Gespräche führen – was für ein Leben! Dieser sehr erholsame und witzige Männerurlaub ist mir in bester Erinnerung geblieben.

Im darauffolgenden Jahr 1993 waren wir sogar noch einmal am gleichen Ort. Ursprünglich wollten wir – wieder

Abb. 6.1 Das legendäre Fässchen im Jahr 2014. © A. Müller

mit den Autos – erneut ans französische Mittelmeer, diesmal jedoch näher an die Grenze zu Spanien fahren. Aber als wir dort ankamen, gefiel es uns nicht: Nur alte, französische Männer, die Boule spielten – das braucht man nicht wirklich, wenn man um die 20 ist.

Warum erzähle ich Ihnen das alles? Nun, im Sommer 2014 hatte ich eine Zeitreise gemacht. Glauben Sie nicht? Können Sie aber. Ich war nämlich an diesen besonderen, für mich magischen Ort meiner Vergangenheit zurückgekehrt – nach 21 Jahren! Diesmal waren meine Frau und meine beiden Söhne dabei. Wir hatten in der Nähe von Marseille unseren Sommerurlaub verbracht und waren ungefähr 90 Autominuten von Saint-Tropez entfernt. Ich wollte unbedingt diese Chance nutzen und den Campingplatz unseres Männerurlaubs aufsuchen. Natürlich platzte ich fast vor Neugier, was sich alles verändert haben könnte.

In mir machten sich aber auch gemischte Gefühle breit: Ist es eine gute Idee, einen lieb gewonnenen Ort der lange zurückliegenden Vergangenheit aufzusuchen – in der Hoffnung, wieder ein bisschen von der Magie von damals zu finden? Könnte sich nicht so viel verändert haben, dass man enttäuscht wird? Könnte ich mich selbst nicht auch so sehr verändert haben, dass alles anders auf mich wirkt?

Es hatte ein wenig gedauert, aber plötzlich erkannte ich einiges wieder. Hier und da gab es ein paar Häuser mehr. Doch der alte Strandparkplatz war immer noch da und sah sogar noch genauso aus. Aber am Sandstrand hatte sich schon sehr viel verändert, wie ich zu meiner Ernüchterung feststellte: ein Jetski-Verleih hier, eine neues Strandrestaurant dort. Viele deutsche Urlauber waren da, und fast an jeder Ecke wurde deutsch gesprochen. Ich war genervt. Denn ich fahre ja in den Urlaub, um einen gewissen Flair im Ausland zu genießen und nicht um mich wie beim Einkauf im heimischen Aldi zu fühlen.

Aber siehe da: Das *Fässchen* war noch da! Es sah genauso aus wie vor über 20 Jahren: die Theke, das Schild mit den Speisen, die Sanddünen drum herum, die Campingstühle und die Sonnenschirme. Dann dachte ich, dass mich echt der Schlag trifft: Das nette, ältere Ehepaar, das damals den Imbiss betrieben hatte, war immer noch da! Und sie schienen sich kaum verändert zu haben. „Das gibt's doch gar nicht", dachte ich. War nur ich gealtert? Die beiden mussten doch Mitte 70 sein, sahen aber aus wie aus dem Ei gepellt. Ich kam echt aus dem Staunen nicht mehr heraus. Das Essensangebot war das gleiche wie damals. Es schmeckte sogar noch genauso. Ich sprach die beiden Imbissbudenbetreiber an und erzählte ihnen, dass ich vor 21 Jahren zuletzt hier bei ihnen war. Sie staunten nicht schlecht. Der väterliche *Fässchen*-Besitzer erzählte, dass er nun schon seit 32 Jahren diesen Imbiss betreibe. Da hatten die beiden einiges erlebt.

Ich war tatsächlich nach über 20 Jahren an den magischen Ort meiner Jugend zurückgekehrt – das war ein echt surreales Gefühl. Ich stand etwas neben mir und bewegte mich wie ferngesteuert. Das Meer, der Wind und der Sand waren wie damals, aber ansonsten hatte sich einiges verändert. Der Campingplatz bot keinen Platz mehr für Zelte. Es gab überall niedliche Strandhütten mit Strohdächern, die man beziehen konnte. Hier erkannte ich kaum etwas wieder. Der Supermarkt war verschwunden, aber die zweispurige Ein- und Ausfahrt zum Gelände erkannte ich wieder. Ich entdeckte schließlich den Platz, wo wir damals unsere Zelte aufgestellt hatten. Seinerzeit hatten wir dort geschlafen, gegrillt und ziemlichen Unsinn getrieben, aber heute standen dort moderne Wohncontainer für die Angestellten. Das hat mich dann doch erschüttert.

Ich war mit hohen Erwartungen an einen magischen Ort meiner Vergangenheit zurückgekehrt. Aber von der Magie war nur noch ein Fünkchen zu spüren. Es war schon ein komisches Gefühl, mit der eigenen Familie dort zu sitzen, wo ich zuletzt als Single gesessen hatte. Damals war ich jung, schön, ungezwungen und frei. Heute bin ich nur noch „und". Dennoch bereute ich diesen Trip nicht, denn er hatte mir vor Augen geführt, dass es Dinge gibt, die bleiben: die Schönheit des Meeres und die relaxte Lebenseinstellung von Imbissbudenbesitzern.

6.2 Früher war alles besser

Anfang der 1990er-Jahre, also vor ungefähr 25 Jahren, gab es kein Internet, keine Handys und keinen Euro. Als wir in Frankreich waren, mussten wir noch mit dem französischen Franc bezahlen. Ich hatte extra ein Konto bei der Postbank eröffnet und ein paar Hundert Deutsche Mark eingezahlt, um dann in Saint-Tropez das Guthaben direkt in Francs ausgezahlt zu bekommen. Heute ist das alles viel einfacher: Man steigt mit ein paar Euro Bargeld zu Hause ins Auto, fährt 1000 km und bezahlt dort mit dem eigenen Bargeld.

Damals gab es auch keine Navis, um den Weg zum Ziel zu finden. Man hatte etwas, das man Landkarte oder Stadtplan nannte. Der Beifahrer war der Kartenleser; er musste gut aufpassen und sich anhand der Schilder orientieren. Und wenn man mal nicht weiter wusste, musste man nach dem Weg fragen – eine Horrorvorstellung für einen Mann. Ich bin mir ganz sicher, dass der Erfinder des Navis ein Mann war.

Kennen Sie das Gefühl, dass Sie Ihre eigenen Kinder nicht mehr verstehen, also nicht akustisch – das kommt dann ein paar Jahrzehnte später –, sondern inhaltlich? Ich stelle fest, dass ich immer öfter meine beiden pubertierenden Jungs mit großen, verständnislosen Augen anschaue. Wir hatten damals gelacht, wenn wir etwas lustig fanden. Die Kids von heute sagen „LOL". Wenn wir früher geflucht haben, sagten wir: „Verdammte Sch…!". Heute höre ich bei den Jugendlichen „WTF".

Ich ertappe mich dabei, dass ich in Gesten und Aussagen verfalle, die damals meine Eltern gemacht bzw. gesagt hatten. „Iss deinen Teller leer" oder „Zieh dir ein Paar Socken an". Gern genommen auch: „Hast du deine Hausaufgaben schon gemacht?".

Manchmal habe ich diese nostalgischen Momente, in denen ich denke: „Früher war alles besser." (Kleine Hausaufgabe, wenn Sie dieses Buch beiseitelegen: Der richtige Song zur Stimmung heißt *Zuckerwasser* von der Band Jupiter Jones aus dem Jahr 2014.) Wir hatten irgendwie mehr Zeit. Der Sommer dauerte gefühlte Monate; auch der Winter hatte mehr Schnee. Es war nicht so hektisch. Die Welt war nicht übergequollen von elektronischen Geräten und Funkwellen. Man schaute sich noch ins Gesicht, wenn man kommunizierte. Heute hat man Handy, SMS, WhatsApp und FaceTime. FaceTime? Es wird jetzt mal Zeit für ein Gesicht oder wie.

Aber war früher wirklich alles besser? Oder war es einfach nur anders? Man könnte es auch ganz unromantisch auf den Punkt bringen: Ich werde alt. Sie übrigens auch.

In dem Zusammenhang wäre die Zeitreisetechnologie auch therapeutisch sehr wertvoll. Ich sehe schon die Werbung, die uns in der Zukunft erwartet: „Sie fühlen sich alt, abgeschlagen und lustlos? Steigen Sie doch in Ihren *Time Travel de Luxe* und reisen Sie in Ihre Vergangenheit. Erleben Sie nochmals den ersten Besuch in einer Diskothek, die erste Liebe oder die Geburt Ihres ersten Kindes." Zeitreisen auf Rezept? Ich wäre dafür.

6.3 Die Rolle des Zufalls

Wer bin ich? Diese Frage könnte ich mir eigentlich jeden Morgen stellen, wenn ich in den Spiegel schaue. Wenn es ganz früh am Morgen ist und nur die ganz grundlegenden Vitalfunktionen online, aber geistige Funktionen offline sind, denke ich mir meistens: „Ich kenne dich zwar nicht, aber ich rasiere dich trotzdem." Aber wen rasiere ich da eigentlich gerade?

Es ist eine Person, die ich jetzt schon seit einigen Jahrzehnten sehr gut kenne. Eigentlich bin ich doch mein bester Bekannter. Aber warum bin ich der, der ich bin, und warum hier? Es ist schon sehr interessant, sich Gedanken zu machen, wo man herkommt. War es nicht ein riesiger Zufall, dass sich meine Eltern kennen lernten, verliebten und ich aus dieser Liaison hervorgegangen bin? Wo wäre ich heute, wenn sie sich nicht begegnet wären? Die Geschichte geht ja ähnlich weiter: Ich lerne meine Frau kennen – auch ein Wahnsinnszufall, weil wir beide gerade zur richtigen Zeit am richtigen Ort waren –, und wir bekommen später irgendwann Kinder. Wo waren unsere Kinder vor ihrer Geburt? Biologisch ist die Antwort schon klar, aber es ist wirklich recht verwirrend, dass da am Anfang erst einmal nichts war. Eine Leere, ein Nichts, eine Schwärze – was auch immer.

Ich könnte mir echt das Hirn zermartern, wenn ich mir überlege, aus wie vielen Zufällen mein Leben besteht. Es ist im Prinzip eine Aneinanderreihung unzähliger Zufälle. Und wehe, es geht einmal schief und ich bin zur falschen Zeit am falschen Ort. Ich hatte da ein Erlebnis, wo ich wirklich großes Glück hatte. Bei meinem hundsgewöhnlichen täglichen Weg zur Arbeit war es einmal nicht so gelaufen wie sonst. Ich fuhr mit dem Fahrrad zur Arbeit, und an einer Stelle, an der ich schon hundertmal vorbei gefahren war, hatte mich an diesem Morgen eine Autofahrerin einfach übersehen. Es ging ganz schnell, und das Leben bog um eine ganze andere Ecke. Das Auto nahm mich auf die Hörner, und ich flog in hohem Bogen durch die Luft, weil meine Geschwindigkeit auf dem Radweg auch nicht gerade gering war. Bei meinem Flug verfehlte ich um Haaresbreite einen massiven Steinpfeiler eines Zauns. Der Aufprall auf dem Fußweg war heftig, aber zum Glück war ich gut mit Fahrradhelm und Handschuhen ausgestattet. Danach folgte das komplette Programm: aufgelöste Unfallfahrerin, glotzende Zeugen, Polizei, Notarzt, Arztbesuch – der Tag war gelaufen.

Der Unfall ging glimpflich aus, denn ich hatte „nur" Prellungen. Die waren zwar sehr schmerzhaft, heilten aber nach ein paar Monaten vollkommen aus. Man spricht ja dann gerne davon, dass man einen Schutzengel gehabt habe. Ich hatte bestimmt einen. Aber wie viele Fälle gibt es leider da draußen, wo kein Schutzengel hilft. Warum?

Diese Aneinanderreihung von Zufällen stimmt mich schon sehr nachdenklich. Aber letzten Endes machen sie uns zu dem, was wir sind. Wenn dann doch einmal ein Katastrophenfall eintritt und etwas wirklich Schlimmes passiert, das wir aber überleben, dann hat dieses Ereignis auch seinen Einfluss auf unser Leben.

Manche Menschen sind auch schicksalsgläubig und meinen, dass Dinge immer aus einem bestimmten Grund geschehen und sogar vorbestimmt sind. Ich bin da sehr skeptisch. Manches geschieht einfach, und es hätte ebenso gut anders laufen können. Jedenfalls müssen wir irgendwie damit klarkommen. Und am Ende machen uns diese vielen Erlebnisse zu dem, was wir sind und was wir morgens rasieren.

6.4 Augenblick verweile

Wir sind Gefangene in einem Fluss der Zeit, ohne die Möglichkeit, daraus auszubrechen. So erleben wir es Tag für Tag. Zwar ist es im Prinzip denkbar, eine Zeitmaschine zu bauen, und es gibt sogar verschiedene Varianten (Kap. 2), aber es bedeutet einen erheblichen technologischen und energetischen Aufwand, um sich überhaupt signifikant durch die Zeit zu bewegen. Es gibt in der Theorie von Zeitreisen viele Unwägbarkeiten, so z. B. die Fragen, ob es Wurmlöcher und geschlossene zeitartige Kurven wirklich in der Natur gibt.

Würde es schließlich gelingen, irgendwann eine Zeitmaschine zu bauen, so brächte dies neue Gefahren für unsere Gesellschaft (Kap. 3). Vielleicht ist es ganz gut, dass wir nicht dazu in der Lage sind, Zeitreisen durchzuführen.

Was bleibt? Wir müssen uns mit unserer eigenen Endlichkeit abfinden. Zeit, insbesondere Lebenszeit, ist begrenzt und ein wertvolles, sicherlich unschätzbares, meistens jedoch unterschätztes Gut. Es mag Trost spenden, dass eigentlich nichts von Dauer ist. Unsere Umwelt, der Planet Erde sowie das ganze Sonnensystem hatten erst vor 4,6 Mrd. Jahren die kosmische Bühne betreten. Sie werden auch nur von endlicher Dauer sein, auch wenn das auf Zeitskalen geschieht, die die menschliche Lebensspanne bei

Weitem übertreffen. Sogar das Universum hat ein endliches Alter. Es entstand vor 13,8 Mrd. Jahren im Urknall, und nach den Konzepten von Einsteins Relativitätstheorie kamen damit auch erst Raum und Zeit in die Welt. Was war davor? Auch Leere, ein Nichts, Schwärze? Es gibt natürlich auch dafür kosmologische Modelle, die sozusagen das anfängliche Nichts negieren. Ob sie tatsächlich etwas mit dem Anfang unserer Welt zu tun haben, wird schwierig zu beweisen sein.

Und wie geht es kosmisch weiter? Nach den aktuellen Erkenntnissen wird sich der Kosmos ewig und sogar beschleunigt ausdehnen. Im Mittel wird das Universum sich dabei abkühlen und dunkler werden. Ist das der Tod des Universums?

Ich empfinde es als beruhigend, dass es den Planeten, Sternen und dem ganzen Universum eigentlich nicht viel besser geht als uns Menschen. Irgendwann ist die Party vorbei – und zwar für alle. Es steht sogar die kosmologische Hypothese im Raum, dass die Zeit selbst verschwinden könnte, wenn wir nur lange genug warten. Diese Vermutung hatte der Theoretiker und Kosmologe Roger Penrose geäußert. Er bezieht sie sogar auf die frühesten Phasen kosmischer Entwicklung und spekuliert über ein Verschwinden der Zeit auch im Urknall.

Wenn wir das ernst nehmen, sind nicht nur wir selbst endlich, sondern sogar die scheinbare Unendlichkeit des Zeitflusses wird aufhören.

Das Auftreten des Menschen und seine endliche Lebensspanne wären damit nur eine von vielen kosmischen Erscheinungen, die für einige Zeit die Bühne der Welt betreten. Wir kommen, hineingeworfen in die Existenz, und irgendwann treten wir auch wieder ab.

Ich finde in dieser Vorstellung etwas Tröstliches angesichts des täglichen Grauens, dass wir Menschen verlieren, dass Nahestehende einfach verschwinden und dass es keinen Weg gibt, sie jemals wiederzusehen. Oft hört man den Satz „Der Tod gehört zum Leben dazu". Das ist ein sehr wahrer Satz. Das Geschenk und die Einzigartigkeit des Lebens wissen wir doch erst dadurch zu schätzen, weil es den Tod gibt – weil irgendwann alles unwiederbringlich vorbei sein wird.

Welche Lehre müssen wir daraus ziehen? Ich finde, das liegt auf der Hand. Machen Sie das Beste aus Ihrem Leben! Sie haben nur das eine. Wenn Sie gläubig sind, glauben Sie vielleicht an ein Leben nach dem Tod oder an die Wiedergeburt. Aber gehen wir doch einmal von dem Worst-Case-Szenario aus, dem Schlimmsten, was passieren könnte, nämlich dass wir tatsächlich nur dieses eine Leben haben. Dann sollten wir doch das Beste daraus machen. Wir sollten anderen helfen. Wir sollten die Schönheit der Welt und die Schönheit des Moments genießen. Augenblick verweile doch, Du bist so schön.

Glossar

AIDS

Eine unheilbare, lebensbedrohliche Immunschwächekrankheit. Das Akronym steht für Acquired Immune Deficiency Syndrome und bedeutet übersetzt „erworbenes Immundefektsyndrom". Der Überträger heißt →HIV.

Akkretionsscheibe

In der Astrophysik eine rotierende Materiescheibe, die aus Plasma, Gas und/oder Staub besteht. Sie bildet sich infolge der Gravitationswirkung um kosmische Zentralobjekte wie Sterne, →Neutronensterne oder →Schwarze Löcher.

Allgemeine Relativitätstheorie (ART)

Eine Theorie der Gravitation, die Albert Einstein 1915 veröffentlichte. Es ist eine revolutionäre Sichtweise ohne Schwerkraft, denn Gravitation wird geometrisch erklärt. Dabei krümmen Massen und Energie die vierdimensionale →Raumzeit, sodass Teilchen und Licht diesen Krümmungen folgen müssen. Mathematisch beschrieben wird die Allgemeine Relativitätstheorie durch die →Einstein'sche Feldgleichung.

Alphazerfall
Eine bestimmte Form der →Radioaktivität, bei der instabile Atomkerne Heliumatomkerne aussenden, die aus zwei Protonen und zwei Neutronen bestehen.

Android
Eine menschenähnliche Gestalt, ein künstlicher Mensch, der möglicherweise eine künstliche Intelligenz oder sogar ein Selbstbewusstsein besitzt.

Apophis
Ein Kleinkörper im Sonnensystem, der leicht versetzt eine ähnliche Bahn wie die Erde beschreibt. Siehe auch →Near Earth Object (NEO).

Atommüll
Eine etwas unpräzise Bezeichnung für nuklearen Abfall, der bei der Gewinnung von Kernenergie entsteht und wegen seiner →Radioaktivität in speziellen Lagerstätten abgeschirmt werden muss.

Avatar
Ursprünglich ein Stellvertreter eines Computer-Users; mittlerweile auch Bezeichnung für eine virtuelle Person.

Beaming
Eine Aufhellung der Strahlung infolge der →Blauverschiebung beim →Doppler-Effekt.

Betazerfall
Eine bestimmte Form der →Radioaktivität, bei der instabile Atomkerne entweder Elektronen oder deren Antiteilchen, die Positronen, als Betastrahlung aussenden. Beim inversen (umgekehrten) Betazerfall verschmelzen Protonen und Elektronen zu Neutronen, sodass eine Neutronisierung der Materie bei hohen Dichten einsetzt.

Bioenergie

Sammelbezeichnung für Energieformen, die aus Biogasen, Biomasse und Pflanzen gewonnen werden.

Blauverschiebung

Im Gegensatz zur →Rotverschiebung eine Erhöhung der Energie elektromagnetischer Strahlung verursacht durch den →Doppler-Effekt oder durch den Einfall auf eine Masse.

Boson

In der Teilchenphysik und Quantenstatistik ist das der Oberbegriff für Teilchen mit ganzzahligem →Spin. Photonen und das Higgs-Teilchen sind Bosonen. Siehe auch →Fermionen.

Casimir-Effekt

Eine quantenphysikalischer Effekt zwischen zwei Metallplatten, bei dem die Casimir-Kraft die beiden Platten zusammendrückt. Die damit zusammenhängende Casimir-Energie ist negativ wie bei der →exotischen Materie.

CAVE

Das englische Wort *cave* bedeutet „Höhle". In der virtuellen Realität können Anwender einen Raum namens CAVE betreten, um an den Wänden visualisierte Daten zu betrachten. Es ist möglich, einen dreidimensionalen Eindruck von einer virtuell geschaffen Welt zu bekommen.

CERN

Eine weltweit renommierte, internationale Großforschungseinrichtung, die der modernen Grundlagenforschung in der Teilchen- und Kernphysik dient. Lokalisiert in der Nähe von Genf, hat das CERN den derzeit stärksten Teilchenbeschleuniger der Welt, den →Large Hadron Collider (LHC). CERN steht für *Centre Européen pour la Recherche Nucléaire* und wurde 1954 gegründet. 21 Mitgliedstaaten aus ganz Europa betreiben und kofinanzieren die Einrichtung mit Deutschland als größtem Geldgeber. Das CERN ist eine wichtige Großforschungsanlage mit vielen Tausend Beschäftigten. Zahlreiche wissenschaftliche Entdeckungen wurden am CERN gemacht, u. a. die W- und Z-Bosonen der schwachen Kraft (1983), Antimaterie in Form des ersten Antiwasserstoffatoms (1995) und zuletzt das Higgs-Teilchen (2012). Am CERN wurden 1989 auch die Grundlagen für das World Wide Web, dem Internet erfunden.

Chronologische Zensur
Eine unbewiesene Vermutung, dass jede →geschlossene zeitartige Kurve durch einen →Ereignishorizont laufen müsse. Somit widerspräche sie nicht dem →Kausalitätsprinzip, weil der Außenbeobachter nicht die Verletzung dieses Kausalitätsprinzips beobachten könne.

Chrononaut
Eine elegante, wissenschaftlich klingende Bezeichnung für einen Zeitreisenden.

Chronoterrorismus
Eine Form von Terrorismus, die von Zeitreisenden (→Chrononaut) durchgeführt wird, z. B. eine Manipulation der Geschichte.

Cloud Computing
Eine Computertechnologie zum Speichern von Anwenderdaten auf einem anderen Rechner eines Netzwerks, aber auch die Nutzung von Software anderer Rechner.

Club of Rome
Ein 1968 gegründeter gemeinnütziger Zusammenschluss von Persönlichkeiten aus Politik, Wirtschaft, Wissenschaft und Kultur aus rund 30 Ländern. Publizierte 1972 *Grenzen des Wachstums* (Originaltitel: *The Limits of Growth* von Meadows et al.), eine Studie zur Zukunft der Weltwirtschaft.

Daedalus-Projekt
Eine Machbarkeitsstudie der Britischen Interplanetaren Gesellschaft für die interstellare Raumfahrt aus den 1970er-Jahren.

Deep Learning
Eine neuartige Form des Maschinenlernens nach dem Vorbild des menschlichen Gehirns.

Doppler-Effekt
Ein Effekt, den es sowohl bei Schallwellen als auch bei elektromagnetischen Wellen gibt. Bewegt sich eine Lichtquelle auf einen Beobachter zu, so sieht er das Licht blauer und heller (Doppler-Blauverschiebung). Entfernt sich eine Lichtquelle von einem Beobachter, so sieht er das Licht röter und dunkler (Doppler-Rotverschiebung).

DT-Fusion
Eine Variante der Vereinigung von Atomkernen, bei denen schwerer Wasserstoff (Deuterium, D) mit überschwerem Wasserstoff (Tritium, T) zu dem Element Helium verschmolzen wird. Dabei wird Energie frei.

Dunkle Energie
Eine hypothetische, mysteriöse Energieform, die den Kosmos beschleunigt expandieren lässt und in der Kosmologie erforscht wird.

Dunkle Materie
Eine hypothetische, nicht leuchtende Materieform, die in der Kosmologie erforscht wird. Sie ist wichtig zur Bildung kosmischer Strukturen wie Galaxien und Galaxienhaufen.

Eigenzeit
In der →Relativitätstheorie hängt das Verrinnen der Zeit vom Bezugssystem ab. Die Eigenzeit meint die Zeit im eigenen System, also im →Ruhesystem.

Einstein'sche Feldgleichung

Albert Einstein veröffentlichte 1915 eine neue Theorie der Gravitation, die Newtons Schwerkraft ablöste: die →allgemeine Relativitätstheorie. Die zentrale Gleichung dieser Theorie bündelt ein System von zehn gekoppelten, partiellen, nichtlinearen Differenzialgleichungen. Diese tensorielle Gleichung heißt Einstein'sche Feldgleichung oder kurz Einstein-Gleichung.

Einstein-Rosen-Brücke

Eine Variante eines →Wurmlochs, die auf eine Arbeit von A. Einstein und N. Rosen im Jahr 1935 zurückgeht.

Eiszeit

Eine länger andauernde Kälteperiode in der Erdgeschichte, charakterisiert durch einen deutlichen Abfall der mittleren Temperatur der Atmosphäre.

Elektrifizierung

Eine geschichtliche Phase Ende des 19. und Anfang des 20. Jahrhunderts, bei der im Zuge der Industrialisierung elektrischer Strom vielfältig Einzug in den Alltag hielt und immer mehr elektrische Geräte und Transportmittel sowie insbesondere elektrisches Licht genutzt wurden.

Elektrodynamik

Eine physikalische Theorie für elektrische und magnetische Phänomene, die auch elektromagnetische Wellen erklärt.

Elektroenzephalografie (EEG)

Eine Methode, um elektrische Aktivitäten im Gehirn aufzuzeichnen.

Elektronenvolt (eV)

Eine fundamentale Energie- und Masseneinheit in der Teilchen-, Kern- und Quantenphysik. 1 eV ist definiert als diejenige Energie, die ein Elektron mit Elementarladung erhält, wenn es eine Potenzialdifferenz der elektrischen Spannung von einem Volt durchläuft. Es gibt dabei die üblichen Vielfache der Einheit: 1 keV = 1000 eV (Kiloelektronenvolt), 1 MeV = 1.000.000 eV (Megaelektronenvolt), 1 GeV = 1.000.000.000 eV (Gigaelektronenvolt) usw.

Entropie
Die Entropie ist eine physikalische Größe in der Wärmelehre (Thermodynamik) und beschreibt ein abgegrenztes System, z. B. ein Gas oder das ganze Universum. Gemäß dem zweiten Hauptsatz der Thermodynamik kann die Entropie nur gleich bleiben oder zunehmen, d. h., im Verlauf der Entwicklung des Universums nimmt die Entropie zu. Mikrophysikalisch kann man die Entropie mit dem Begriff der Ordnung in Zusammenhang bringen. Sie entspricht der Anzahl aller Mikrozustände, die denselben Makrozustand ergeben können. Die Entropie liefert eine Ursache für die Richtung der Zeit (→Zeitpfeil).

Erdwärme
In der Erdkruste gespeicherte Wärme, die als Energieform angezapft und genutzt werden kann (Geothermie).

Ereignis
In der →Relativitätstheorie meint Ereignis einen Punkt in der →Raumzeit, der durch drei Raumkoordinaten und eine Zeitkoordinate festgelegt ist.

Ereignishorizont
Ein Bereich, der →Ereignisse unbeobachtbar macht. Vor dem Ereignishorizont sind sie noch zu beobachten; dahinter jedoch grundsätzlich nicht mehr. Ein →Schwarzes Loch ist schwarz, weil die Ereignisse hinter dem Ereignishorizont nicht beobachtet werden können. Dort beginnt die absolute Schwärze. Die Ursache: die →Gravitationsrotverschiebung bzw. die gravitative →Zeitdilatation.

Erneuerbare Energie
Energieformen, die im Gegensatz zu fossilen Brennstoffen nicht zur Neige gehen werden, z. B. Wasser- und Windkraft, →Bioenergie und →Erdwärme sowie →Kernenergie.

Europäische Union (EU)
Ein Staaten- und Wirtschaftsverbund europäischer Staaten. Die Mitgliedstaaten bilden einen gemeinsamen Europäischen Binnenmarkt mit einer gemeinsamen Währung, dem Euro. Die Rechtsetzung der EU geschieht im Europäischen Parlament, das die Unionsbürger repräsentiert. Weitere wichtige EU-Gremien sind die Europäische Kommission, der Europäische Rat und der Gerichtshof der EU. Vor den →Vereinten Nationen besitzt die EU eine eigene Rechtspersönlichkeit.

Exotische Materie
Eine hypothetische Materieform mit negativer Energiedichte, die bei →Wurmlöchern eine Rolle spielt. Siehe auch →Casimir-Effekt.

Extragalaktik
Teildisziplin der Astronomie, die sich mit dem Kosmos außerhalb der Milchstraße beschäftigt.

Feldgleichung
Eine Gleichung in einer Feldtheorie, die die Dynamik des Feldes beschreibt. In der →allgemeinen Relativitätstheorie ist die zentrale Gleichung die →Einstein'sche Feldgleichung.

Fermion
In der Teilchenphysik und Quantenstatistik ist das der Oberbegriff für Teilchen mit halbzahligem →Spin. Elektronen, Neutrinos und →Quarks sind Fermionen. Siehe auch →Boson.

Fertilität

Die Fertilität (Fruchtbarkeit) gibt als Zahl an, wie viele Kinder eine Frau durchschnittlich zur Welt bringt. Je nach Fruchtbarkeit können die Prognosen für eine künftige Bevölkerung beträchtlich variieren.

Flavour

Ein Begriff aus der Teilchenphysik für eine Familie von Teilchen. Es gibt drei Flavours: Elektronen, Myonen und Tau-Teilchen.

Fluchtgeschwindigkeit

Die Geschwindigkeit, die notwendig ist, um einen Körper bestimmter Masse und Größe zu verlassen.

Fluxkompensator

Herzstück der →Zeitmaschine im Science-Fiction-Film *Zurück in die Zukunft*.

Fracking

Eine Fördermethode, um Erdöl und Erdgas aus Schiefersand zu gewinnen. Kommt besonders in Nordamerika zum Einsatz.

Friedmann-Universen

Vor 100 Jahren wurde eine Gruppe von Lösungen für die →Einstein'sche Feldgleichung der →allgemeinen Relativitätstheorie gefunden, die die Entwicklung der →Raumzeit des Universums beschreibt. Dies sind die Friedmann-Lösungen, benannt nach dem russischen Mathematiker Alexander Friedmann. Die Friedmann-Universen können expandieren oder wieder in sich zusammenfallen. Die aktuell favorisierte Lösung für unser Universum wird sehr gut durch ein beschleunigt expandierendes Friedmann-Universum beschrieben.

Gammastrahlung

Eine sehr hochenergetische, elektromagnetische Strahlung, noch energiereicher als Röntgenstrahlung, die als Form von →Radioaktivität beim Gammazerfall frei wird, aber auch von kosmischen Objekten erzeugt wird.

Geodäte

In der Differenzialgeometrie und der →allgemeinen Relativitätstheorie meint Geodäte den Weg durch die →Raumzeit, den Teilchen oder Licht nehmen. Je nach Masse des Teilchens unterscheidet man zeitartige Geodäten für normale Teilchen mit endlicher (Ruhe-) Masse, lichtartige oder Nullgeodäten für Licht (Ruhemasse null) und raumartige Geodäten (imaginäre Masse, z. B. für Tachyonen).

Geschlossene zeitartige Kurve

Eine Weltlinie in der →Relativitätstheorie, die in die Vergangenheit zurückführt und somit in der →Raumzeit eine geschlossene Schleife bildet.

Gezeitenkraft

Eine auf der Gravitation beruhende Kraftwirkung, die Körper verformt. Besonders bekannt sind die Gezeitenkräfte von Mond und Sonne auf die Erde, die zu Ebbe und Flut führen.

Gigaelektronenvolt (GeV)

Energieeinheit, die gleichbedeutend ist mit 1 Mrd. →Elektronenvolt.

Gigawatt (GW)

Leistungseinheit, die gleichbedeutend ist mit 1 Mrd. →Watt.

Gödel-Lösung

Eine Lösung der →Einstein'schen Feldgleichung der →allgemeinen Relativitätstheorie, die die →Raumzeit eines rotierenden Universums beschreibt.

Gravitationslinse

Bezeichnung für eine Masse, die die →Raumzeit krümmt und dadurch für die Lichtablenkung sorgt. Der Effekt ist eine Vorhersage der →allgemeinen Relativitätstheorie und wurde mehrfach in Beobachtungen bestätigt. Erstmals wurde der Effekt als Lichtablenkung am Sonnenrand bei einer Sonnenfinsternis im Jahr 1919 bestätigt.

Gravitationsrotverschiebung

Ein Effekt, der besagt, dass Licht gerötet und dunkler wird, wenn es den Einflussbereich einer Masse verlässt. Es ist gleichbedeutend mit dem Effekt der allgemein relativistischen →Zeitdilatation und wurde im →Pound-Rebka-Experiment nachgewiesen.

Gravitationswelle

Eine klassische Wellenform, die selbst Lösung der →Einstein'schen Feldgleichung der →allgemeinen Relativitätstheorie ist und von beschleunigten Massen abgegeben wird. Es handelt sich im Prinzip um dynamische →Raumzeit, deren Krümmung sich in Raum und Zeit ausbreitet, ähnlich wie bei einer Oberflächenwelle auf einem Teich. Superkritische Brillwellen sind extreme Gravitationswellen, deren Amplitude so groß ist, dass sie zu →Schwarzen Löchern kollabieren. Dies ist ein alternativer, aber hypothetischer Entstehungsmechanismus für Schwarze Löcher, der keinen Vorläuferstern erfordert.

Großvater-Paradoxon

Ein Phänomen, das die Unmöglichkeit von Zeitreisen in die Vergangenheit belegen soll. Ein Zeitreisender (→Chrononaut) reist in die Vergangenheit, tötet dort den Großvater und verhindert damit die Geburt seines Vaters und von sich selbst. Wer reiste dann aber in die Vergangenheit? Das ist ein logischer Widerspruch.

Hadron

Oberbegriff für Teilchen, die aus →Quarks zusammengesetzt sind. Sie können aus zwei Quarks (Mesonen) oder drei Quarks (Baryonen) bestehen.

Hafele-Keating-Experiment

Dieses Experiment wurde 1971 von Joseph C. Hafele und Richard E. Keating durchgeführt, um experimentell die →Zeitdilatation zu messen. Dazu wurden zwei Cäsium-Atomuhren zunächst synchronisiert, dass sie gleich gingen. Danach blieb eine Uhr auf der Erdoberfläche, während die andere in einem Linienflugzeug zu einer Weltumrundung mitflog. Durch die →Relativgeschwindigkeit von Flugzeug und Erdoberfläche resultiert eine speziell relativistische Dehnung der Zeit, so dass die Uhren nach dem Flug unterschiedliche Zeiten anzeigen. Der Einfluss der allgemein relativistischen Zeitdilatation muss dabei auch berücksichtigt werden, weil das Flugzeug einen größeren Abstand zum Schwerpunkt der Erde hat, als die Referenzuhr am Boden. Das Experiment Gravity Probe A bestätigte 1976 diese Messung.

Hartz IV

Eine Form der Grundsicherungsleistung für erwerbsfähige Leistungsberechtigte (Arbeitslosengeld II), die 2005 eingeführt wurde.

Head-up-Display (HUD)

Eine visuelle Darstellung von Zusatzinformationen in Windschutzscheiben von Autos oder Pilotenhelmen.

HIV

Akronym für das Humane Immundefizienz-Virus (*human immunodeficiency virus*), dem Überträger der Krankheit →AIDS.

Hyperinflation

Ein volkswirtschaftlicher Begriff, der die anhaltende, extreme Erhöhung von Güterpreisen in kurzer Zeit bezeichnet und sich speziell auf dieses Phänomen in Deutschland im Jahr 1923 bezieht.

Inertialsystem

Ein spezielles Bezugssystem in der →Relativitätstheorie, in dem keine →Trägheitskräfte (Zentrifugalkraft, Corioliskraft) (→Trägheit) auftreten. Alle Inertialsysteme sind äquivalent und von einem →Ruhesystem nicht zu unterscheiden.

IPCC-Bericht

IPCC steht für *Intergovernmental Panel on Climate Change* und ist ein Zwischenstaatlicher Ausschuss für Klimaänderungen der →Vereinten Nationen. IPCC-Berichte erscheinen alle fünf bis sechs Jahre und befassen sich mit dem Erdklima und dem anthropogenen Klimawandel.

Isotop

Das chemische Element wird festgelegt durch die Anzahl der elektrisch positiv geladenen Protonen im Atomkern. Darüber hinaus gibt es elektrisch neutral geladene Neutronen, die fast genauso schwer sind wie die Protonen. In den Atomkernen des gleichen chemischen Elements können sich unterschiedlich viele Neutronen befinden. Sie werden zusammengefasst mit dem Begriff „Isotop", was so viel bedeutet wie „der gleiche Ort" (vom griechischen *isos* für „gleich" und *topos* für „Ort") im Periodensystem der Elemente. Die einfachste Form von Wasserstoff hat nur ein Proton als Atomkern. Die Wasserstoffisotope heißen Deuterium (ein Proton und ein Neutron) und Tritium (ein Proton und zwei Neutronen).

ITER

Das Akronym steht für *International Thermonuclear Experimental Reactor* und bedeutet im Lateinischen auch „der Weg". Der Testreaktor soll demonstrieren, dass mittels thermonuklearer Fusion →Kernenergie auf der Erde gewonnen werden kann.

Kausalitätsprinzip

Das Kausalitätsprinzip ist der Name für das alltäglich erfahrbare Phänomen, dass die Ursache immer vor der Wirkung kommt. Damit legt dieses Prinzip auch eine Richtung der Zeit, den →Zeitpfeil, fest.

Kernenergie

Eine Energieressource, die die Bindungsenergie von Atomkernen anzapft. In Kernkraftwerken wird die Kernenergie von Uran genutzt, um durch Spaltung der schweren Uran-Atomkerne in mittelschwere Atomkerne Energie zu gewinnen (Kernspaltung, Fission). Davon zu unterscheiden ist die →Kernfusion.

Kernfusion

Die „Verschmelzung" von Atomkernen. Bei der Fusion leichter Atomkerne zu schwereren wird Energie frei. Genau das geschieht im Inneren von Sternen wie der Sonne und wird daher stellare →Nukleosynthese oder thermonukleare Fusion genannt. Der Kernfusion verdanken wir daher das Sonnenlicht bzw. ganz allgemein Licht der Sterne. Bei allen Elementen, die schwerer sind als Eisen, wird bei der Fusion keine Energie mehr frei. Schwerere Elemente entstehen in anderen Prozessen wie der explosiven Nukleosynthese, d. h. in Sternexplosionen.

Kernmateriedichte

Atome bestehen aus einer Hülle mit negativ geladenen Elektronen und einem Atomkern. Die Masse des Atoms steckt vor allem im Kern, der aus positiv geladenen Protonen und elektrisch neutralen Neutronen besteht. Die Anzahl der Protonen bestimmt dabei, um welches chemische Element es sich handelt. Die Protonen und Neutronen sind im Atomkern sehr dicht gepackt. Diese Kernmateriedichte beträgt 10^{14} g/cm³. Es wird vermutet, dass im Inneren von →Neutronensternen mehrfache Kernmateriedichte erreicht werden kann.

Kerr-Newman-Lösung

Eine Lösung der →Einstein'schen Feldgleichung der →allgemeinen Relativitätstheorie, die die →Raumzeit eines rotierenden und elektrisch geladenen →Schwarzen Lochs beschreibt.

Klimawandel

Das Phänomen, dass sich – sehr wahrscheinlich unter dem Einfluss des Menschen – das Weltklima der letzten 100 Jahre verändert hat.

Kohlendioxid

Ein gasförmiges Molekül mit der chemischen Bezeichnung CO_2, das aus Kohlenstoff (C) und Sauerstoff (O) besteht. Wir atmen das Gas aus. Es entsteht vor allem in Form von Abgasen bei der Verbrennung fossiler Brennstoffe, z. B. bei Kraftfahrzeugen und Kohlekraftwerken. Es ist mitverantwortlich für den →Treibhauseffekt und verursacht so auch den →Klimawandel.

Koordinaten

Koordinaten sind Zahlenangaben oder Variablen, mit denen man einen Raumpunkt oder ein →Ereignis in der →Raumzeit räumlich und zeitlich festlegen kann. Je nachdem, welche Symmetrie der zu beschreibende Raum bzw. die Raumzeit hat, gibt es dafür geeignete Koordinaten, u. a. kartesische Koordinaten, Kugelkoordinaten oder Zylinderkoordinaten.

Koordinatensingularität

Bei einer Singularität wird eine Größe unendlich, sodass die physikalische Beschreibbarkeit versagt. Bei einer Koordinatensingularität kann dieses Verhalten beseitigt werden, indem andere →Koordinaten gewählt werden.

Kosmische Hintergrundstrahlung

Eine elektromagnetische Mikrowellenstrahlung, die sich etwa 380.000 Jahre nach dem Urknall von der Materie entkoppelt hat und noch heute auf der Erde in allen Himmelsrichtungen beobachtbar ist.

Kosmologisches Prinzip

Dem kosmologischen Prinzip gemäß ist kein Ort im Universum gegenüber einem anderen besonders ausgezeichnet. Der Kosmos muss demzufolge in allen Richtungen gleich aussehen, eine Symmetrieeigenschaft, die Isotropie heißt. Außerdem soll die Materie relativ gleichmäßig verteilt sein, was als Homogenität bezeichnet wird. Nach dem perfekten kosmologischen Prinzip sei das Universum in Raum und Zeit unveränderlich und damit statisch. Das widerspricht allerdings den Beobachtungen, weil wir in einem beschleunigt expandierenden Kosmos leben. Mit dem kosmologischen Prinzip lassen sich nur ganz bestimmte Modelluniversen realisieren, z. B. die →Friedmann-Universen.

Krümmungssingularität

Bei dieser Form einer →Singularität wird eine Größe, z. B. die Krümmung der →Raumzeit, unendlich, sodass die physikalische Beschreibbarkeit versagt. Dieses Verhalten kann nicht beseitigt werden. Siehe auch →Koordinatensingularität.

Kruskal-Lösung

Eine →Raumzeit in der →Relativitätstheorie, die ein →Wurmloch beschreibt. Siehe auch →Einstein-Rosen-Brücke. Siehe auch Kasten 2.2.

Laborsystem (Beobachtungssystem)

Ein Bezugssystem eines Beobachters in der Relativitätstheorie, in dem sich ein betrachteter Körper bewegt. Siehe auch →Ruhesystem.

Large Hadron Collider (LHC)

Ein Teilchenbeschleuniger, in dem →Hadronen mit elektrischen und magnetischen Feldern fast auf →Lichtgeschwindigkeit beschleunigt werden. Der LHC am →CERN ist der derzeit stärkste Beschleuniger der Welt und dient der Grundlagenforschung in der Teilchenphysik.

Lebenserwartung

Eine Zahl, die angibt, wie alt eine Person bezogen auf die Zeit ihrer Geburt wird.

Lepton

Die Elementarteilchen werden in der Teilchenphysik in zwei Gruppen eingeteilt: die →Quarks und die Leptonen. Beide Teilchenarten weisen keine weitere Substruktur auf und werden in diesem Sinne als punktförmig bezeichnet. Das bekannteste Lepton ist das Elektron, ein elektrisch negativ geladenes Teilchen, das in der Atomhülle zu finden ist. Es hat schwere „Geschwister", nämlich das Myon und das Tau-Teilchen, die (zusammen mit ihren Antiteilchen) ebenfalls Leptonen sind. Auch das Neutrino ist ein Lepton, und es gibt davon wie beim Elektron drei verschiedene: Elektron-, Myon- und Tau-Neutrino.

Lichtgeschwindigkeit

Die Lichtgeschwindigkeit im Vakuum ist das fundamentale Tempolimit im Universum. Sie beträgt 299.792,458 km/s. Einsteins Forderung bei der Entwicklung der →Relativitätstheorie war es, dass die Lichtgeschwindigkeit eine universelle Naturkonstante und in allen Bezugssystemen gleich ist. Licht kann man daher nicht schneller machen, indem man die Lichtquelle bewegt. Aus diesem Ansatz baute Einstein die →spezielle Relativitätstheorie auf, deren mathematische Struktur auf die →Lorentz-Transformationen führt. Damit einher gingen auch die Relativität der →Zeit, die →Zeitdilatation und die Längenkontraktion sowie das Konzept der →Raumzeit. Die Lichtgeschwindigkeit bleibt eine zentrale Größe in der →allgemeinen Relativitätstheorie.

Loop-Quantengravitation

Eine →Quantengravitationstheorie, in der die →Raumzeit in diskrete Einheiten („Raumzeitatome") zerhackt wird. Im Gegensatz zur →Relativitätstheorie ist die Raumzeit dann nicht mehr kontinuierlich. Es ergeben sich dann neue physikalische Vorhersagen im Rahmen dieser Theorie, z. B. die Vermeidung von →Singularitäten, die sich aber noch nicht bestätigt haben. Die Loop-Quantengravitation ist eine Spekulation, wie die Gravitation quantisiert werden kann. Siehe auch →Stringtheorie.

Lorentz-Faktor

Eine dimensionslose Größe in der →Relativitätstheorie, die angibt, wie stark die relativistischen Effekte zutage treten. Je größer der Lorentz-Faktor ist, umso relativistischer ist die Bewegung. Der Lorentz-Faktor gibt an, wie sehr ein Zeitintervall bei der →Zeitdilatation gedehnt wird. Siehe auch Kasten 2.1.

Lorentzinvariant

Es handelt sich um eine Symmetrieeigenschaft. Eine physikalische Größe heißt lorentzinvariant, wenn sie sich unter →Lorentz-Transformationen nicht verändert. Der raumzeitliche Abstand zwischen zwei →Ereignissen ist lorentzinvariant oder auch die Länge eines →Vierervektors. In der →speziellen Relativitätstheorie gilt die Lorentz-Invarianz global, d. h. überall. In der →allgemeinen Relativitätstheorie gilt sie nur noch lokal, d. h. nur in der unmittelbaren Umgebung um einen Raum-Zeit-Punkt.

Lorentz-Transformation

Beim Übergang von einem Bezugssystem in ein anderes, das sich dazu mit konstanter Relativgeschwindigkeit bewegt, wird in der klassischen Mechanik eine Galilei-Transformation durchgeführt.

Bei hohen Geschwindigkeiten, die vergleichbar sind mit der →Lichtgeschwindigkeit, muss in der →speziellen Relativitätstheorie eine andere Transformationsvorschrift verwendet werden: die Lorentz-Transformation. Es gibt sie auch in der →allgemeinen Relativitätstheorie bei relativ zueinander beschleunigten Bezugssystemen. Größen, die sich bei Lorentz-Transformationen nicht verändern, heißen →lorentzinvariant.

Massenspektrograf

Eine physikalische Messapparatur, mit der man die Massen von Teilchen bestimmen kann.

Megacity

Eine Großstadt mit mehr als 10 Mio. Einwohnern.

Megaelektronenvolt (MeV)

Energieeinheit, die gleichbedeutend ist mit einer Million →Elektronenvolt.

Megawatt (MW)

Leistungseinheit, die gleichbedeutend ist mit einer Million →Watt.

Metrik

In der →speziellen Relativitätstheorie und der →allgemeinen Relativitätstheorie ist die Metrik, genauer gesagt der metrische →Tensor, die mathematische Darstellung einer →Raumzeit. Die Metrik erfüllt die →Einstein'sche Feldgleichung.

Milankovich-Zyklus

Eine besondere, nach dem Mathematiker Milutin Milankovich benannte Periode, nach der immer wieder →Eiszeiten auf der Erde auftreten. Begründet ist sie durch die ellipsenförmige Erdbahn, die Neigung der Erdbahnebene gegenüber der Ekliptik sowie der Kreiselbewegung der Erde.

Millenniumsentwicklungsziele
Ziele, die die →Vereinten Nationen bei ihrem →Millenniumsgipfel im Jahr 2000 formulierten und die bis 2015 erfüllt sein sollten.

Millenniumsgipfel
Ein Treffen der 189 Mitgliedsstaaten der →Vereinten Nationen im Jahr 2000 in New York.

Monsun
Eine großräumige Luftzirkulation im Bereich der Tropen und Subtropen.

Morris-Thorne-Wurmloch
Ein spezieller Typ eines →Wurmlochs, der von M. Morris und K. Thorne 1988 entdeckt wurde.

Myon
Ein Elementarteilchen, das zur Familie der →Leptonen gehört und etwas schwerer ist als ein Elektron. Ansonsten hat es die gleichen Eigenschaften wie das Elektron.

Nanobot
Ein winziger Roboter auf der Längenskala von Nanometern. Siehe auch →Nanowissenschaft.

Nanowissenschaft
Eine Naturwissenschaft, die sich mit der Mikrowelt unterhalb von einem Nanometer, also einem Milliardstel Meter befasst.

Near Earth Object (NEO)
Ein kosmischer Körper im Sonnensystem, der sich in der Nähe der Erdbahn bewegt und daher mit der Erde kollidieren könnte.

Neutronenstern
Ein kompakter Sternüberrest, der sich im Gravitationskollaps eines

massereichen Sterns bildet. Durch die hohe Dichte im Inneren liegt die Materie hauptsächlich in Form von Neutronen vor. Materie kann dort so dicht sein, dass sie sogar die →Kernmateriedichte überschreitet.

Nukleosynthese

Dies ist der Fachausdruck für die Entstehung von Atomkernen. In der Astronomie unterscheidet man: die primordiale Nukleosynthese, bei der in den ersten 3 min nach dem Urknall die leichtesten chemischen Elemente Wasserstoff, Helium und Lithium entstanden; die stellare Nukleosynthese, wo schwerere Atomkerne im Inneren von Sternen in der →Kernfusion entstehen; und schließlich die explosive Nukleosynthese, bei der schwerste Elemente wie Gold und Blei in den heißen Explosionsfronten von Supernovae gebildet werden.

Nullgeodäte

Die →Geodäte eines Lichtstrahls in der →allgemeinen Relativitätstheorie.

Opiumkrieg

Der Erste und Zweite Opiumkrieg fand zwischen Großbritannien und China statt und hatte letztendlich einen größeren wirtschaftlichen Einfluss zum Ziel.

Paradox

Ein scheinbar widersinniges Phänomen. Insbesondere Vorgänge, die dem →Kausalitätsprinzip widersprechen, sind paradox.

Photovoltaik

Eine Technologie, um mithilfe von Solarzellen aus Sonnenlicht direkt elektrischen Strom zu erzeugen.

Pikobot
Ein (noch nicht entwickelter) winziger Roboter auf der Längenskala von Pikometern. Siehe auch →Pikowissenschaft.

Pikowissenschaft
Eine Naturwissenschaft, die sich mit der Mikrowelt unterhalb von einem Pikometer, also einem Billionstel Meter befasst.

Pound-Rebka-Experiment
In diesem Experiment wurde die schon 1907 von Einstein vorhergesagte →Gravitationsrotverschiebung von elektromagnetischen Wellen im Schwerefeld der Erde nachgewiesen. Strahlt man Licht auf der Erde senkrecht nach oben, so verliert es durch den Zug der Gravitation Energie. Dieser Energieverlust macht sich als Rötung des Lichts bzw. einer Verringerung seiner Frequenz bemerkbar. Robert Pound und Glen Rebka strahlten 1959 Licht im Jefferson-Turm der Harvard University senkrecht nach oben und konnten mithilfe des Mößbauer-Effekts diesen auf der Erde winzigen Effekt messen.

Quantenfeldtheorie
Es gibt verschiedene Quantenfeldtheorien, die eine mikroskopische Beschreibung und ein mikroskopisches Verständnis für den Austausch von Naturkräften liefern. Dabei tauschen „Ladungen" „Botenteilchen" aus, die vermitteln, welche Kraft zwischen ihnen wirkt und wie stark diese ist. Die Felder sind dabei quantisiert (→Quantenphysik). Erfolgreiche Quantenfeldtheorien, die sich bewährt haben, sind die Quantenelektrodynamik, die Quantenchromodynamik und die elektroschwache Theorie. Für eine →Quantengravitation gibt es einige Kandidaten, darunter die →Stringtheorie und die →Loop-Quantengravitation.

Quantengravitationstheorie

Eine Theorie, die das Gravitationsfeld bzw. die →Raumzeit quantisiert, also in diskrete Einheiten zerhackt. Die →Stringtheorie und die →Loop-Quantengravitation sind zwei prominente Quantengravitationstheorien.

Quantenphysik

Mit der Quantentheorie wurde um 1900 eine neue Physik begründet. Nach und nach wurde herausgefunden, dass einige physikalische Größen nur in Vielfachen einer kleinsten Größe vorkommen. Die „Mindestportion" heißt Quant und hängt mit einer Naturkonstante zusammen, die Planck'sches Wirkungsquantum getauft wurde. Beispielsweise ist die Energie quantisiert oder der Drehimpuls von Teilchen. Die Quantenphysik ist neben der →Relativitätstheorie die wichtigste physikalische Theorie des 20. Jahrhunderts. Aus ihr gingen die →Quantenfeldtheorien hervor.

Quantenvakuum

Das „Nichts" in der Quantenphysik. Dieser energetisch betrachtet niedrigste und einfachste Zustand ist das Quantenvakuum. Es ist nicht leer, sondern gemäß der Heisenberg'schen Unschärferelation der Quantenphysik angefüllt von Teilchen-Antiteilchen-Paaren, die kommen und verschwinden.

Quark

Die Elementarteilchen werden in der Teilchenphysik in zwei Gruppen eingeteilt: die Quarks und die →Leptonen. Beide Teilchenarten weisen keine weitere Substruktur auf und werden in diesem Sinne als punktförmig bezeichnet. Es gibt insgesamt sechs verschiedene Quarks: das Up-, Down-, Strange-, Charm-, Bottom- und Top-Quark. Quarks werden durch die starke Kraft in Paaren (Mesonen) oder Trios (Baryonen) zusammengebunden. Alle aus Quarks bestehenden Teilchen heißen →Hadronen. Dazu gehören das Proton und das Neutron.

Quark-Gluon-Plasma
Ein besonderer Zustand von Materie, bei dem sie vollkommen in ihre Bestandteile zerlegt wird, nämlich in die →Quarks und deren Wechselwirkungsteilchen, die Gluonen.

Radioaktivität
Der Zerfall von instabilen Atomkernen, die daraufhin bestimmte Teilchen oder energiereiche elektromagnetische Wellen aussenden. Siehe auch →Alphazerfall, →Betazerfall und →Gammastrahlung.

Raketengleichung
Eine Formel, die die Bewegung von Raketen beschreibt und 1903 von Konstantin E. Ziolkowski formuliert wurde.

Raum
Die „Bühne", auf der sich alles im Kosmos abspielt. Wir kennen die drei Raumdimensionen Länge, Breite und Höhe. Physiker diskutieren die Existenz weiterer Raumdimensionen, sogenannte Extradimensionen. Nach der →allgemeinen Relativitätstheorie ist der Raum nicht unabhängig von der darin befindlichen Materie, sondern er bildet zusammen mit der →Zeit ein vierdimensionales Kontinuum, die →Raumzeit. Sie ist nicht hintergrundunabhängig.

Raumzeit
Nach der →Relativitätstheorie sind die drei Raumdimensionen und die eine Zeitdimension zu einem vierdimensionalen Gebilde namens Raumzeit verwoben. In der →speziellen Relativitätstheorie ist die Raumzeit flach. Der →allgemeinen Relativitätstheorie gemäß wird die Raumzeit durch Massen und durch Energie gekrümmt. Mathematisch drückt das die →Einstein'sche Feldgleichung aus.

Raum-Zeit-Diagramm
Eine Darstellung in der →Relativitätstheorie, um die Bewegung von Teilchen, →Weltlinien oder die Krümmung der →Raumzeit zu illustrieren.

Raum-Zeit-Kontinuum
Siehe →Raumzeit.

Relativgeschwindigkeit
In der →speziellen Relativitätstheorie gibt die Relativgeschwindigkeit den Unterschied in der gleichförmig geradlinigen Bewegung zwischen →Ruhesystem und →Laborsystem an.

Relativitätstheorie
Zusammenfassende Bezeichnung der →speziellen Relativitätstheorie und der →allgemeinen Relativitätstheorie, die 1905 bzw. 1915 von Albert Einstein erfunden wurden und die Physik, Astronomie und Kosmologie revolutioniert haben. Einsteins Theorien führten auf das Konzept der →Raumzeit und die relative →Zeit infolge des Effekts der →Zeitdilatation.

Replikator
Ein Gerät bei *Star Trek* zum Herstellen aller möglichen Gegenstände, Werkzeuge, Nahrungsmittel und Getränke.

Rotverschiebung
Im Gegensatz zur →Blauverschiebung eine Verringerung der Energie elektromagnetischer Strahlung verursacht durch den →Doppler-Effekt, durch die →Gravitationsrotverschiebung oder durch die kosmische Expansion.

Ruhesystem
Ein besonderes Bezugssystem in der →Relativitätstheorie, in dem die Relativgeschwindigkeit null ist. Beispielsweise befindet sich der Fahrer eines Autos im Ruhesystem des Autos, weil er sich relativ zum Auto nicht bewegt. Ein Beobachter am Straßenrand, der das Auto an sich vorbeifahren sieht, befindet sich nicht im Ruhesystem des Autos.

Schwarzes Loch

Ein kompaktes Objekt, bei dem die Masse so dicht gepackt ist, dass es sogar das Licht verschluckt und daher von außen betrachtet schwarz erscheint. In der →allgemeinen Relativitätstheorie wurden bestimmte →Raumzeiten entdeckt, darunter die →Schwarzschild-Lösung und die Kerr-Lösung, die Schwarze Löcher mathematisch beschreiben. Im Inneren Schwarzer Löcher wird die Krümmung der →Raumzeit unendlich. In jedem Loch sitzt eine →Singularität. In der Umgebung Schwarzer Löcher passieren komische Phänomene, wie die allgemein relativistische →Zeitdilatation oder die →Gravitationsrotverschiebung. In der Astronomie spielen Schwarze Löcher eine große Rolle in der Entwicklung von Sternen und Galaxien.

Schwarzschild-Lösung

Der deutsche Astronom Karl Schwarzschild veröffentlichte 1916 zwei neue Lösungen der →Einstein'schen Feldgleichung. Beide sind kugelsymmetrisch und statisch. Die erste ist die sogenannte äußere Schwarzschild-Lösung und beschreibt in der →allgemeinen Relativitätstheorie die →Raumzeit einer Punktmasse (→Singularität). Die zweite ist die sogenannte innere Schwarzschild-Lösung und beschreibt die →Raumzeit einer Flüssigkeitskugel mit einem Radius, der identisch ist mit dem →Schwarzschild-Radius. Die Schwarzschild-Lösungen haben nur eine Eigenschaft, nämlich Masse. Die äußere Schwarzschild-Lösung wird mit nicht rotierenden →Schwarzen Löchern in Zusammenhang gebracht.

Schwarzschild-Radius

Im Prinzip gibt der Schwarzschild-Radius die Größe eines nicht rotierenden →Schwarzen Lochs an, das durch die →Schwarzschild-Lösung beschrieben wird. Dieser Radius hängt nur von der Masse ab und wächst linear mit der Masse an. Der Schwarzschild-Radius der Sonne beträgt 3 km und gibt auch an, wo sich der →Ereignishorizont befindet.

Schwerebeschleunigung
Ein Maß für die Anziehungskraft eines Körpers. Die Schwere- oder Gravitationsbeschleunigung wächst mit der Masse des anziehenden Körpers und nimmt mit dem Quadrat des Radius des Körpers ab. Für die Erde beträgt sie knapp 10 m/s².

Singularität
In der →allgemeinen Relativitätstheorie gibt es →Raumzeiten, die eine →Krümmungssingularität aufweisen, d. h., die Krümmung der Raumzeit wird an einer oder mehreren Stellen unendlich. Diese Krümmungssingularitäten sind zu unterscheiden von →Koordinatensingularitäten, bei denen nur die Wahl von ungeeigneten →Koordinaten dazu führt, dass dort eine Singularität, eine „Unendlichkeit", auftritt. Mit geeigneten Koordinaten verschwinden Koordinatensingularitäten.

Smog
Kunstwort aus den englischen Wörtern *smoke* („Rauch") und *fog* („Nebel"). Es bezeichnet die Dunstglocke, die sich aus Abgasen über Großstädten entwickelt.

Sonnenmasse
Die größte Masse im Sonnensystem hat unsere Sonne mit rund 2×10^{30} Kilogramm. Große Massen werden in der Astronomie in Einheiten dieser Sonnenmasse angegeben.

Spanische Grippe
Eine tödlich verlaufende Form der Grippe, die durch einen besonders gefährlichen Influenzavirus übertragen wird. Diese Grippeform trat Anfang des 20. Jahrhunderts auf und forderte viele Menschenleben.

Spezielle Relativitätstheorie (SRT)
Eine Theorie, die 1905 Albert Einstein veröffentlichte und damit die Welt veränderte. Sie beschreibt, wie sich Größen verändern,

wenn man von einem Bezugssystem in ein anderes wechselt, das sich dazu gleichförmig geradlinig bewegt. Einstein forderte die Konstanz der →Lichtgeschwindigkeit, sodass seine Theorie auf Relativität von Länge (Längenkontraktion) und →Zeit (→Zeitdilatation) führten. Einsteins Relativitätstheorie begründete den Begriff der →Raumzeit. Einstein hatte seine spezielle Relativitätstheorie 1915 auf beschleunigte Bezugssysteme erweitert und nannte sie dann →allgemeine Relativitätstheorie.

Spin
Eine relativistische Teilcheneigenschaft, die sich aus einer Verknüpfung von der Quantenphysik mit der →speziellen Relativitätstheorie ergibt. Man unterscheidet grundsätzliche →Fermionen und →Bosonen.

Stammzelle
Körperzelle, die sich in verschiedenen Zelltypen oder Geweben ausdifferenzieren kann.

Standardmodell der Teilchenphysik
Eine bewährte Theorie der Teilchenphysik, nach der die elementaren Bausteine der Materie die →Quarks und die →Leptonen sind. Das 2012 entdeckte Higgs-Teilchen gehört sehr wahrscheinlich auch zu diesem Standardmodell und erklärt die Massen der Elementarteilchen. Alle Teilchen lassen sich in drei →Flavours klassifizieren. Das Standardmodell beschreibt erfolgreich drei von vier fundamentalen Naturkräften, nämlich die elektromagnetische, die starke und die schwache Kraft – aber ohne die Gravitation. Siehe auch →Quantenfeldtheorie.

Sterblichkeit
Begriff in der Demografie und gleichbedeutend mit Mortalität. Sie bezeichnet die Anzahl der Todesfälle bezogen auf eine Gesamtanzahl von Lebewesen. Die Kindersterblichkeit gibt die Anzahl der Todesfälle bei Kindern bezogen auf alle Kinder an.

Stringtheorie

Eine Theorie, gemäß der Teilchen und Naturkräfte als oszillierende Fäden (Strings) oder Membrane (Brane) angesehen werden können. Mit der Stringtheorie gelingt ein Ansatz, um alle vier Naturkräfte zu vereinheitlichen und sogar eine quantenphysikalische Beschreibung der Gravitation (→Quantengravitationstheorie). Damit geht die Stringtheorie über das →Standardmodell der Teilchenphysik hinaus. Notwendige Zutat zur Stringtheorie ist allerdings die Existenz von räumlichen Extradimensionen.

Supersymmetrie

Eine Symmetrie zwischen Materie- und Kraftteilchen bzw. zwischen →Bosonen und →Fermionen, nach der in physikalischen Experimenten wie dem → Large Hadron Collider gesucht wird.

Supraleitung

Ein elektrisches Phänomen bei tiefen Temperaturen, bei denen einige spezielle Materialien keinen elektrischen Widerstand aufweisen, sodass elektrische Ströme widerstandslos fließen können.

Tachyon

Hypothetisches Teilchen, das sich schneller bewegen kann als das Licht.

Tensor

Eine mathematische Größe in der Relativitätstheorie.

Teraelektronenvolt (TeV)

Energieeinheit, die gleichbedeutend ist mit 1 Bill. →Elektronenvolt.

Thermodynamik

Teilgebiet der klassischen Physik, das sich mit der Wärmelehre beschäftigt.

TNT

Abkürzung für den Sprengstoff Trinitrotoluol, dessen Sprengkraft als Maßstab für die bei einer Explosion freiwerdende Energie benutzt wird. Das ist das TNT-Äquivalent, gemäß dem 1 kg TNT etwa 4,2 MJ (Megajoule) Energie freisetzt, allerdings nicht nur kinetische Energie. Eine Kilotonne TNT, kurz 1 kT, entspricht daher 4,2 Bio. J oder rund 1,2 GWh (Gigawattstunden). Die Einheit sollte nicht mit der Maßeinheit *Tonne* (t), die 1000 kg entspricht, verwechselt werden; daher wird der Großbuchstabe T verwendet. Gebräuchliche Einheiten bei Meteoriteneinschlägen sind Megatonnen (MT) oder Gigatonnen (GT) TNT, also 1000 kT bzw. 1.000.000 kT. Eine typische Sternexplosion eines massereichen Sterns (Supernova Typ II) mit 10^{44} Joule freiwerdender Energie hat ein TNT-Äquivalent von 10^{26} GT.

Toba

Ein Supervulkan auf der Insel Sumatra, der vor 75.000 Jahren explodierte.

Tokamak

Eine spezielle schlauchförmige Bauweise für Fusionsreaktoren. Siehe auch →Kernfusion.

Trägheit

Eine Eigenschaft der Masse, dass sie die Tendenz hat, ihren Bewegungszustand beizubehalten bzw. in Ruhe zu verharren.

Treibhauseffekt

Bezeichnung für die Zunahme der mittleren, globalen Temperatur der Erdatmosphäre infolge des Einbringens von Treibhausgasen wie →Kohlendioxid.

Tuberkulose

Eine weltweit verbreitete, bakterielle Infektionskrankheit, die durch Mykobakterien hervorgerufen wird und vor allem die Lungen befällt.

Tunguska-Ereignis

Eine verheerende Explosion im Jahr 1908 in Sibirien, die vermutlich durch einen kosmischen Himmelskörper hervorgerufen wurde. Das Tunguska-Ereignis soll ein Explosionsäquivalent von rund 10 MT →TNT gehabt haben.

Uhr

Ein Messgerät für Zeit, indem ein Zählwerk das Verstreichen einer gegebenen Periode zählt.

Urknallsingularität

Mit der →allgemeinen Relativitätstheorie lässt sich das expandierende Universum als Ganzes beschreiben. Geht man nun in der Vergangenheit zurück, so muss das Universum früher viel kleiner und heißer gewesen sein. Der Anfangszustand war gemäß der allgemeinen Relativitätstheorie sogar punktförmig, unendlich dicht und unendlich heiß. Dieser hypothetische Zustand wird Urknallsingularität genannt.

Vereinte Nationen (United Nations, UN)

Zusammenschluss von derzeit 193 Mitgliedstaaten. Die globale internationale Organisation wurde nach dem Ende des Zweiten Weltkriegs im Jahr 1945 gegründet und hat die Sicherung des Weltfriedens als zentrale Aufgabe. Die UN setzt sich weiterhin für die Einhaltung des Völkerrechts und den Schutz der Menschenrechte ein. Sie fördern die internationale Zusammenarbeit. Ein wesentliches Organ ist der UN-Sicherheitsrat. Beim →Millenniumsgipfel vereinbarte die UN die →Millenniumsentwicklungsziele.

Vierervektor
Ein Vektor in der →Relativitätstheorie mit vier Komponenten, einer zeitlichen und drei räumlichen.

Vokuhila
Eine Trendfrisur in den 1980er-Jahren. Das Kunstwort Vokuhila setzt sich zusammen aus den Wortbestandteilen „vorn kurz, hinten lang".

Voyager
Das englische Wort *voyager* bedeutet „der Reisende". Name der beiden Sonden *Voyager 1* und *Voyager 2*, die beide 1977 gestartet wurden und zurzeit die am weitesten von der Erde entfernten, von Menschenhand gefertigten Raumsonden sind.

Watt
Einheit für die physikalische Leistung, als Arbeit (Energie) pro →Zeit.

Wearable
Modernes, tragbares, in der Regel kompaktes Computersystem mit ganz bestimmten Funktionen. Beispiel für ein Wearable ist eine Armbanduhr, die Körperfunktionen und -eigenschaften messen kann, so etwa den Puls oder die Temperatur der Haut.

Weimarer Republik
Geschichtsepoche in Deutschland zwischen 1918 und 1933 mit der ersten parlamentarischen Demokratie.

Weißes Loch
Ein zeitumgekehrtes →Schwarzes Loch. Während ein Schwarzes Loch alles verschlingt, kommen aus einem Weißen Loch Materie und Licht heraus. Weiße Löcher sind hypothetische Gebilde der →Relativitätstheorie, für die es keine Belege aus astronomischen Beobachtungen gibt.

Weltlinie
Im Allgemeinen beliebig gekrümmte Kurve durch eine →Raumzeit, die die Bahn eines Teilchens oder Beobachters beschreibt.

Wurmloch
Eine Verbindung zwischen zwei Punkten in einer →Raumzeit, die eine Abkürzung darstellt. Wurmlöcher könnten Zeitreisen in die Vergangenheit erlauben. Es gibt einen ganzen Zoo verschiedenartiger Wurmlöcher, zu denen auch die →Einstein-Rosen-Brücke bzw. die →Kruskal-Lösung gehören.

Zeit
Die Zeit ist neben dem →Raum ein Freiheitsgrad für Materie. Mit dem Parameter Zeit bzw. mit der →Koordinate Zeit können wir angeben, wann ein →Ereignis stattfindet. Zeit hat eine Richtung (→Zeitpfeil), was thermodynamisch mit der →Entropie erklärt werden kann. In der klassischen Physik wurde die Zeit als absolut angesehen. Mit Einsteins →Relativitätstheorie wurde klar, dass die Zeit relativ ist (→Zeitdilatation), weil das Vergehen der Zeit vom Bezugssystem abhängt. Insbesondere hängt sie eng mit dem Raum zusammen und bildet eine vierdimensionale →Raumzeit.

Zeitdilatation
Mit der →Relativitätstheorie wurde klar, dass die →Zeit nicht absolut, sondern relativ ist. Es hängt von der Bewegung und von der Nähe zu Massen ab, wie schnell eine →Uhr tickt. Die Dehnung der Zeit infolge schneller Bewegung oder einer nahen Masse heißt in der Fachsprache Zeitdilatation.

Zeitmaschine
Ein Gerät, das es erlauben würde, in die Vergangenheit oder Zukunft zu reisen. Siehe die drei Bauweisen in Kap. 2.

Zeitpfeil

Die →Zeit hat eine Richtung, sodass wir nicht in die Vergangenheit reisen können. Diese Richtung wird mit einem Zeitpfeil in Zusammenhang gebracht und thermodynamisch begründet mit der →Entropie. Das →Kausalitätsprinzip gibt ebenfalls diesen Zeitpfeil vor.

Zeitschleife

Eine etwas unschärfere Bezeichnung für →geschlossene zeitartige Kurve.

Zeitschutzvermutung

Eine unbewiesene Vermutung von Stephen Hawking, dass die Naturgesetze Zeitreisen grundsätzlich verbieten würden.

Zwillingsparadoxon

Ein →Paradox in der →Relativitätstheorie. Ein Raumfahrer, der fast mit →Lichtgeschwindigkeit die Erde verlässt, kehrt nach einer gewissen Zeit zur Erde zurück. Dort würde er aufgrund der →Zeitdilatation seinen Zwilling um mehr Jahre gealtert vorfinden, als er selbst gealtert ist. Das Paradox besteht darin, dass die Situation scheinbar symmetrisch ist und man doch beide Zwillinge austauschen könnte. Das geht aber nicht. Es liegt keine Symmetrie vor, weil der Raumfahrer am Zielort beschleunigen musste.

Quellen und Literatur

Alpher RA, Bethe H, Gamow G (1948) The origin of chemical elements. Phys Rev 73(7):803–804

Bardi U (2013) Plundering the planet. Club of Rome. http://www.clubofrome.org/?p=6189

Bayerl G (1989) Wind- und Wasserkraft. Die Nutzung regenerierbarer Energiequellen in der Geschichte. VDI, Düsseldorf

Behrens C (2014) Forscher landen Flugzeug mit der Kraft der Gedanken. Süddeutsche Zeitung. http://www.sueddeutsche.de/wissen/telekinese-forscher-landen-flugzeug-mit-kraft-der-gedanken-1.1976178. Zugegriffen: April 2015

Bertelsmann-Stiftung (2015) Der Einfluss von Armut auf die Entwicklung von Kindern. https://www.bertelsmann-stiftung.de/de/unsere-projekte/kein-kind-zuruecklassen-kommunen-in-nrw-beugen-vor/projektnachrichten/aufwachsen-in-armut-gefaehrdet-entwicklung-von-kindern/. Zugegriffen: April 2015

Bilardo C, Saraga D (2015) Ersatzteile für den Körper. Technologist, April 2015, S 12–13

Bojanowski A (2012) Klimaforschung: Vulkanausbrüche stürzten Erde in Kleine Eiszeit. Spiegel online. http://www.spiegel.de/wissenschaft/natur/klimaforschung-vulkanausbrueche-stuerzten-erde-in-kleine-eiszeit-a-812399.html. Zugegriffen: April 2015

Burkert A, Schoeller P, Hetznecker H (2009) Fragile Welt. Herbig, München

Butcher L (2014) Casimir energy of a long wormhole throat. Phys Rev D 90:024019. http://arxiv.org/abs/1405.1283v1

Cummings R (1922) The girl in the golden atom. University of Nebraska Press

DKFZ (2012) Krebsmortalität im Überblick. http://www.dkfz.de/de/krebsatlas/gesamt/mort_2.html. Die 20 häufigsten Krebstodesursachen in Deutschland im Jahr 2012. http://www.dkfz.de/de/krebsatlas/gesamt/organ.html. Zugegriffen: 26. Mai 2015

Einstein A (1915a) Zur allgemeinen Relativitätstheorie. Sitzungsberichte der Königlich Preußischen Akademie der Wissenschaften (Berlin), Seite 778–786. http://articles.adsabs.harvard.edu/cgi-bin/get_file?pdfs/SPAW./1915/1915SPAW.......778E.pdf

Einstein A (1915b) Die Feldgleichungen der Gravitation. Sitzungsberichte der Königlich Preußischen Akademie der Wissenschaften (Berlin), Seite 844–847. http://articles.adsabs.harvard.edu/cgi-bin/get_file?pdfs/SPAW./1915/1915SPAW.......844E.pdf

Einstein A, Rosen N (1935) The particle problem in the general theory of relativity. Phys Rev 48(1):73–77

Frank S (2010) Die Körpergröße der Menschen in der Ur- und Frühgeschichte Mitteleuropas und ein Vergleich ihrer anthropologischen Schätzmethoden. Books on Demand, Norderstedt

Fuller RW, Wheeler JA (1962) Causality and multiply connected space-time. Phys Rev 128(2):919–929

Gast R (2014) Zwölf Milliarden Menschen? Keine Panik. Süddeutsche Zeitung. http://www.sueddeutsche.de/wissen/bevoelkerungswachstum-zwoelf-milliarden-menschen-keine-panik-1.2136253. Zugegriffen: 27. Mai 2015

Gerland P et al (2014) World population stabilization unlikely this century. Science 346(6206):234–237

Gore A (2014) Die Zukunft. Sechs Kräfte, die unsere Welt verändern. Siedler, München

Gott JR III (2002) Zeitreisen in Einsteins Universum. Rowohlt, Reinbek bei Hamburg

Greenemeier L (2015) Hausgeister im Körper. Spektrum der Wissenschaft, Mai 2015, S 30–31

Günther S, Milch I (2008) Fusionsplasmen im magnetischen Käfig. Welt der Physik: http://www.weltderphysik.de/gebiete/atome/plasma/fusionsplasmen/. Zugegriffen: 20. April 2015

IPCC, AR5 (2014) Climate Change 2014: Synthesis Report. Contribution of Working Groups I, II and II to the Fifth Assessment Report (AR5) of the Intergovernmental Panel on Climate Change (IPCC). IPCC, Genf, Schweiz. https://www.ipcc.ch/pdf/assessment-report/ar5/syr/SYR_AR5_FINAL_full.pdf. Zugegriffen: 28. Mai 2015. Abb. 4.5: Fig. 1.1a, S 41; Abb. 4.6: Fig. 2.1a, S 59

Jones N (2014) Deep Learning – Wie Maschinen lernen. Nature 505:146–148. Übersetzung unter http://www.spektrum.de/news/wie-maschinen-lernen-lernen/1220451. Zugegriffen: April 2015

Jorda S (2014) Interview mit Steven Chu. Phys J 13(5):22–23

Lange C de (2014) Von Stammzellen zum Big Mac. Interview mit Mark Post. Technologist, Juli 2014, S. 52

Maillard S, Bandelier S, von Kaenel C (2014) Kernenergie Atom spaltet Europa. Technologist, Oktober 2014, S. 14–15

Maron DF (2015) Nanofähren gegen Krebs. Spektrum der Wissenschaft, Mai 2015, S 26–27

Meadows DH et al (1972) The limits of growth. Club of Rome. http://www.clubofrome.org/?p=1161

Minkowski H (1908) Raum und Zeit. Vortrag auf der 80. Naturforscher-Versammlung zu Köln

Misner CW, Thorne KS, Wheeler JA (1973) Gravitation. W.H. Freeman & Co., San Francisco

Morris M, Thorne K (1988) Wormholes, time machines, and the weak energy condition. Phys Rev Lett (ISSN 0031-9007) 61:1446–1449

Müller A (2009) Schwarze Löcher – Die dunklen Fallen der Raumzeit. Reihe: Astrophysik aktuell. Spektrum Akademischer, Heidelberg

Müller A (2011) Vision 2100 – Blick in die Zukunft. http://www.scilogs.de/einsteins-kosmos/vision-2100-blick-in-die-zukunft/. Zugegriffen: Nov. 2014

Müller A (2011) Zeitreise nach 1911 – Die Welt vor 100 Jahren. http://www.scilogs.de/einsteins-kosmos/zeitreise-nach-1911-die-welt-vor-100-jahren/. Zugegriffen: Nov. 2014

Müller A (2012) Raum und Zeit: Vom Weltall zu den Extradimensionen – von der Sanduhr zum Spinschaum. Reihe: Astrophysik aktuell. Springer Spektrum, Heidelberg

Purr K et al (2014) Treibhausgasneutrales Deutschland im Jahr 2050. https://www.umweltbundesamt.de/publikationen/treibhausgasneutrales-deutschland-im-jahr-2050-0. Zugegriffen: 25. Mai 2015

Rahaman F et al (2015) Possible existence of wormholes in the central regions of halos. Ann Phys 350:561. http://arxiv.org/abs/1501.00490

Rösing FW (1988) Körperhöhenrekonstruktion aus Skelettmaßen. In: Knussmann R (Hrsg) Anthropologie: Handbuch der vergleichenden Biologie des Menschen. G. Fischer, Stuttgart, S 586–600

Schrader C (2015) 2014 brachte Wärmerekord. Süddeutsche Zeitung. http://www.sueddeutsche.de/wissen/klimawandel-brachte-waermerekord-1.2308408. Zugegriffen: 24. Jan. 2015

Schulte von Drach MC (2014) Gavrilo Princip – Der Attentäter von Sarajevo. Süddeutsche Zeitung. http://www.sueddeutsche.de/politik/gavrilo-princip-der-attentaeter-von-sarajevo-motiv-rache-und-liebe-1.2019785. Zugegriffen: 21. März 2015

Staeger T (2014) Leben wir in einer Eiszeit? http://wetter.tagesschau.de/wetterthema/2014/12/23/leben-wir-in-einer-eiszeit.html. Zugegriffen: 24. Jan. 2015

Stalinski S (2014) Übernehmen die Maschinen die Macht? Interview mit Prof. Klaus Mainzer (TU München). http://www.tagesschau.de/wirtschaft/arbeitswelt-101.html. Zugegriffen: 24. Jan. 2015

UN (2012) World population prospects: the 2012 Revision, Volume I: comprehensive tables. S 81–82 und S 96. New York. http://esa.un.org/unpd/wpp/Documentation/pdf/WPP2012_Volume-I_Comprehensive-Tables.pdf. Zugegriffen: 27.05.2015. (Download der Daten: http://esa.un.org/unpd/wpp/unpp/panel_population.htm)

UN (2013) World Population Ageing 2013. S 11, 18 und 20. New York. http://www.un.org/en/development/desa/population/publications/pdf/ageing/WorldPopulationAgeing2013.pdf. Zugegriffen: 26. Mai 2015

UN (2014) World Urbanization Prospects, The 2014 Revision. http://esa.un.org/unpd/wup/Highlights/WUP2014-Highlights.pdf. Zugegriffen: 28. Mai 15.

Visser M (1996) Lorentzian Wormholes. Springer, Heidelberg

Visser M (2008) Traversable wormholes: Some simple examples. Phys Rev D39:3182–3184, 1989. http://arxiv.org/abs/0809.0907

Wald RM (1984) General Relativity. The University of Chicago Press, 1984, S 313–315

Weiß M, Bauchmüller M (2014) Klimaneutrales Deutschland bis 2050 möglich. Süddeutsche Zeitung. http://www.sueddeutsche.de/wissen/studie-des-umweltbundesamts-klimaneutrales-deutschland-bis-moeglich-1.1935785. Zugegriffen: 15. Dez. 2014

Wells HG (1895) Die Zeitmaschine (Originaltitel: *The Time Machine*).

WHO (2006) World Health Report 2006. http://www.who.int/whr/2006/en/. Zugegriffen: 26. Mai 2015

WHO (2014) Global Tuberculosis Report 2014. http://www.who.int/tb/publications/global_report/en/. Zugegriffen: 26. Mai 2015

Wüthrich C (2007) Zeitreisen und Zeitmaschinen. http://philosophyfaculty.ucsd.edu/faculty/wuthrich/pub/WuthrichChristian-2007Mueller_WebVersion.pdf. Zugegriffen: 22. April 2015

Weiterführende Literatur
Abschnitt 2.1

The Time Machine. http://en.wikipedia.org/wiki/The_Time_Machine. Zugegriffen: 22. April 2015

Abschnitt 2.2

Interstellarer Raumflug. http://de.wikipedia.org/wiki/Projekt_Daedalus. Zugegriffen: 26. Mai. 2015

Myon. http://de.wikipedia.org/wiki/Myon. Zugegriffen: 22. April 2015

Negative Energiedichte: Beispiel in Sopova V, Ford LH (2002) The energy density in the Casimir effect. Phys Rev D66(2002):045026. http://arxiv.org/pdf/quant-ph/0204125v2.pdf

Wurmloch. http://en.wikipedia.org/wiki/Wormhole. Zugegriffen: 22. April 2015

Zolfagharifard E (2014) Could wormholes allow time travel? http://www.dailymail.co.uk/sciencetech/article-2636397/Could-wormholes-allow-TIME-TRAVEL-Collapsing-tunnels-used-send-messages-future-claims-physicist.html. Zugegriffen: 22. April 2015

Abschnitt 3.3

Paradoxe. http://en.wikipedia.org/wiki/Closed_timelike_curve, http://en.wikipedia.org/wiki/Temporal_paradox, http://en.wikipedia.org/wiki/Novikov_self-consistency_principle. Zugegriffen: 22. April 2015

Abschnitt 3.4

Großvater-Paradoxon. http://de.wikipedia.org/wiki/Großvaterparadoxon. Zugegriffen: 22. April 2015

Hawkings Zeitschutz-Vermutung. http://en.wikipedia.org/wiki/Chronology_protection_conjecture. Zugegriffen: 22. April 2015

Visser M (2002) The quantum physics of chronology protection. http://arxiv.org/abs/gr-qc/0204022. Zugegriffen: 22. April 2015

Abschnitt 4.1

Alterspyramiden für Deutschland in den Jahren 1950, 2010, 2050 und 2100: UN (2012) World population prospects: the 2012 revision, volume ii: demographic profiles. S 318. New York. http://esa.un.org/unpd/wpp/Documentation/pdf/WPP2012_Volume-II-Demographic-Profiles.pdf. Zugegriffen: 27. Mai 2015

BPB (2012) Die soziale Situation in Deutschland. Familienhaushalte nach Zahl der Kinder. Website der Bundeszentrale für politische Bildung. http://www.bpb.de/nachschlagen/zahlen-und-fakten/soziale-situation-in-deutschland/61597/haushalte-nach-zahl-der-kinder Daten: Statistisches Bundesamt, Mikrozensus 2011

Millenniumsentwicklungsziele der UN. http://en.wikipedia.org/wiki/Millennium_Development_Goals http://de.wikipedia.org/wiki/Millenniums-Entwicklungsziele http://www.un.org/millenniumgoals/. Zugegriffen: April 2015

Weltbevölkerung. http://www.weltbevoelkerung.de/laenderdatenbank.html. Zugegriffen: Jan. 2015

Abschnitt 4.2

Stresstest für Banken. http://www.tagesschau.de/wirtschaft/stresstest-105.html. Zugegriffen: April 2015

Abschnitt 4.3

EU-Gipfel zum Klimaschutz. http://www.tagesschau.de/ausland/euklimapaket-101.html. Zugegriffen: Jan. 2015

Abschnitt 4.4

BMBF-Förderung für neue nachhaltige Energieressourcen. http://
www.bmbf.de/archiv/newsletter/de/26844.php?pk_cam-
paign=22-04-2015-+Newsletter+-+BMBF+-+Newsletter&pk_
kwd=http%3A%2F%2Fwww.bmbf.de%2Farchiv%2Fnewslet-
ter%2Fde%2F26844.php. Zugegriffen: 22. April 2015
Endlagerung radioaktiven Mülls. http://www.spiegel.de/wissen-
schaft/technik/endlager-fuer-atommuell-laengere-dauer-teurere-
kosten-a-1029514.html. Zugegriffen: 20. April 2015
Erdöl. http://de.wikipedia.org/wiki/Erdöl#Weltreserven_und_Be-
vorratung. Zugegriffen: 20. April 2015
Kernfusion. http://de.wikipedia.org/wiki/Joint_European_Torus,
http://www.dpg-physik.de/veroeffentlichung/physik_konkret/
pix/Physik_Konkret_21.pdf. Zugegriffen: 20. April 2015
Kernkraftwerke. http://de.wikipedia.org/wiki/Kernkraftwerk#Techno-
logiegeschichte, http://de.wikipedia.org/wiki/Kernkraftwerk#Brenn-
stoff. Zugegriffen: 20. April 2015

Abschnitt 4.5

Nördlinger Ries. TV-Sendung „Terra X", ZDF (2013)
Toba-Katastrophe. http://de.wikipedia.org/wiki/Toba-Katastrophen-
Theorie. Zugegriffen: Jan. 2015
Yellowstone. http://de.wikipedia.org/wiki/Yellowstone. Zugegrif-
fen: Jan. 2015

Abschnitt 4.6

Körpergröße. http://de.wikipedia.org/wiki/Körpergröße. Zugegriffen: Dez. 2014
Lebenserwartung in Deutschland zwischen 1960 und 2010. Datenquelle: http://www.worldlifeexpectancy.com/history-of-life-
expectancy. Zugegriffen: 28. Mai 2015
Todesursachen und Krebs. http://de.wikipedia.org/wiki/Krebs_
(Medizin). Zugegriffen: 24. Jan. 2015

Abschnitt 4.7

3D-Drucker. http://de.wikipedia.org/wiki/3D-Drucker. Zugegriffen: April 2015

Flug zum Mars. http://www.spiegel.de/wissenschaft/weltall/dlr-chef-woerner-zum-mars-bis-zum-jahr-2050-a-1028952.html, http://www.astronews.com/news/artikel/2014/12/1412-010.shtml. Zugegriffen: 20. April 2015

Kerosinverbrauch Mineralölwirtschaftsverband e. V. www.mvv.de

Turm zu Babel. Dokumentarfilm B… wie Babylon. TV-Sendung, Frankreich, arte (2008)

Züge. http://de.wikipedia.org/wiki/Intercity-Express. http://de.wikipedia.org/wiki/TGV, http://de.wikipedia.org/wiki/Transrapid, http://de.wikipedia.org/wiki/Transrapid_Shanghai. Zugegriffen: März 2015

Abschnitt 4.8

Virtual Reality. Broschüre Zentrum für Virtuelle Realität und Visualisierung des Leibniz-Rechenzentrums in Garching (2014)

Abschnitt 4.9

Voyager-Sonden. http://de.wikipedia.org/wiki/Voyager_1, http://de.wikipedia.org/wiki/Voyager_2. Zugegriffen: April 2015

Abschnitt 5.2

1. Weltkrieg http://de.wikipedia.org/wiki/Erster_Weltkrieg. Zugegriffen: März 2015

China im 19. Jahrhundert und um 1910. http://de.wikipedia.org/wiki/Geschichte_China, http://de.wikipedia.org/wiki/Erster_Opiumkrieg, http://de.wikipedia.org/wiki/Zweiter_Opiumkrieg, http://de.wikipedia.org/wiki/Mandschurei. Zugegriffen: März 2015

Dawes-Plan. http://de.wikipedia.org/wiki/Dawes-Plan. Zugegriffen: März 2015

Indien. http://de.wikipedia.org/wiki/Indien, http://de.wikipedia.org/wiki/Mohandas_Karamchand_Gandhi, Zugegriffen: März 2015

Inflation. http://de.wikipedia.org/wiki/Deutsche_Inflation_1914_bis_1923. Zugegriffen: März 2015

Weimarer Republik. http://de.wikipedia.org/wiki/Weimarer_Republik. Zugegriffen: März 2015

Wirtschaftskrisen. http://de.wikipedia.org/wiki/Wirtschaftskrise. Zugegriffen: März 2015

Abschnitt 5.3

Eiszeit in Deutschland. TV-Sendung „Terra X", ZDF (2013)

Leistung von Dampf-, Wasser- und Windkraft http://de.wikipedia.org/wiki/Industrielle_Revolution, siehe Tabelle. Zugegriffen: März 2015

Abschnitt 5.5

Kindersterblichkeit in Angola. Daten von 2008; CIA Word Factbook

Tuberkulose. http://de.wikipedia.org/wiki/Tuberkulose. Zugegriffen: April 2015

Abschnitt 5.6

Konrad Zuse. http://de.wikipedia.org/wiki/Konrad_Zuse. Zugegriffen: März 2015

Verne J (1864) Die Reise zum Mittelpunkt der Erde (Originaltitel: *Voyage au centre de la terre*).

Verne J (1869) 20.000 Meilen unter dem Meer (Originaltitel: *Vingt mille lieues sous les mers*).

Verne J (1873) Reise um die Erde in 80 Tagen (Originaltitel: *Le Tour du monde en quatre-vingts jours)*.

Verne J (1873) Von der Erde zum Mond (Originaltitel: *De la Terre Á la Lune*)

Sachverzeichnis

Printed in the United States
By Bookmasters